煤炭中等职业学校一体化课程改革教材

煤矿安全技术（含工作页）

张伟民　主编

应急管理出版社

·北　京·

图书在版编目（CIP）数据

煤矿安全技术：含工作页/张伟民主编．--北京：应急管理出版社，2020

煤炭中等职业学校一体化课程改革教材

ISBN 978-7-5020-8279-6

Ⅰ.①煤… Ⅱ.①张… Ⅲ.①煤矿—矿山安全—中等专业学校—教材 Ⅳ.①TD7

中国版本图书馆 CIP 数据核字(2020)第 157648 号

煤矿安全技术(含工作页)

(煤炭中等职业学校一体化课程改革教材)

主　　编　张伟民
责任编辑　罗秀全　刘晓天
责任校对　赵　盼
封面设计　罗针盘

出版发行　应急管理出版社（北京市朝阳区芍药居 35 号　100029）
电　　话　010-84657898（总编室）　010-84657880（读者服务部）
网　　址　www. cciph. com. cn
印　　刷　北京玥实印刷有限公司
经　　销　全国新华书店

开　　本　787mm×1092mm 1/16　印张　16 3/4　字数　391 千字
版　　次　2020 年 9 月第 1 版　2020 年 9 月第 1 次印刷
社内编号　20200469　定价　48.00 元

煤炭中等职业学校一体化课程改革教材
编 审 委 员 会

主　　编：张伟民

前　言

随着我国供给侧结构性改革的推进和煤炭行业去产能、调结构及资源整合步伐的加快，我国煤矿正向工业化、信息化和智能化方向发展。在这一迅速发展进程中，加强人才引进和从业人员技术培训，打造适应新形势的技能人才队伍，是煤炭行业和各煤矿的迫切需要。

中职院校是系统培养技能人才的重要基地。多年来，煤炭中职院校始终紧紧围绕煤炭行业发展和劳动者就业，以满足经济社会发展和企业对技术工人的需求为办学宗旨，形成了鲜明的办学特色，为煤炭行业培养了大批生产一线高技能人才。为遵循技能人才成长规律，切实提高培养质量，进一步发挥中职院校在技能人才培养中的基础作用，从 2009 年开始，人力资源和社会保障部在全国部分中职院校启动了一体化课程教学改革试点工作，推进以职业活动为导向、以校企合作为基础、以综合职业能力教育培养为核心，理论教学与技能操作融会贯通的一体化课程教学改革。在这一背景下，为满足煤炭行业技能人才需要，打造高素质、高技术水平的技能人才队伍，提高煤炭中职院校教学水平，山西焦煤技师学院组织一百余位煤炭工程技术人员、煤炭生产一线优秀技术骨干和学校骨干教师，历时多年编写了这套供煤炭中等职业学校和煤炭企业参考使用的《煤炭中等职业学校一体化课程改革教材》。

这套教材主要包括山西焦煤技师学院机电、采矿和煤化三个重点建设专业的核心课程教材，涵盖了煤炭行业最新的发展成果。教材突出了一体化教学的特色，实现了理论知识与技能训练的有机结合。希望教材的出版能够推动中等职业院校的一体化课程改革，为中等职业学校专业建设工作作出贡献。

我国煤炭生产的一大特点是以井工开采为主。井工开采生产环境恶劣，生产过程复杂，工作空间受限，同时受到瓦斯、煤尘、火灾、水害、顶板事故等自然灾害的威胁。认真做好安全工作，减少事故的发生和防止事故灾害范围的扩大，对做好安全文明生产、加速煤炭工业可持续稳定发展具有重要的现实意义。《煤矿安全技术（含工作页）》作为煤炭中等职业学校一体化课程改革教材的一种，主要内容包括矿井瓦斯防治技术、矿尘防治技术、矿井火灾防治技术、矿井水害防治技术、顶板灾害防治技术、矿山救护与应急救援技术，着重对煤矿井下常见的五大灾害防治技术进行了讲述和分析。

本书采用一体化模式编写，在内容选取上力求简明、实用，以降低学习难度，达到易教、易学的目的。通过工作任务把井下五大灾害事故的发生原因和防治技术各知识点、技能点融合在一起，通过工作页践行“学中做、做中学”的一体化教学理念。本书可作为中等职业学校煤矿井工开采专业的教学用书，也可作为企业培训、职业技能鉴定教材以及生产一线相关专业技术人员的参考使用。

本书由山西焦煤技师学院张伟民担任主编并统稿，白云、张佳琦、渠晓毅、李良杰担任副主编。模块一、模块二由山西焦煤技师学院白云编写，模块三、模块四由山东大学张佳琦、李良杰编写，模块五由山西焦煤技师学院张伟民编写，模块六由山西焦煤技师学院渠晓毅编写。

教材编写过程中得到了山西汾西矿业（集团）有限责任公司的大力支持，在此表示感谢。

由于编者水平及时间有限，书中难免有不当之处，恳请广大读者批评、指正。

煤炭中等职业学校一体化课程改革教材

编审委员会

2020年1月

总　目　录

煤矿安全技术 ······ 1

煤矿安全技术工作页 ······ 169

煤 矿 安 全 技 术

目　录

模块一　矿井瓦斯防治技术 …… 7

学习任务一　矿井瓦斯基本知识 …… 7
学习活动1　明确工作任务 …… 7
学习活动2　工作前的准备 …… 12
学习活动3　现场施工 …… 12
学习任务二　瓦斯爆炸及其防治 …… 13
学习活动1　明确工作任务 …… 13
学习活动2　工作前的准备 …… 21
学习活动3　现场施工 …… 22
学习任务三　煤与瓦斯突出及其防治 …… 22
学习活动1　明确工作任务 …… 22
学习活动2　工作前的准备 …… 29
学习活动3　现场施工 …… 29
学习任务四　矿井瓦斯抽采 …… 30
学习活动1　明确工作任务 …… 30
学习活动2　工作前的准备 …… 34
学习活动3　现场施工 …… 34
学习任务五　矿井瓦斯检查 …… 35
学习活动1　明确工作任务 …… 35
学习活动2　工作前的准备 …… 42
学习活动3　现场施工 …… 43

模块二　矿尘防治技术 …… 46

学习任务一　矿尘及其检测 …… 46
学习活动1　明确工作任务 …… 46
学习活动2　工作前的准备 …… 53
学习活动3　现场施工 …… 53
学习任务二　煤尘爆炸及其预防 …… 54
学习活动1　明确工作任务 …… 54
学习活动2　工作前的准备 …… 61
学习活动3　现场施工 …… 61

学习任务三　矿井综合防尘 …… 63
学习活动1　明确工作任务 …… 64
学习活动2　工作前的准备 …… 67
学习活动3　现场施工 …… 67
学习任务四　尘肺病 …… 69
学习活动1　明确工作任务 …… 69
学习活动2　工作前的准备 …… 71
学习活动3　现场施工 …… 72
模块三　矿井火灾防治技术 …… 73
学习任务一　矿井火灾的类型及危害 …… 73
学习活动1　明确工作任务 …… 73
学习活动2　工作前的准备 …… 75
学习活动3　现场施工 …… 76
学习任务二　内因火灾防治技术 …… 76
学习活动1　明确工作任务 …… 76
学习活动2　工作前的准备 …… 80
学习活动3　现场施工 …… 81
学习任务三　外因火灾防灭火技术 …… 83
学习活动1　明确工作任务 …… 83
学习活动2　工作前的准备 …… 91
学习活动3　现场施工 …… 92
学习任务四　火区的启封 …… 93
学习活动1　明确工作任务 …… 93
学习活动2　工作前的准备 …… 94
学习活动3　现场施工 …… 94
模块四　矿井水害防治技术 …… 96
学习任务一　地下水基本知识 …… 96
学习任务二　地下水的类型 …… 97
学习任务三　含水层与隔水层 …… 101
学习活动1　明确工作任务 …… 101
学习活动2　工作前的准备 …… 102
学习活动3　现场施工 …… 102
学习任务四　矿井充水条件 …… 103
学习活动1　明确工作任务 …… 103
学习活动2　工作前的准备 …… 107
学习活动3　现场施工 …… 107

学习任务五　矿井透水事故 …… 108
学习活动1　明确工作任务 …… 108
学习活动2　工作前的准备 …… 111
学习活动3　现场施工 …… 112
学习任务六　矿井水害防治 …… 112
学习活动1　明确工作任务 …… 112
学习活动2　工作前的准备 …… 118
学习活动3　现场施工 …… 118

模块五　顶板灾害防治技术 …… 119

学习任务一　采煤工作面顶板事故防治 …… 119
学习活动1　明确工作任务 …… 119
学习活动2　工作前的准备 …… 125
学习活动3　现场施工 …… 125
学习任务二　巷道顶板事故防治 …… 126
学习活动1　明确工作任务 …… 126
学习活动2　作业前的准备 …… 131
学习活动3　现场施工 …… 131
学习任务三　冒顶的预兆、处理方法及避灾自救 …… 132
学习活动1　明确工作任务 …… 133
学习活动2　作业前的准备 …… 136
学习活动3　现场施工 …… 136
学习任务四　冲击地压及其防治 …… 138
学习活动1　明确工作任务 …… 138
学习活动2　作业前的准备 …… 141
学习活动3　现场施工 …… 142

模块六　矿山救护与应急救援技术 …… 143

学习任务一　事故应急处置 …… 143
学习活动1　明确工作任务 …… 143
学习活动2　工作前的准备 …… 146
学习活动3　现场施工 …… 146
学习任务二　自救设施与设备的使用 …… 146
学习活动1　明确工作任务 …… 147
学习活动2　工作前的准备 …… 150
学习活动3　现场施工 …… 150
学习任务三　现场急救 …… 151
学习活动1　明确工作任务 …… 152

学习活动 2　工作前的准备 …………………………………………………… 159
学习活动 3　现场施工 …………………………………………………………… 159
学习任务四　矿井灾害应急救援 ………………………………………………… 159
学习活动 1　明确工作任务 ……………………………………………………… 160
学习活动 2　工作前的准备 ……………………………………………………… 165
学习活动 3　现场施工 …………………………………………………………… 166

参考文献 ………………………………………………………………………… 168

模块一　矿井瓦斯防治技术

矿井瓦斯是煤矿生产过程中从煤层和围岩内涌出的以甲烷（CH_4）为主的各种有毒有害气体的总称。井下空气中瓦斯达到一定浓度时，遇引爆火源即可发生矿井瓦斯爆炸事故。在煤矿安全事故中，瓦斯爆炸已经成为我国煤矿安全的“第一杀手”。随着煤炭开采深度的不断增加，瓦斯的涌出量随之增大，并已成为煤矿安全生产中最主要的灾害源。瓦斯事故不仅严重影响煤炭的正常生产，还造成人员伤亡、财产损失。因此，防治矿井瓦斯是煤矿安全生产的首要任务。

学习任务一　矿井瓦斯基本知识

【学习目标】

1. 中级工

（1）了解瓦斯的概念及主要成分。

（2）了解瓦斯的危害。

（3）了解矿井瓦斯涌出量的有关知识。

（4）了解瓦斯矿井等级划分。

2. 高级工

（1）了解影响瓦斯涌出量的因素。

（2）熟知瓦斯的赋存状态。

【建议课时】

（1）中级工：2课时。

（2）高级工：3课时。

【工作情景描述】

为了做好矿井瓦斯的防治工作，作业人员首先要了解矿井瓦斯的基本概念，了解影响瓦斯涌出量的因素，加深对瓦斯危害性的认识。

学习活动1　明确工作任务

【学习目标】

（1）能叙述瓦斯的概念、性质及危害。

（2）能叙述瓦斯涌出的形式和瓦斯涌出量的概念。

（3）了解影响瓦斯涌出量的因素。

（4）能叙述矿井瓦斯等级划分标准。

【工作任务】

认识瓦斯及其危害，分析矿井瓦斯涌出规律、影响因素及危险性，划分矿井瓦斯等级。

一、矿井瓦斯

1. 概念

矿井瓦斯是矿井环境中各种有毒有害气体的总称，它是伴随着煤的形成而生成的。矿井瓦斯成分很复杂，含有甲烷、二氧化碳、氮和数量不等的重烃以及微量的稀有气体等，但主要成分是甲烷。在煤矿井下有毒有害气体中甲烷可达80%~90%，因此，习惯上所说的矿井瓦斯单指甲烷。

2. 性质

甲烷是一种无色、无味、无臭的气体。在标准状态（温度0 ℃，大气压力101325 Pa）下，甲烷密度为0.7168 kg/m，相对密度为0.54。由于甲烷较轻，故涌出的瓦斯往往积聚在矿井巷道的顶部、上山掘进工作面及顶板冒落空洞中。

甲烷微溶于水，扩散性很强，其扩散速度是空气的1.34倍，并会很快在空气中扩散。因此，在风量充足的巷道中，瓦斯的分布通常是均匀的。

甲烷具有很强的渗透性，其渗透能力是空气的1.6倍。在煤层附近的围岩中掘进巷道时，有时也会从围岩中涌出瓦斯。

甲烷本身无毒，不能供人呼吸。但空气中瓦斯浓度较高时，会相对降低空气中氧气的浓度，使人窒息；另外，当瓦斯与空气混合达到一定浓度时，遇火源就能燃烧或爆炸。

3. 危害

1）人员窒息

甲烷本身虽然无毒，但空气中甲烷浓度较高时，就会相对降低空气中氧气的浓度。因此，凡井下盲巷或通风不良的区域，都必须及时封闭或设置栅栏，并悬挂“禁止入内”的警标。

2）燃烧和爆炸

当瓦斯与空气混合达到一定程度时，遇到高温火源就能燃烧或发生爆炸，一旦形成灾害事故，将会造成大量作业人员的伤亡，严重影响和威胁井下安全，给国家财产和职工生命造成巨大损失和威胁。因此，瓦斯爆炸事故造成的死亡人数是各类矿井灾害事故之首。

4.《煤矿安全规程》相关规定

矿井空气中主要有害气体最高允许浓度见表1-1，其中所有气体的浓度均按体积百分比计算。

表1-1　矿井主要有害气体最高允许浓度

名　称	最高允许浓度/%
一氧化碳（CO）	0.0024
氧化氮（换算成NO_2）	0.00025
二氧化硫（SO_2）	0.0005

表 1-1（续）

名　称	最高允许浓度/%
硫化氢（H_2S）	0.00066
氨（NH_3）	0.004

《煤矿安全规程》规定，采掘工作面的进风流中，氧气浓度不低于 20%，二氧化碳浓度不超过 0.5%。矿井总回风巷或一翼回风巷中瓦斯或二氧化碳浓度超过 0.75% 时，必须立即查明原因，进行处理。采区回风巷、采掘工作面回风巷风流中瓦斯浓度超过 1.0% 或二氧化碳浓度超过 1.5% 时，必须停止工作，撤出人员，采取措施，进行处理。

二、煤层瓦斯赋存状态

瓦斯在煤层中有两种赋存状态，即游离状态和吸附状态，如图 1-1 所示。游离瓦斯是指存在于煤的孔隙或裂隙中的瓦斯；吸附瓦斯是指以单分子薄膜形式凝聚在煤固体物质表面的瓦斯。瓦斯吸附状态按其结合形式的不同，分为吸着和吸收两种。

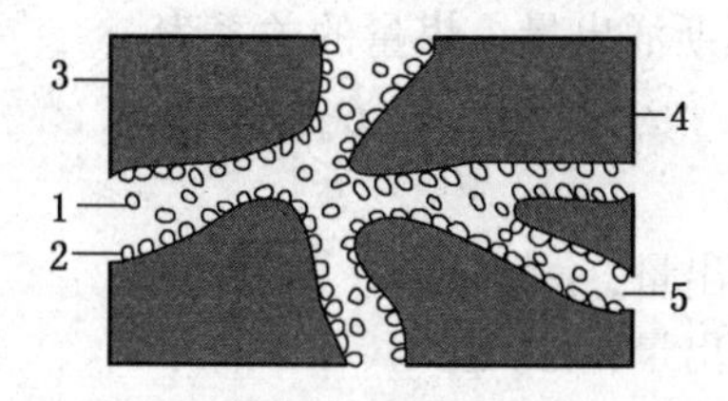

1—游离状态瓦斯；2—吸着状态瓦斯；3—吸收状态瓦斯；4—煤；5—孔隙

图 1-1　煤层中瓦斯的赋存状态

在煤层内，无论是深部还是浅部，吸附状态的瓦斯量约占煤层瓦斯含量的 80%～90%，游离状态的瓦斯仅占 10%～20%。但是在断层和其他裂隙发育的地带，游离状态有可能是瓦斯的主要赋存状态。

在没有受到开采影响的煤层中，游离状态的瓦斯和吸附状态的瓦斯处于一种动平衡状态。当压力升高或温度降低时，部分游离状态瓦斯转变为吸附状态，这种现象称为吸附现象。当压力降低或温度升高时，又会有部分吸附状态瓦斯转变为游离状态，这种现象称为解吸现象。

三、矿井瓦斯涌出

1. 概念

矿井在生产或建设过程中，煤体受到破坏，储存在煤体内的部分瓦斯就会离开煤体而涌入采掘空间，这种现象称为瓦斯涌出。瓦斯涌出的形式有普通涌出和特殊涌出。

（1）普通涌出是指瓦斯从采落的煤炭及煤层、岩层的暴露面上，通过细小的孔隙缓慢、均匀、连续不断地向采掘工作面空间释放。

（2）特殊涌出是指在采掘过程中瓦斯在极短的时间内突然地、大量地涌出，可能还伴有煤粉、煤块或岩石。瓦斯特殊涌出是一种动力现象，分为瓦斯喷出和煤与瓦斯突出、倾出、压出等形式。

2. 瓦斯涌出量

瓦斯涌出量是指在矿井建设和生产过程中从煤与岩石内涌出的瓦斯量，对应于整个矿井的称为矿井瓦斯涌出量。矿井瓦斯涌出量的大小通常用矿井绝对瓦斯涌出量和矿井相对瓦斯涌出量两个参数来表示。

1）矿井绝对瓦斯涌出量

矿井绝对瓦斯涌出量是指矿井在单位时间内涌出的瓦斯体积，单位为 m^3/min 或 m^3/d。其与风量、瓦斯浓度的关系为

$$Q_g = Q_f \times C$$

式中 Q_g——矿井绝对瓦斯涌出量，m^3/min；

Q_f——瓦斯涌出区域的风量，m^3/min；

C——风流中瓦斯的平均瓦斯浓度，%。

2）矿井相对瓦斯涌出量

矿井相对瓦斯涌出量是指矿井在正常生产条件下，平均日产 1 t 煤同期涌出的瓦斯量，单位为 m^3/t。其与矿井绝对瓦斯涌出量、煤量的关系为

$$q_g = \frac{Q_g}{T}$$

式中 q——矿井相对瓦斯涌出量，m^3/t；

Q_g——矿井绝对瓦斯涌出量，m^3/d；

T——矿井日产煤量，t/d。

3. 矿井瓦斯涌出量的影响因素

矿井瓦斯涌出量大小，取决于自然因素和开采技术因素的综合影响。

1）自然因素

自然因素包括煤层的自然条件和地面气压变化因素两个方面。

（1）煤层的瓦斯含量是影响瓦斯涌出量的决定因素。煤层瓦斯含量越大，瓦斯压力越高，透气性越好，则瓦斯的涌出量就越高。

（2）在瓦斯带内开采的矿井，随着开采深度的增加，相对瓦斯涌出量增高。

（3）地面大气压变化将引起井下大气压的相应变化，地面大气压变化对采空区（包括采煤工作面后部采空区和封闭不严的老空区）或坍冒处瓦斯涌出的影响比较显著。

2）开采技术因素

（1）开采强度和矿井产量。矿井的绝对瓦斯涌出量与开采速度或矿井产量成正比，而相对瓦斯涌出量受其影响较小。当回采速度较高时，开采煤层中瓦斯的涌出量和邻近煤层中瓦斯的涌出量反而相对减少，使得相对瓦斯涌出量降低。实测结果表明，则高瓦斯的综采工作面快采必须快运才能减少瓦斯的涌出。

（2）开采顺序和回采方法。厚煤层分层开采或开采煤层群时，首先开采的煤层瓦斯涌出量较大，除本煤层或本分层瓦斯涌出外，邻近层或未开采分层的瓦斯也会通过开采产生的裂隙与孔洞渗透出来，增大瓦斯涌出量；其他层开采时，瓦斯涌出量大大减少。采空区丢失煤炭多，采用采出率低的采煤方法时，采区瓦斯涌出量大。采用全部垮落法控制顶板

比采用全部充填法造成的顶板破坏范围大，因此邻近层瓦斯涌出量较大。采煤工作面周期来压时，瓦斯涌出量也会增大。

（3）风量的变化。风量发生变化时，井巷的瓦斯涌出量和风流中的瓦斯浓度在短时间内就会发生异常变化，瓦斯涌出量和风流中的瓦斯浓度由原来的稳定状态逐渐转变为另一稳定状态。风量发生变化时，漏风量和漏风中的瓦斯浓度也会随之变化。通常风量增加时，起初由于负压和采空区漏风的加大，一部分高浓度瓦斯被漏风从采空区带出，导致绝对瓦斯涌出量迅速增加，回风流中的瓦斯浓度可能急剧上升；经过一段时间，绝对瓦斯涌出量恢复到或接近原有数值，此时回风流中的瓦斯浓度降低到原有数值以下，风量减少时情况相反。这类瓦斯涌出量变化的时间，由几分钟到几天，峰值浓度和瓦斯涌出量可为原有数值的几倍。

（4）生产工艺。瓦斯从煤体暴露而涌出的特点是初期瓦斯涌出强度大，然后按指数函数逐渐衰减，所以采煤工作面破煤时瓦斯涌出量总是大于其他工序。破煤时瓦斯增大量与破煤量、新暴露煤体面积和煤块破碎程度有关。如采用风镐破煤时，瓦斯涌出量可增大 11~13 倍；采用爆破破煤时，瓦斯涌出量可增大 14~20 倍；采用采煤机破煤时，瓦斯涌出量可增大 14~16 倍。

综合机械化采煤工作面和综合机械化放顶煤工作面由于推进速度快，煤炭产量高，在瓦斯含量较高的煤层工作时，瓦斯涌出量往往很大。

（5）通风压力。矿井通风压力的变化对瓦斯涌出量的影响与大气压力影响相似。抽出式通风负压减小时，工作面风压升高，采空区瓦斯涌出量减少。

（6）采空区密闭质量。采空区内积存有大量高浓度瓦斯，如果密闭质量不好，就会造成采空区大量漏风，使矿井瓦斯涌出增大。

（7）采区通风系统。采区通风系统对采空区内和回风流中的瓦斯浓度分布也有重要影响。

总而言之，影响矿井瓦斯涌出量的因素是多方面的，应当通过经常而专门的观测和监测，分析主要因素和基本规律，才能采取针对性措施控制瓦斯涌出量，减少瓦斯事故的发生。

4. 矿井瓦斯等级划分

根据矿井瓦斯的涌出情况和灾害情况对矿井进行瓦斯等级划分，有利于矿井瓦斯灾害的防治和管理。矿井瓦斯等级鉴定是矿井瓦斯防治工作的基础，借助于矿井瓦斯等级鉴定工作，也可以较全面地了解矿井瓦斯的涌出情况，包括各工作区域的涌出和各班涌出的不均衡程度。

《煤矿安全规程》规定，一个矿井中只要有一个煤（岩）层发现瓦斯，该矿井即为瓦斯矿井。瓦斯矿井必须依照矿井瓦斯等级进行管理。根据矿井相对瓦斯涌出量、矿井绝对瓦斯涌出量、工作面绝对瓦斯涌出量和瓦斯涌出形式，矿井瓦斯等级划分为：

1）低瓦斯矿井

同时满足下列条件的为低瓦斯矿井：

（1）矿井相对瓦斯涌出量不大于 10 m^3/t。

（2）矿井绝对瓦斯涌出量不大于 40 m^3/min。

(3) 矿井任一掘进工作面绝对瓦斯涌出量不大于 3 m^3/min。

(4) 矿井任一采煤工作面绝对瓦斯涌出量不大于 5 m^3/min。

2) 高瓦斯矿井

具备下列条件之一的为高瓦斯矿井：

(1) 矿井相对瓦斯涌出量大于 10 m^3/t。

(2) 矿井绝对瓦斯涌出量大于 40 m^3/min。

(3) 矿井任一掘进工作面绝对瓦斯涌出量大于 3 m^3/min。

(4) 矿井任一采煤工作面绝对瓦斯涌出量大于 5 m^3/min。

3) 突出矿井

突出矿井是指在矿井开拓、生产范围内有突出煤层的矿井。突出煤层是指在矿井井田范围内发生过突出或者经鉴定、认定有突出危险的煤层。

《煤矿安全规程》规定，每 2 年必须对低瓦斯矿井进行瓦斯等级和二氧化碳涌出量的鉴定工作，鉴定结果报省级煤炭行业管理部门和省级煤矿安全监察机构。上报时应当包括开采煤层最短发火期和自燃倾向性、煤尘爆炸性的鉴定结果。高瓦斯、突出矿井不再进行周期性瓦斯等级鉴定工作，但应当每年测定和计算矿井、采区、工作面瓦斯和二氧化碳涌出量，并报省级煤炭行业管理部门和煤矿安全监察机构。

新建矿井设计文件中，应当有各煤层的瓦斯含量资料。

高瓦斯矿井应当测定可采煤层的瓦斯含量、瓦斯压力和抽采半径等参数。

学习活动 2　工作前的准备

【学习目标】

(1) 能收集煤矿瓦斯防治措施相关资料。

(2) 能查阅资料中有关瓦斯危害、矿井瓦斯等级、瓦斯涌出量及其影响因素等内容。

【相关资料】

《煤矿安全规程》(2016)、《强化煤矿瓦斯防治十条规定》(原国家安全生产监督管理总局令第 82 号)、《煤矿瓦斯等级鉴定办法》《矿井瓦斯涌出量预测方法》(AQ 1018—2006) 等煤矿瓦斯防治相关资料。

学习活动 3　现　场　施　工

【学习目标】

(1) 通过阅读训练，认识瓦斯及其危害，熟知矿井瓦斯涌出形式和瓦斯涌出量的概念及矿井瓦斯等级划分。

(2) 通过阅读训练，能够分析影响瓦斯涌出量的因素和划分矿井瓦斯等级。

【实训要求】

(1) 分组完成实训任务。

(2) 每组独立完成并提交工作页。

(3) 安全文明作业，妥善使用和维护实训资料和工具。

【实训任务】

阅读相关资料，进行矿井瓦斯涌出规律及危险性分析和矿井瓦斯等级划分，并完成工作页的填写。

学习任务二　瓦斯爆炸及其防治

【学习目标】

1. 中级工

(1) 熟知瓦斯爆炸的基本条件。

(2) 了解影响瓦斯爆炸的因素。

(3) 了解防止瓦斯爆炸的措施。

2. 高级工

掌握防止瓦斯爆炸的技术措施。

【建议课时】

(1) 中级工：3 课时。

(2) 高级工：4 课时。

【工作情景描述】

为了保证安全生产，防止涌入采掘工作面的有毒、有害气体超限而引起瓦斯爆炸，必须采取措施，阻止瓦斯爆炸事故的发生。

学习活动 1　明确工作任务

【学习目标】

(1) 能叙述瓦斯爆炸的基本条件。

(2) 了解影响瓦斯爆炸的因素。

(3) 能说明防止瓦斯爆炸的措施。

【工作任务】

观看瓦斯爆炸演示视频和瓦斯爆炸事故案例视频，讨论分析瓦斯爆炸的原因、条件和影响因素；根据现场实际情况，制定防止瓦斯爆炸措施。

在煤矿安全事故中，瓦斯爆炸已经成为我国煤矿安全的“第一杀手”。煤矿瓦斯爆炸事故严重威胁着矿井工作人员的生命安全，制约着矿井安全生产，给煤炭企业带来沉重的负担。预防矿井瓦斯爆炸是煤矿安全生产的首要任务，研究并掌握瓦斯爆炸的防治技术，对确保煤矿安全生产有着重要意义。

一、瓦斯爆炸的条件

瓦斯爆炸必备的 3 个基本条件是混合气体中瓦斯浓度达到一定的爆炸范围、存在高能量的引燃火源、有足够的氧气，三者缺一不可。

1. 一定的瓦斯浓度

在新鲜空气中，瓦斯爆炸的浓度界限是 5%～16%。当瓦斯浓度低于 5% 时，瓦斯不能爆炸，只能燃烧。当瓦斯浓度达到5%时，瓦斯就能爆炸。当瓦斯浓度为9.5%时，瓦斯爆炸威力最大。当浓度高于16%时，由于空气中的氧气不足，满足不了氧化反应的全部需要，所以不能发生爆炸，但瓦斯在空气中遇火仍会燃烧。

瓦斯爆炸的浓度界限不是固定不变的，而是受到环境温度、压力、混入煤尘及可燃性气体、惰性气体等因素的影响。因此《煤矿安全规程》规定，采掘工作面及其他巷道内，体积大于0.5 m^3 的空间内积聚的甲烷浓度达到2.0%时，附近20 m内必须停止工作，撤出人员，切断电源，进行处理。

2. 一定的引火温度

正常大气条件下，能够引燃瓦斯爆炸的温度不低于650 ℃，最小点燃能量为0.28 mJ，持续时间大于爆炸感应期。煤矿井下的明火、煤炭自燃、电弧、电火花、赤热的金属表面、吸烟、爆破、架线火花，甚至撞击和摩擦产生的火花等都足以引燃瓦斯。

3. 充足的氧气含量

氧气浓度大于12%时，才会引起瓦斯的爆炸；氧气浓度低于12%时，瓦斯失去爆炸性，此时遇火也不燃烧。

二、影响爆炸界限的主要因素

煤矿井下复杂的环境条件对瓦斯爆炸有重要影响。其他可燃可爆性物质和惰性物质的混入，以及环境温度、压力、氧气浓度、点燃源能量等因素的变化，都将引起矿井瓦斯爆炸界限的变化。忽视这些影响因素，将会造成难以预料的瓦斯爆炸灾害事故；而主动控制这些影响因素，则可以为矿井防治瓦斯灾害和救灾工作提供安全保证。

1. 可燃可爆性物质的影响

1）可燃可爆性气体的掺入

矿井瓦斯混合气体中掺入其他可燃可爆性气体时，不仅增加爆炸性气体的总浓度，而且又使瓦斯爆炸界限发生变化，即爆炸下限降低，爆炸上限升高。总体来说，其他可燃可爆性气体的混入往往使瓦斯的爆炸下限降低，从而增加其爆炸危险性。

2）可爆性煤尘的混入

具有爆炸危险性的煤尘飘浮在瓦斯混合气体中时，不仅增强爆炸的猛烈程度，还可降低瓦斯的爆炸下限，这主要是因为温度在300~400 ℃时，煤尘会干馏出可燃气体。实验表明，瓦斯混合气体中煤尘浓度达68 g/m^3 时，瓦斯的爆炸下限降低2.5%。

2. 惰性气体和氧浓度的影响

瓦斯混合气体中混入惰性气体可以使瓦斯爆炸下限升高、爆炸上限降低，即减小瓦斯爆炸区间的范围，又可以降低氧的浓度，使燃烧减弱或使瓦斯混合气体失去爆炸性。常使用 N_2 和 CO_2 等惰性气体抑制瓦斯的爆炸。实验表明，N_2 浓度每增加1%，瓦斯爆炸下限则提高0.017%，爆炸上限下降0.54%；CO_2 浓度每增加1%，瓦斯爆炸下限则提高0.033%，爆炸上限下降0.26%。如果瓦斯混合气体中 N_2 含量超过81.69%或 CO_2 含量超过22.8%，任何浓度的瓦斯都不会发生爆炸。

3. 混合气体初温度、压力的影响

1）环境初始温度

温度是热能的体现，温度越高表明具有的能量越大。实验证明，环境初始温度越高，瓦斯混合气体热化反应越快，爆炸范围越大（即爆炸上限升高，爆炸下限下降）。当温度为20 ℃时，瓦斯爆炸界限为6.0%~13.4%；当温度为100 ℃时，瓦斯爆炸界限为5.45%~13.5%；当温度为700 ℃时，瓦斯爆炸界限为3.25%~18.75%。

2）环境初始气压

实验表明，瓦斯爆炸界限的变化与环境初始压力有关。环境初始压力升高时，爆炸下限变化很小，而爆炸上限则大幅度增高。井下环境空气压力发生显著变化的情况很少，但在矿井火灾、爆炸冲击波或其他原因（如大面积冒顶等）引起的冲击波峰作用范围内，环境气压会显著增高，点燃源向邻近气体层传输的能量增大，燃烧反应可自发进行的浓度范围增宽，使正常条件下未达到爆炸浓度界限的瓦斯发生爆炸。

三、矿井瓦斯爆炸的危害

1. 爆炸产生高温

试验研究表明，当瓦斯浓度为9.5%时，爆炸时产生的瞬间温度可达1850~2650 ℃。这样高的温度，不仅会烧伤人员、烧坏设备，还可能点燃木材、支架和煤尘，引起井下火灾和煤尘爆炸事故，扩大灾情。

2. 爆炸产生高压

经实验和理论计算，瓦斯爆炸后的气体压力是爆炸前气体压力的7~10倍。气体压力的骤然增大，将形成强大的冲击波，以极高的速度（每秒几百米或几千米）向前冲击，从而推倒支架、损坏设备，使巷道或工作面的顶板坍塌及造成现场人员伤亡，将使矿井遭受严重破坏。

3. 爆炸产生大量有害气体

瓦斯爆炸后，不仅氧气会大大减少而且会产生大量有害气体。据分析，瓦斯爆炸后的气体成分为：氧气6%~10%、氮气82%~88%、二氧化碳4%~8%、一氧化碳2%~4%。而当空气中一氧化碳浓度达到0.4%时，人就会中毒死亡；当氧气浓度减少到10%~12%时，人就会失去知觉窒息而死。统计资料表明，在瓦斯、煤尘爆炸事故中，死于一氧化碳中毒的人数占死亡总人数的70%以上。因此，入井人员必须佩戴自救器。

4. 瓦斯爆炸正向冲击和反向冲击的危害

瓦斯爆炸发生后，在爆炸产生的高温、高压作用下，爆源附近的气体以极大的速度向四周扩散，在所经过的路程上形成威力巨大的冲击波的现象，称为正向冲击（也称进程冲击）。正向冲击的危害是，由于冲击气流是高温、高压气流，因此能够造成人员伤亡、巷道和器材设施破坏，扬起大量煤尘并使其参与爆炸，从而造成更大的破坏，还可能点燃坑木或其他可燃物而引起火灾。

爆炸发生后，由于爆炸气体从爆源点向外高速冲击，加上爆炸后生成的部分水蒸气很快冷却和凝聚，因而在爆源附近形成气体稀薄的低压区，这样，在压差的作用下爆炸气体就会连同爆源外围的气体，以极高的速度反向冲回爆炸地点，这一过程称为反向冲击（也称回程冲击）。反向冲击的危害是，虽然这种冲击的力量较正向冲击的力量小，但由于它是在正向冲击的基础上发生的，是沿着已经遭受破坏的路程和区域反冲，所以其破坏性往往更大；反向冲击还可能引起连续爆炸事故。

5. 瓦斯连续爆炸

一般说来，井下发生瓦斯连续爆炸的原因有两种可能，一是由于瓦斯爆炸产生的高温点燃了坑木或其他可燃物而引起发火，而附近有瓦斯继续涌出且达到一定浓度并有足够氧气，就可能发生第二次爆炸，甚至第三次、第四次；二是在反向冲击过程中，反向冲击的空气中含有足够的瓦斯和氧气，而爆源附近的火源尚未熄灭，或因爆炸产生新火源，就可能造成第二次甚至多次连续爆炸事故。

四、防止瓦斯爆炸的技术措施

煤矿瓦斯爆炸事故是可以预防的。防止煤矿瓦斯爆炸事故，就是想方设法从技术上、管理上消除引发瓦斯爆炸的基本条件，即防止瓦斯积聚、防止瓦斯引燃和防止瓦斯爆炸事故的扩大。

（一）防止瓦斯积聚

所谓瓦斯积聚是指局部（体积不超过0.5 m^3）瓦斯浓度超过2%的现象。

煤矿井下容易发生瓦斯积聚的地点通常位于采掘工作面和通风不良的场所，每个矿井必须从采掘工作、生产管理上采取措施，保持工作场所的通风良好，防止瓦斯积聚。

1. 保证工作面的供风量

矿井通风的基本任务之一是把瓦斯等有害气体及粉尘稀释到安全浓度以下，并排至矿井以外。因此，加强通风是防止瓦斯积聚的基本方法之一。所有没有封闭的巷道、采掘工作面和硐室必须保证风量和风速，达到足以稀释瓦斯至规定界限以下，使瓦斯没有积聚的条件。保证采煤工作面风路的畅通，对每个掘进工作面在开始工作前都应建立合理的进、回风路线，避免形成串联通风。对于瓦斯涌出量大的煤层或采空区，在采用通风方法处理瓦斯不合理时，应采取瓦斯抽采措施。

掘进工作面极易出现安全问题的地点，特别是在更换、检修局部通风机或风机停运时，必须加强管理，协调通风部门和机电部门的工作，以保证更换、检修工作的顺利进行和恢复通风时的安全。对高瓦斯矿井，为防止局部通风机停风造成的危险，必须使用“三专”（专用变压器、专用开关、专用线路供电），局部通风机要挂牌指派专人管理，严禁非专门人员操作局部通风机和随意开停风机。即使是短暂的停风，也应该在检查瓦斯并达到条件后开启风机；在停风前，必须先撤出工作面的人员并切断向工作面的供电。在进行工作面机电设备的检修或局部通风机的检修时，应该特别注意安全，严禁带电检修。局部通风机的出风口距离掘进工作面迎头的距离一般不大于5 m、风量应大于40 m^3/min，以防止出现通风死角和循环通风。供风的风筒要吊挂平直，在拐弯处应该缓慢拐弯，不能堵塞通风，风筒接头应严密、不漏风，禁止中途割开风筒供风。局部通风机及启动装置必须安装在新鲜风流中，距离回风口的距离不小于10 m。安设局部通风机的进风巷道所通过的风量要大于局部通风机吸风量的1.43倍，以保证局部通风机不会吸入循环风。

工作面停电及在掘进和采煤工作面大面积同时爆破落煤时，都会引起瓦斯积聚。对于采煤工作面应特别注意回风隅角的瓦斯超限，保证工作面的供风量。采煤工作面使用的是全负压通风，合理的通风系统是保证工作面风量充足的基础。

加强通风是防止瓦斯积聚的最主要措施。严禁采用独眼井开采，严禁采用不符合《煤矿安全规程》规定的串联通风，掘进工作面禁止采用扩散通风；矿井的产量必须与矿井通风能力相适应，严禁超通风能力生产。

2. 及时处理局部积聚的瓦斯

煤矿井下易发生局部瓦斯积聚的地点主要有：采煤工作面上隅角、采煤机附近、顶板冒落的空洞中、采煤工作面切顶线附近、低风速巷道的顶板附近等。

1）采煤工作面上隅角局部瓦斯积聚的处理方法

（1）挂风障引流。利用风袋布、木板或其他材料在工作面上隅角设置风障，迫使一部分风流经工作面上隅角，将该处积存的瓦斯冲淡排出。利用风障处理工作面上隅角积聚瓦斯的方法如图 1-2 所示。

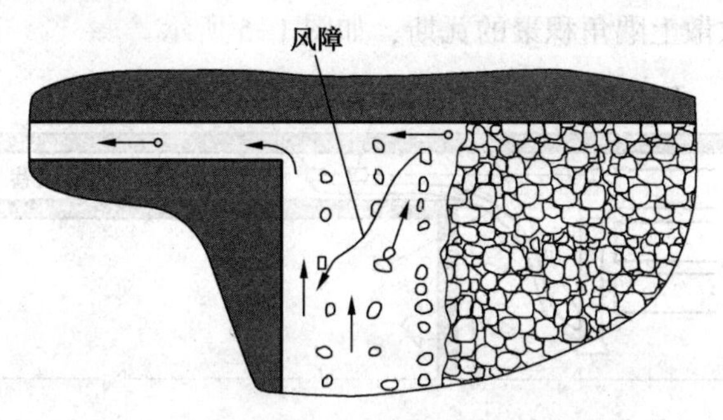

图 1-2　利用风障处理工作面上隅角积聚的瓦斯

（2）水力引射器排除法。水力引射器是一种不同于常规通风机的小型通风机，该设备以高压水作为动力，可用作局部通风。水力引射器的特点是无转动的叶轮且不用电，因此不会产生任何火花。用水力引射器处理采煤工作面上隅角局部瓦斯积聚的方法如图 1-3 所示。

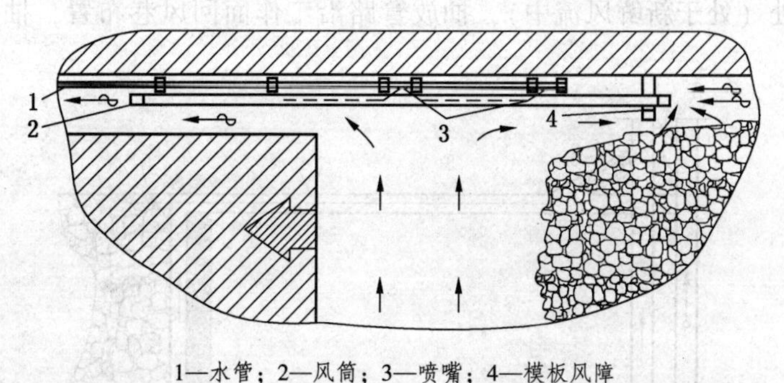

1—水管；2—风筒；3—喷嘴；4—模板风障

图 1-3　利用水力引射器处理工作面上隅角积聚的瓦斯

（3）改变采空区的漏风方向。如图 1-4 所示，将工作面上部区段采空区的密闭墙拆开，这时采煤工作面采空区的漏风方向将发生改变，大部分漏风不再进入上隅角，使上隅角的瓦斯来源减少，瓦斯浓度下降。该方法只适用于不易自燃的煤层。

（4）小型液压通风机吹散法。该方法是利用在工作面上隅角附近安设的小型液压通风

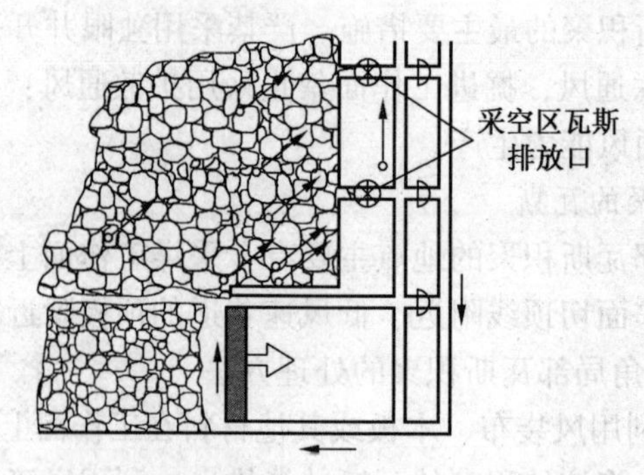

图 1-4　改变采空区的漏风方向防止工作面上隅角积聚瓦斯

机向上隅角送风，吹散上隅角积聚的瓦斯，如图 1-5 所示。

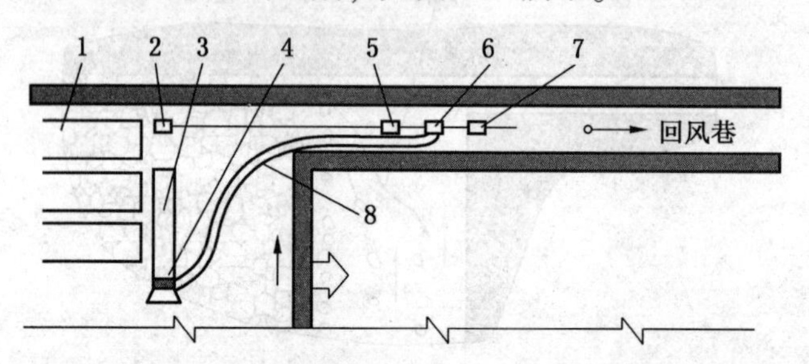

1—液压支架；2—甲烷传感器；3—柔性风筒；4—小型液压通风机；
5—中心控制处理器；6—液压泵站；7—磁力启动器；8—油管

图 1-5　利用小型液压通风机吹散工作面上隅角积聚瓦斯

(5) 移动式抽放站抽放法。该方法是利用移动式抽放站并通过上隅角埋入采空区一定距离的瓦斯抽放管路抽放瓦斯，如图 1-6 所示。移动式抽放站设在工作面回风巷和采区总回风巷的交叉处（处于新鲜风流中），抽放管路沿工作面回风巷布置，抽出的瓦斯排至采区回风巷。

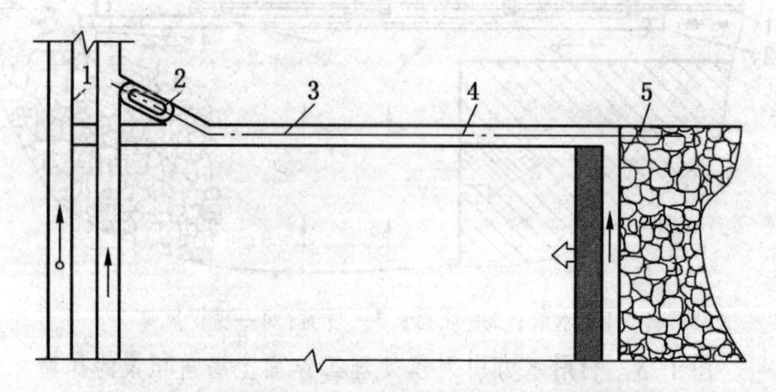

1—瓦斯排放口；2—移动式抽放站；3—抽放管路；4—回风巷；5—采空区

图 1-6　利用移动式抽放站防止上隅角积聚瓦斯

(6) 采用下行通风。采煤工作面采用下行通风能防止上隅角发生瓦斯积聚，这一点已被许多矿井的实测结果所证实。阜新清河门煤矿的实测结果是：上行通风时工作面上隅角瓦斯浓度常常达到10%，改为下行通风后瓦斯浓度不再超限，下行通风的工作面下隅角瓦斯浓度最高为0.70%，没有发生瓦斯积聚。

在工作面绝对瓦斯涌出量超过5~6 m^3/min的情况下，单独采用上述方法难以收到预期效果，必须进行瓦斯抽采，以降低整个工作面的瓦斯涌出量。

2）采煤机附近局部瓦斯积聚的处理方法

由于采煤机在生产过程中不断破碎煤体，并形成新鲜的煤层暴露面，加之采煤机附近通风不畅等原因，采煤机附近易形成高浓度瓦斯区。煤层中若含有坚硬的夹石或黄铁矿，采煤机在割煤过程中还易形成摩擦火花。因此，采煤机附近是发生瓦斯爆炸危险性较大的区域。为防止采煤机附近发生瓦斯爆炸，必须消除采煤机附近的瓦斯积聚，具体措施有：

（1）增加工作面的风量。

（2）降低采煤机的牵引速度，减小截深。

（3）在采煤机上安装小型水力引射器。

如图1-7所示，水力引射器装于采煤机靠回风一侧的摇臂上，与煤壁呈20°~25°，高压水由喷嘴高速喷出，引射风流，将滚筒割煤部位涌出的瓦斯驱散。该装置不但能消除滚筒割煤部位的瓦斯积聚，还有很好的防尘效果。

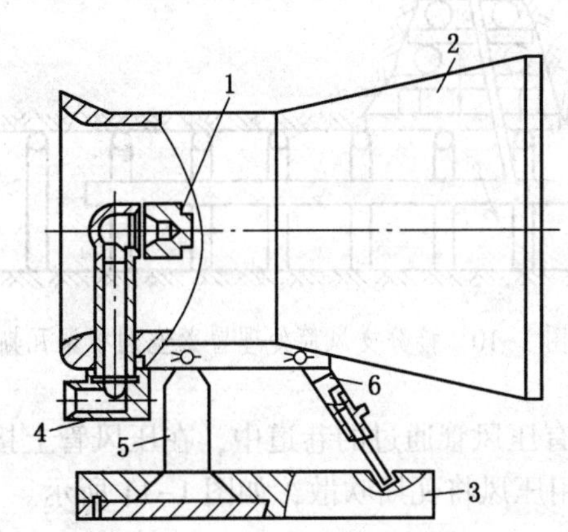

1—喷嘴；2—引射风筒；3—底座；4—进水龙头；5—调高器；6—顶柱

图1-7　水力引射器

3）掘进巷道局部冒落空洞积聚瓦斯的处理方法

（1）导风板引风法。在冒落空洞中设法固定一块木板，并注意使木板下部适当伸出冒落空洞，以引入风流吹散瓦斯，如图1-8所示。

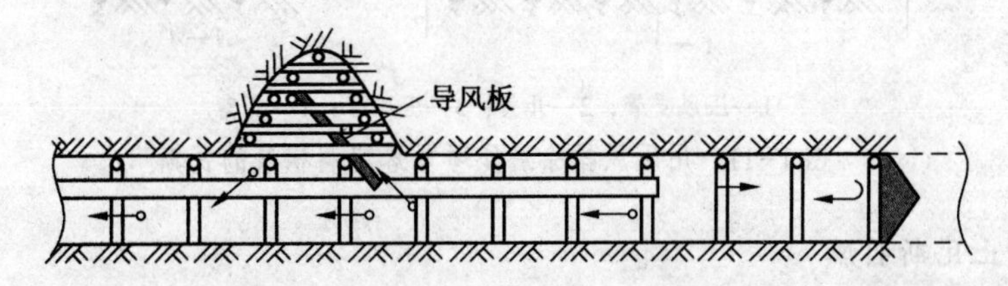

图1-8　设导风板处理冒落空洞积聚瓦斯

（2）充填法。在棚梁上铺设一定厚度的木板或荆笆，然后用黄土或砂子将冒落空洞填满，如图 1-9 所示。

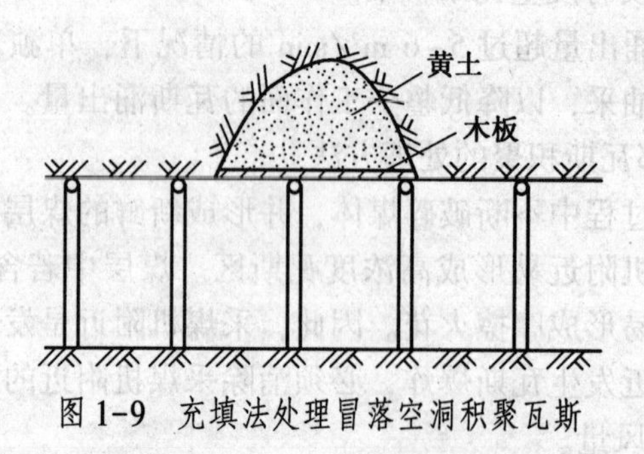

图 1-9　充填法处理冒落空洞积聚瓦斯

（3）接分支风筒。在有风筒的巷道中，可在风筒上接一直径较小的分支风筒进入冒落空洞，引导部分风流冲散瓦斯，如图 1-10 所示。

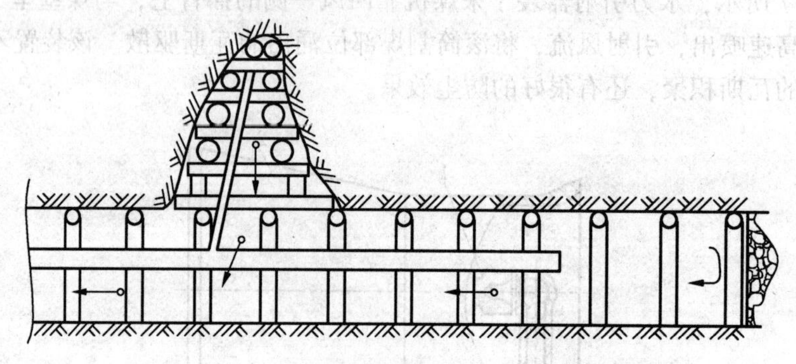

图 1-10　接分支风筒处理冒落空洞积聚瓦斯

（4）压风排除法。在有压风管通过的巷道中，在压风管上接一支管进入冒落空洞，并在支管上设若干喷嘴，利用压风将瓦斯吹散，如图 1-11 所示。

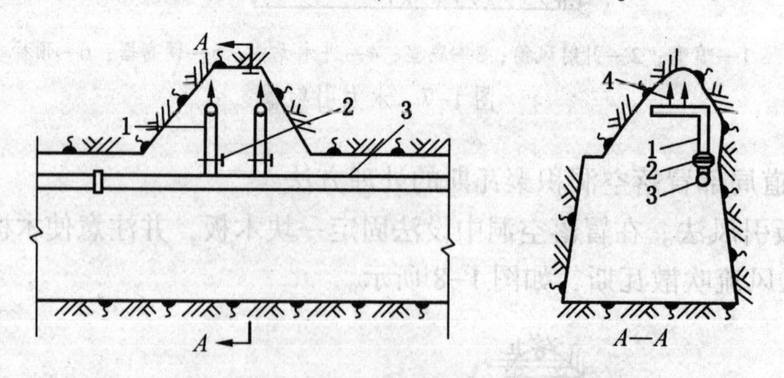

1—压风支管；2—开关；3—压风管；4—喷嘴

图 1-11　用压风排除法处理冒落空洞积聚的瓦斯

（二）防止瓦斯引燃

防止点燃火源的出现，就是要严禁一切非生产火源，严格管理和限制生产中可能出现的火源、热源，特别是容易积聚瓦斯的地点更应该重点防范。

（1）防止明火。根据《煤矿安全规程》规定，严禁携带烟草和点火物品下井，禁止吸烟、使用电炉或任意打开矿灯灯罩；井口房和通风机房附近 20 m 以内严禁使用灯泡取暖或使用电炉；井下需要进行电焊、气焊和喷灯焊接等工作，必须符合有关规定；井下严禁使用明火爆破；对于井下存在火区的矿井，应加强火区管理。

（2）防止电火花。井下使用的机械和电器设备都必须符合要求，各种电器设备的防爆性能要处于完好状态并经常检查维修；电缆接头不准有“鸡爪子”“羊尾巴”和明接头；对于局部通风机和掘进工作面的电器设备，必须装有延时的风电闭锁装置。

（3）防止爆破引燃瓦斯。煤矿必须使用煤矿许用炸药，要严格按照规程进行打眼、装药、爆破；爆破严格执行“一炮三检”制度。

（4）防止摩擦火花。由于机械化程度不断发展，增加了机械摩擦、冲击热源引起燃烧的可能性，采取的措施有：在摩擦发热的电器上安设过热保护装置、温度检查报警装置。

（5）防止静电火源。为防止静电火源的出现，井下使用的高分子材料（如塑料、橡胶、树脂）制品，其表面电阻应低于其安全限定值。

（三）防止瓦斯爆炸事故的扩大

防止瓦斯爆炸事故扩大的措施有：

（1）矿井通风系统应力求简单，无用的巷道和采空区及时封闭，在相通的进、回风巷道间安设正反两道风门，防止瓦斯爆炸时风流短路。

（2）实行分区通风，各水平、各采区和各工作面都应有独立的进、回风系统。

（3）主要通风机必须安装反风装置，井下主要风门要安设反风设施，定期进行反风试验，发现问题及时解决，保证在处理灾害事故需要反风时能灵活使用。

（4）装有主要通风机和分区通风机的出风井口，必须安设防爆门，防止发生爆炸时通风机遭到破坏。

（5）在矿井两翼、相邻的采区、相邻的煤层之间设置水棚或岩粉棚，防止爆炸事故范围扩大。

（6）下井人员必须佩戴自救器，以便发生事故时进行自救、互救。

（7）编制周密的矿井灾害预防和处理计划，并贯彻到每个职工中去，一旦发生事故，即可及时处理，以防灾害发展和扩大。

学习活动2　工作前的准备

【学习目标】

（1）能收集煤矿瓦斯爆炸防治措施和瓦斯爆炸事故案例相关资料。

（2）能整理资料中有关瓦斯爆炸的条件、影响因素、事故原因及防治措施等内容。

【相关资料】

《煤矿安全规程》（2016）、《××煤矿瓦斯管理技术标准》《××煤矿瓦斯治理技术方案及安全技术措施》《××煤矿预防瓦斯爆炸的安全技术措施》、瓦斯爆炸演示及事故案例视频等瓦斯爆炸及防治的相关资料。

学习活动3 现 场 施 工

【学习目标】

（1）通过阅读资料，熟知瓦斯爆炸的发生条件、影响因素、事故原因及防治措施。

（2）通过观看视频，能够分析瓦斯爆炸的事故原因并制定预防瓦斯爆炸的技术措施。

【实训要求】

（1）分组完成实训任务。

（2）每组独立完成并提交工作页。

（3）安全文明作业，妥善使用和维护实训资料和工具。

【实训任务】

观看瓦斯爆炸演示和事故案例视频资料，讨论分析瓦斯爆炸的发生条件、影响因素和原因；根据现场实际情况，制定防治瓦斯爆炸措施，并完成工作页的填写。

学习任务三 煤与瓦斯突出及其防治

【学习目标】

1. 中级工

（1）了解煤与瓦斯突出的概念及其危害。

（2）熟知瓦斯突出的预兆和一般规律。

2. 高级工

（1）了解发生煤与瓦斯突出的机理。

（2）熟知“四位一体”综合防突措施。

【建议课时】

（1）中级工：3课时。

（2）高级工：4课时。

【工作情景描述】

随着煤炭生产规模日益扩大，矿井开采水平不断延深，煤与瓦斯突出的危险性在增大。这就要求煤矿工作人员不断加强对煤与瓦斯突出的认识治理，提高煤矿安全水平。

学习活动1 明确工作任务

【学习目标】

（1）能叙述煤与瓦斯突出的危害。

（2）能识别煤与瓦斯突出的预兆。

（3）能叙述煤与瓦斯突出的一般规律。

（4）能说明区域防突措施。

（5）能说明工作面防突措施。

【工作任务】

阅读煤与瓦斯突出事故案例资料，讨论分析煤与瓦斯突出的预兆、一般规律、事故原因和危害；根据现场实际情况，制定防突措施；熟悉防突钻孔施工安全操作和防突预测常用指标测定安全操作流程。

一、煤与瓦斯突出基本知识

1. 煤与瓦斯突出的概念

煤矿地下采掘过程中，在地应力和瓦斯（含 CO_2）的共同作用下，破碎的煤（岩）和瓦斯由煤（岩）体内突然向采掘空间抛出的异常动力现象，称为煤（岩）与瓦斯突出，简称突出。它是矿井瓦斯特殊涌出的一种形式，是煤矿严重的自然灾害之一。突出是煤体在地应力和高压瓦斯的共同作用下发生的一种异常动力现象，表现为几吨至数千吨、甚至万吨以上的破碎煤在数秒至几十秒的极短时间内由煤体向巷道、工作面等采掘空间抛出，并伴有大量瓦斯涌出。

2. 煤与瓦斯突出的分类

按动力现象的力学特征，分为突出、压出、倾出 3 种类型。

1）煤与瓦斯（二氧化碳）突出（简称突出）

煤与瓦斯突出是在地应力和瓦斯的共同参与下发生的，而地应力是发动突出的主要动力，实现突出的基本能源是煤内的高压瓦斯能。

2）煤与瓦斯的突然压出（简称压出）

煤的突然压出是由地应力或开采层集中压力引起的，瓦斯只起次要作用。伴随着煤的突然压出，使回风流中瓦斯浓度增高，但一般不会引起巷道瓦斯超限（或超限时间很短）。

3）煤与瓦斯的突然倾出（简称倾出）

煤的突然倾出主要是重力引起的，而瓦斯在一定程度上也参与了倾出过程。这是由于瓦斯的存在进一步降低了煤的机械强度，瓦斯压力还促进了重力作用的显现。由于这种关系，煤的倾出能引起或转化为煤与瓦斯突出。在急倾斜煤层中，煤与瓦斯突出又多以煤的倾出开始，最终转化为煤与瓦斯突出。

3. 煤与瓦斯突出的预兆

绝大多数煤与瓦斯突出在发生前都有预兆现象，突出预兆主要有 3 个方面：地压显现、瓦斯涌出、煤体力学性能和结构变化。

（1）地压显现方面的预兆。地压活动剧烈，顶板来压，不断发生掉渣和支架断裂，煤层中发生震动，手摸煤壁感到冲击；听到煤炮声或闷雷声，一般是先远后近，先大后小，先单响后连响，突出时伴随巨雷般响声；掉渣、岩煤开裂、底鼓、岩煤自行剥落、煤壁外鼓，来压、煤壁颤动，钻孔变形、垮孔顶钻、夹钻杆、钻粉量增大、钻机过负荷等。

（2）瓦斯涌出方面的预兆。瓦斯涌出异常，瓦斯浓度忽大忽小，煤尘增加，工作面气温变冷，气味异常，打钻喷瓦斯、喷煤，哨声、蜂鸣声等。

（3）煤体力学性能和结构变化方面的预兆。煤层层理紊乱，硬度降低，光泽暗淡，煤体干燥，煤尘飞扬；有时煤体碎块从煤壁蹦出，煤厚变化大、倾角变陡，波状隆起、褶曲、顶板和底板阶状凸起等。

以上预兆并非每次突出时都同时出现，而仅仅是出现一种或几种，但出现预兆的种类和时间是不同的，熟悉和掌握突出预兆，对于及时撤出人员、减少伤亡具有重要的意义。

除上述外，突出预兆中有多种物理（如声、电、磁、震、热等）异常效应，随着现代电子技术及测试技术的高速发展，这些异常效应已被应用于瓦斯突出预报。

4. 煤与瓦斯突出的一般规律

1）地压是发生突出的主要动力

（1）突出的危险性随着煤层埋藏深度的增加而增大，一般矿井发生突出的最浅深度约为瓦斯风化带深度的2倍。随着深度的增加，突出的危险性增大，表现为突出次数增多、强度增大、突出煤层增加、突出危险区域扩大。

（2）采掘工作面形成的集中应力区是突出点密集区，如邻近层煤柱上下、相向的采掘接近处、两巷贯通之前的煤柱内、采掘工作面附近的应力集中区等，在这些区域不仅发生次数多，突出强度也大。

（3）突出危险区集中在地质构造带呈带状分布，向斜局部地区、背斜构造中部隆起地区和地层扭转、断层、褶曲附近以及火成岩侵入形成的变质煤与非变质煤的交界附近地区都是突出密集区，也是大型甚至特大型突出的易发生地区。

（4）产生强烈震动的采掘作业可能诱发突出，这种作业不仅能够引起应力状态的改变，而且可以使动载荷作用在新暴露的煤体上，造成煤的突然破碎。

（5）受煤自重的影响，上山掘进工作面发生突出的次数多、强度小，下山掘进工作面发生突出的次数少、强度稍大。

2）瓦斯是抛出煤体完成突出过程的主要动力

（1）突出危险煤层的瓦斯压力一般为0.7~1.0 MPa，煤层中瓦斯压力越高的区域，突出的危险性越大。

（2）突出危险煤层的瓦斯含量和开采时的瓦斯涌出量都在10 m^3/t以上，突出发生时，吨煤瓦斯喷出量是煤层瓦斯含量的几倍至几百倍。

（3）突出气体的种类主要是甲烷，个别矿井突出的气体为二氧化碳。

3）煤的物理力学性质决定突出发生和发展的难易

（1）突出的次数和强度随着煤层厚度特别是软分层厚度的增大而增多、加大，突出最严重的煤层一般是最厚的主采煤层。

（2）突出危险性随着煤层倾角的增大而增大。煤层倾角的增大，岩层及煤层承重应力参与突出的作用就增加，从而使突出的危险性增大，表现为始突深度变浅、突出次数增加和突出平均强度增大。

（3）突出煤层的特点是强度低，手捻能成粉末；煤层结构软硬相间，至少存在2个以上的软分层；光泽暗淡，层理紊乱，煤层松软；湿度小、透气低，瓦斯压力放散初速度大；如果煤层顶底板坚硬致密，可以形成危险的瓦斯压力梯度，突出危险性将更大。

5. 煤与瓦斯突出的危害

（1）破坏通风设施及通风系统，摧毁采掘空间，损坏机电设备。

（2）喷出大量的煤岩堵塞巷道，造成煤岩埋人事故。

（3）涌出的瓦斯造成人员窒息，引起瓦斯燃烧和爆炸事故。

（4）严重影响生产，造成经济效益大幅下降。

二、煤与瓦斯突出防治措施

1. 区域防突措施

区域防突措施指在突出煤层进行采掘前对突出煤层较大范围采取的防突措施，包括区域突出危险性预测、区域防突措施、区域防突措施效果检验和区域验证的综合措施，开采保护层、预抽煤层瓦斯和煤层注水是区域防突的主要措施。

（1）开采保护层。突出矿井中，在煤层群中首先开采的，并能使相邻的突出煤层消除危险的煤层叫作保护层；后开采的煤层称为被保护层，如图 1-12 所示。保护层开采后，由于采空区的顶底板岩石冒落、移动，引起开采煤层周围应力重新分布，使未开采煤层地压减小，能量得到缓慢释放，煤层变形形成裂隙，被保护层内的瓦斯大量排放到保护层的采空区内，瓦斯含量和瓦斯压力都明显降低，这就使得在保护范围内开采被保护层时不会发生煤与瓦斯突出。

开采保护层后，在有效保护范围内的被保护层区域为无突出危险区，超出有效保护范围的区域仍为突出危险区。

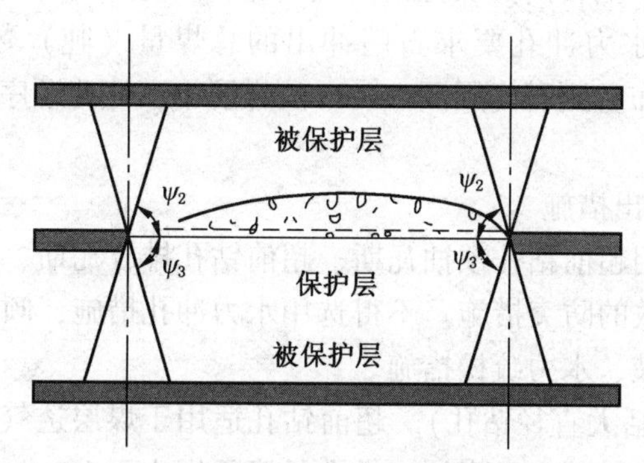

图 1-12　保护层与被保护层

（2）预抽突出煤层瓦斯。开采保护层时，已有瓦斯抽采系统的矿井，应同时抽采被保护层的瓦斯。单一煤层和无保护层可采的突出危险煤层，经试验预抽瓦斯有效果时，也必须采用抽采瓦斯的防突措施。

（3）突出煤层注水。利用钻孔向煤层注入压力水，当煤体中水分达到 4% 以上，煤的力学性质将发生改变，地应力分布均匀化，煤体塑性增加，脆性减小，弹性能释放速度变小，瓦斯排放速度比初放时降低 90%，从而达到预防煤与瓦斯突出的目的，也可以减少开采过程中粉尘的产生和飞扬；当水中加入一些阻化剂时，还可以防止煤炭自燃。

2. 局部防突措施

局部防突措施是针对经预测工作面尚有突出危险的局部煤层实施的防突措施，其有效范围一般仅限于当前工作面周围的较小区域。局部综合防突措施包括工作面突出危险性预测、工作面防突措施、工作面防突措施效果检验和安全防护措施等内容。

1）井巷揭煤工作面的防突措施

井巷揭煤工作面的防突措施包括超前钻孔预抽瓦斯、超前钻孔排放瓦斯、金属骨架、煤体固化、水力冲孔或其他经试验证明有效的措施。

（1）超前钻孔排放瓦斯。超前钻孔排放瓦斯是在石门掘至距煤层垂距5~8 m处向突出危险煤层沿倾向和走向均匀地分布2~3圈钻孔，控制范围达到石门周边外3~5 m，形成足够的卸压和排放瓦斯范围，在设计要求的范围内，瓦斯压力全部降到0.74 MPa以下。这一措施适用于不同厚度和倾角的突出煤层，对瓦斯压力较高的煤层，也有较好的防突效果。

（2）金属骨架。金属骨架是用于石门揭煤的一种超前支架。在距煤层2~3 m时，在工作面上部和两侧周边施工钻孔，钻孔要穿透煤层全厚并进入岩层0.5 m，单排孔间距一般不大于0.2 m，双排孔间距一般不大于0.3 m；然后在钻孔中插入长度大于孔深0.5 m以上的钢管或钢轨，向孔内灌注水泥砂浆等不燃性固化材料，将其尾部固定架牢，形成一个整体防护架。揭开煤层后，严禁拆除金属骨架，金属骨架防突措施应与抽采瓦斯、水力冲孔或钻孔排放瓦斯等措施配合使用。

金属骨架防突措施的作用：一是钻孔卸压，二是钻孔排瓦斯，三是保护煤体，以达到保护煤体、增大突出阻力的目的。

（3）水力冲孔措施。当石门揭煤打钻出现喷煤、喷瓦斯的自喷现象时，可采用水力冲孔措施进行石门揭煤。水力冲孔要求石门冲出的总煤量（吨）数量上不小于煤层厚度（米）的20倍。钻孔应布置到石门周围3~5m的煤层中，冲孔顺序一般是先冲对角孔，最后冲中间孔。

2）采掘工作面防突出措施

采掘工作面应当选用超前钻孔预抽瓦斯、超前钻孔排放瓦斯、注水湿润煤体等防突措施或其他经试验证明有效的防突措施。不得选用水力冲孔措施，倾角在8°以上的上山掘进工作面不得选用松动爆破、水力疏松措施。

（1）超前钻孔（包括大直径钻孔）。超前钻孔适用于煤层透气性较好、煤质稍硬，钻孔有效影响半径大于0.7 m的突出煤层。钻孔长度不得小于10 m，钻孔超前掘进工作面的距离不得小于5 m。排放钻孔的控制范围，应包括巷道断面和巷道断面轮廓线外四周不小于2 m的范围。超前钻孔的孔数、孔底间距等应当根据钻孔的有效抽排半径确定。超前钻孔的直径一般为75~120 mm，地质条件变化剧烈地带也可采用直径42 mm的钻孔。超前钻孔如图1-13所示。

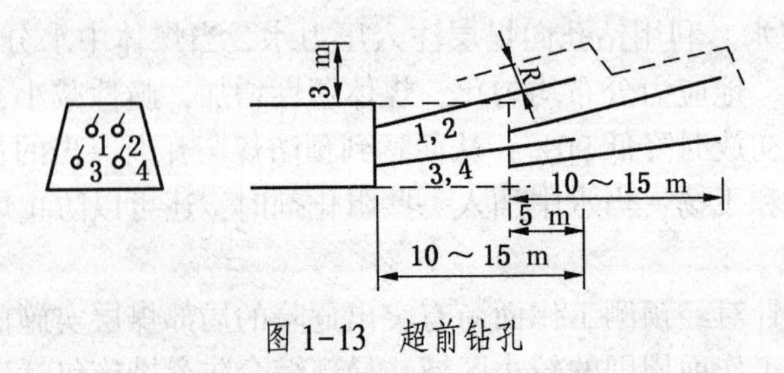

图1-13 超前钻孔

（2）深孔松动爆破。深孔松动爆破原理是在工作面前方施工若干一定深度的钻孔，通过爆破使周围煤体破碎、应力集中带向煤体深部推移，以达到卸压和排放瓦斯的作用。该措施适用于煤质较硬、突出强度较小的煤层。深孔松动爆破的孔径为 42 mm，孔深不小于 8 m，超前距不小于 5 m。深孔松动爆破应控制到巷道轮廓线外 1.5~2 m 的范围。松动爆破时，必须执行撤人、停电、设警戒、远距离爆破、反向风门等安全措施。

（3）前探支架。前探支架可用于松软煤层的平巷工作面，以防止工作面顶部悬煤垮落而造成突出（倾出）。前探支架一般是向工作面前方施工钻孔，孔内插入钢管或钢轨，其长度为两次掘进长度再加 0.5 m。掘进每循环一次，施工一排钻孔，形成两排钻孔交替前进，钻孔间距为 0.2~0.3 m。超前支架如图 1-14 所示。

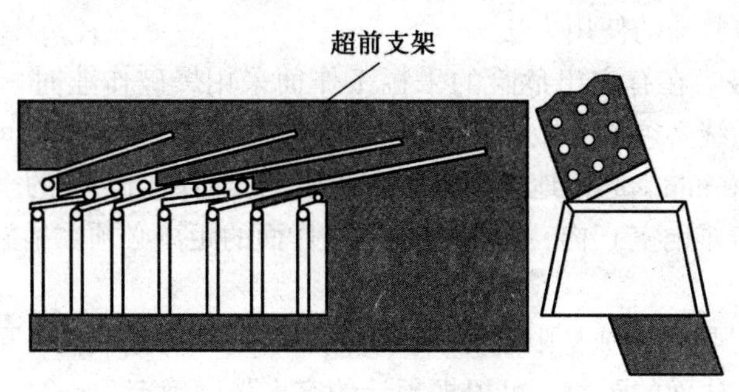

图 1-14　超前支架

3）安全防护措施

井巷揭穿突出煤层和在突出煤层中进行采掘作业时，必须采取避难硐室、反向风门、压风自救装置、隔离式自救器、远距离爆破等安全防护措施。

（1）避难硐室。掘进距离超过 500 m 的巷道内必须设置工作面避难硐室。避难硐室必须设置向外开启的严密的隔离门，硐室内净高不得低于 2 m，长度和宽度应根据同时避难的最多人数确定，但每人占用面积不得少于 0.5 m^2。避难硐室内支护必须保护良好，并设有与矿（井）调度室直通的电话。避难硐室内必须设有供给空气的设施，每人供风量不得少于 0.3 m^3/min；如果用压缩空气供风时，应有减压装置和带有阀门控制的呼吸嘴。避难所内应根据同时避难的最多人数，配备足够数量的隔离式自救器。

（2）反向风门。突出煤层的石门揭煤、煤巷和半煤岩巷（在突出矿井的突出危险区）掘进工作面进风侧必须设置至少 2 道牢固可靠的反向风门，以防止突出时的瓦斯进入进风系统；爆破作业时，反向风门必须关闭。反向风门距工作面的距离，应根据掘进工作面的通风系统和预计的突出强度确定。反向风门墙垛可用砖或混凝土砌筑，嵌入巷道周边岩石的深度可根据岩石性质确定，但不得少于 0.2 m；墙垛厚度不得小于 0.8 m。门框和门扇可采用坚实的木质结构，门框厚度不得小于 100 mm，门扇厚度不得小于 50 mm。两道风门之间的距离不得小于 4 m。

（3）压风自救装置。井下发生煤与瓦斯突出时，有害气体波及区域内有人员工作的地方都必须安装压风自救装置。压风自救装置安设在井下压缩空气管路上。在突出危险掘进工作面，自巷道回风口开始，每隔 50 m 设置一组压风自救器（不少于 5 个），靠近迎头设置一组压风自救器（不少于 15 个），并随工作面掘进往前移动，保持距工作面 25~40 m 的距离。在突出危险采煤工作面，风巷距工作面上出口 25~40 m 范围内设置一组压风自救器，机巷在工作面下出口以外 50~100 m 的爆破地点设置一组压风自救器，以上两处压风自救器的数量分别按工作面最多工作人数确定。长距离的掘进巷道中，应每隔 50 m 设置一组压风自救装置；每组压风自救装置一般可供 5~8 人用，压缩空气供给量每人不得少于 0.1 m^3/min。压风自救器应安装在空间宽敞、支护良好、没有杂物堆积的人行道侧，人行道宽度应保持在 0.8 m 以上。

(4) 隔离式自救器。进入有突出危险的采掘工作面的工作人员，必须佩戴隔离式自救器，该仪器可保证突出危险工作面发生瓦斯事故时人员能够快速自救，是保障工作人员生命安全的防护仪器。在自救器使用方面，应加大培训力度，健全自救器使用管理制度，使井下人员真正掌握自救器的使用方法。

(5) 远距离爆破。在有突出危险的采掘工作面采用爆破作业时，必须采用远距离爆破。爆破时，回风系统必须停电撤人。爆破后，进入工作面检查的时间应在措施中应明确规定，但不得小于 30 min。起爆地点必须设在进风侧反向风门之外的全风压通风的新鲜风流中或避险设施（避难硐室）内，起爆地点与工作面的距离必须在措施中明确规定，但不得小于 300 m。

(6) 挡栏设施。挡栏设施是限制突出强度的一种有效方法。挡栏可用金属、矸石或木垛等构成。挡栏与工作面的距离，可根据预计的突出强度确定。

(7) 避灾路线。避灾路线是指工作面一旦发生煤与瓦斯突出事故或其他瓦斯事故，保障井下人员按预定的安全线路迅速撤离灾区，到达安全地点的路线。在编制矿井灾害事故预防及防突技术措施时，必须明确突出区域各工作地点的避灾路线，建立避灾路线演习制度，并定期进行演习。发生灾变时，灾区内人员要及时佩戴好隔离式自救器，并按避灾路线撤离。在撤退途中，如果退路被堵，可到最近的避难硐室躲避，也可寻找有压缩空气或铁风管的巷道、硐室躲避。此时可把管子的螺丝接头卸开，形成正压通风，延长避难时间，并设法与外界保持联系。

3. “四位一体”综合防突措施

区域防突措施的作用在于使煤层一定区域（如一个采区）消除突出危险性，主要包括开采保护层、预抽煤层瓦斯和煤层注水等措施。区域防突措施的优点是在突出煤层采掘工作开展前，预先采取防突措施，措施施工与采掘作业互不干扰，且其防突效果较好。故在采用防突措施时，应优先选用区域防突措施。

局部防突措施的作用在于使工作面前方小范围煤体丧失突出危险性，主要包括超前钻孔、水力冲孔、松动爆破、金属骨架等措施。根据应用巷道的类别，可将局部防突措施分为石门防突措施、煤巷防突措施和采煤工作面防突措施等。局部防突措施的缺点是措施施工与采掘工艺相互干扰，且防突效果受地质开采条件变化影响较大。

因此，《煤矿安全规程》规定，突出矿井的防突工作必须坚持区域综合防突措施先行、局部综合防突措施补充的原则。

为安全开采突出煤层，必须采取以防突措施为主同时可避免人身事故的综合防突措施，综合防突措施的内容包括：突出危险性预测、防治突出措施、防突措施效果检验、安全防护措施。

(1) 综合防突措施的第一个环节是突出危险性预测。预测的目的是确定突出危险的区域和地点，以便使防突措施的执行有的放矢。国内外多年来开采突出煤层的实践表明，突出呈区域分布，在突出煤层开采过程中，只有很少的区域或区段才发生突出。因此，不论是否有突出危险，在突出煤层采掘过程中普遍采取防突措施是不合理的。这样执行的结果使防突工作带有一定的盲目性，且由于在原本无突出危险的区域采用了防突措施，必将导致人力和财力的浪费。

(2) 综合防突措施的第二个环节是防止突出措施，它是防止发生突出事故的第一道防线。防突措施仅在预测有突出危险的区段采用，其目的是预防突出的发生。

(3) 综合防突措施的第三个环节是防突措施效果检验。效果检验方法与突出预测方法基本相同，效果检验的目的是保证防突措施的效果。实践表明，各种防突措施，特别是局部防突措施，尽管经科学实验证实其是有效的，但在生产中推广应用后，都无例外地发生过或多或少的突出，这就使我们对措施本身的防突效果产生了怀疑。即使在同一突出煤层，在一些区域证实所采取的防突措施是有效的，但在有些区段则无效，其原因在于井下条件的复杂性，如煤层赋存条件变化、地质构造条件变化以及采掘工艺条件变化等。因此，在防突措施执行后，应对其防突效果进行检验。检验证实措施无效时，应采取附加防突措施。

(4) 综合防突措施的第四个环节是安全防护措施，它是防止发生突出事故的第二道防线。安全防护措施的目的在于突出预测失误或防突措施失效并发生突出时，避免发生人身事故。煤与瓦斯突出是一个极其复杂的瓦斯动力现象，当前的科技发展水平尚难以完全避免其发生。因此，采用安全防护措施是必要的。

学习活动2　工作前的准备

【学习目标】

(1) 收集矿井防突相关资料。

(2) 学习资料中有关煤与瓦斯突出的危害、预兆、一般规律及防突措施等内容。

【相关资料】

《煤矿安全规程》(2016)、《防治煤与瓦斯突出细则》《××煤矿防突管理规定》《××煤矿防突工安全技术操作规程》《煤矿防突作业安全技术实际操作考试标准》、煤与瓦斯突出事故案例等防治煤与瓦斯突出的相关资料。

学习活动3　现　场　施　工

【学习目标】

(1) 通过阅读训练，了解煤与瓦斯突出的危害、预兆、一般规律及防突措施。

(2) 通过实操训练，熟悉防突钻孔施工安全操作和突出危险性预测常用指标测定安全操作流程。

【实训要求】

(1) 分组完成实训任务。

(2) 每组独立完成并提交工作页。

(3) 安全文明作业，妥善使用和维护实训资料和工具。

【实训任务】

按照《煤矿防突作业安全技术实际操作考试标准》，操作煤矿防突作业虚拟仿真考试装置，进行实操训练，并完成工作页的填写。

1. 防突钻孔施工安全操作

(1) 安全检查。

(2) 钻孔施工安全操作。

(3) 收工安全操作。

2. 突出危险性预测常用指标测定安全操作

(1) 钻孔瓦斯涌出初速度 q 值测定安全操作。

(2) 钻屑瓦斯解吸指标 Δh_2 值测定安全操作。

(3) 钻屑瓦斯解吸指标 k_1 值测定安全操作。

(4) 钻屑量 s 测定安全操作。

学习任务四　矿井瓦斯抽采

【学习目标】

1. 中级工

(1) 了解瓦斯抽采的目的和条件。

(2) 了解瓦斯抽采的方法。

2. 高级工

熟知瓦斯抽采的方法及使用场合。

【建议课时】

(1) 中级工：3 课时。

(2) 高级工：4 课时。

【工作情景描述】

为做好矿井瓦斯防治及利用工作，减少和消除瓦斯威胁，保证煤矿生产安全，如果利用通风的方法不能够将涌出的瓦斯稀释到《煤矿安全规程》允许的安全浓度，就必须考虑进行瓦斯抽采。

学习活动1　明确工作任务

【学习目标】

(1) 能叙述瓦斯抽采的目的和条件。

(2) 能描述瓦斯抽采的方法。

【工作任务】

合理选择瓦斯抽采的方法。熟悉瓦斯抽采泵安全操作流程和瓦斯抽采钻孔施工安全操作流程。

一、矿井瓦斯抽采概念及相关规定

1. 瓦斯抽采的概念

为减少和解除矿井瓦斯对煤矿安全生产的威胁，利用机械设备和专用管道造成负压，将煤层中存在或释放出来的瓦斯抽出并输送到地面或其他安全地点的做法，叫作瓦斯抽采。瓦斯抽采对煤矿安全生产具有十分重要意义。

抽采瓦斯的目的是减少和消除瓦斯威胁，保证煤矿生产安全。其重要意义主要有以下3个方面：

(1) 抽采瓦斯是保证煤矿安全生产的一项预防性措施。抽采瓦斯可以减少开采时的瓦斯涌出量，从而减少瓦斯隐患和各种瓦斯事故。

(2) 抽采瓦斯可以减少开采时的通风负担，降低通风费用；此外，抽采瓦斯还能够解决通风难以解决的难题。

(3) 煤层中的瓦斯同煤炭一样是一种地下资源，将瓦斯抽出送到地面作为原料和燃料加以利用，变害为利、变废为宝，可以收到节约煤炭、保护环境的效果和可观的经济利益。

2. 瓦斯抽采的条件

我国煤矿以矿井瓦斯涌出量的大小作为瓦斯抽采的基本条件，总的原则是：如果利用通风方法不能够将涌出的瓦斯稀释到《煤矿安全规程》允许的安全浓度，就必须考虑进行瓦斯抽采；否则可以不考虑瓦斯抽采。

矿井是否有必要进行瓦斯抽采，主要从以下2个方面来判断。

1) 矿井通风能力

生产矿井或挖潜改造矿井，其矿井通风能力在设计时就已经确定，利用通风方法不能满足稀释矿井瓦斯到安全浓度时，就必须进行瓦斯抽采。

2)《煤矿安全规程》要求

《煤矿安全规程》规定，突出矿井必须建立地面永久抽采瓦斯系统。

有下列情况之一的矿井，必须建立地面永久抽采瓦斯系统或者井下临时抽采瓦斯系统：

(1) 任一采煤工作面的瓦斯涌出量大于5 m^3/min或者任一掘进工作面瓦斯涌出量大于3 m^3/min，用通风方法解决瓦斯问题不合理的。

(2) 矿井绝对瓦斯涌出量达到下列条件的：

①大于或者等于40 m^3/min；

②年产量1.0~1.5 Mt的矿井，大于30 m^3/min；

③年产量0.6~1.0 Mt的矿井，大于25 m^3/min；

④年产量0.4~0.6 Mt的矿井，大于20 m^3/min；

⑤年产量小于或者等于0.4 Mt的矿井，大于15 m^3/min。

3. 抽采瓦斯相关规定

《煤矿安全规程》规定，抽采瓦斯必须遵守下列规定：

(1) 抽采容易自燃和自燃煤层的采空区瓦斯时，抽采管路应当安设一氧化碳、甲烷、温度传感器，实现实时监测监控。发现有自然发火征兆时，应当立即采取措施。

（2）井上下敷设的瓦斯管路，不得与带电物体接触并应当有防止砸坏管路的措施。

（3）采用干式抽采瓦斯设备时，抽采瓦斯浓度不得低于25%。

（4）利用瓦斯时，在利用瓦斯的系统中必须装设有防回火、防回流和防爆炸作用的安全装置。

（5）抽采的瓦斯浓度低于30%时，不得作为燃气直接燃烧。进行管道输送、瓦斯利用或者排空时，必须按有关标准的规定执行，并制定安全技术措施。

4. 瓦斯抽采设施的有关规定

《煤矿安全规程》规定，抽采瓦斯设施应当符合下列要求：

（1）地面泵房必须用不燃性材料建筑，并必须有防雷电装置，其距进风井口和主要建筑物不得小于50 m，并用栅栏或者围墙保护。

（2）地面泵房和泵房周围20 m范围内，禁止堆积易燃物和有明火。

（3）抽采瓦斯泵及其附属设备，至少应当有1套备用，备用泵能力不得小于运行泵中最大一台单泵的能力。

（4）地面泵房内电气设备、照明和其他电气仪表都应当采用矿用防爆型；否则必须采取安全措施。

（5）泵房必须有直通矿调度室的电话和检测管道瓦斯浓度、流量、压力等参数的仪表或者自动监测系统。

（6）干式抽采瓦斯泵吸气侧管路系统中，必须装设有防回火、防回流和防爆炸作用的安全装置，并定期检查。抽采瓦斯泵站放空管的高度应当超过泵房房顶3 m。

泵房必须有专人值班，经常检测各参数，做好记录。当抽采瓦斯泵停止运转时，必须立即向矿调度室报告。如果利用瓦斯，在瓦斯泵停止运转后和恢复运转前，必须通知使用瓦斯的单位，取得同意后，方可供应瓦斯。

《煤矿安全规程》规定，设置井下临时抽采瓦斯泵站时必须遵守下列规定：

（1）临时抽采瓦斯泵站应当安设在抽采瓦斯地点附近的新鲜风流中。

（2）抽出的瓦斯可引排到地面、总回风巷、一翼回风巷或者分区回风巷，但必须保证稀释后风流中的瓦斯浓度不超限。在建有地面永久抽采系统的矿井，临时泵站抽出的瓦斯可送至永久抽采系统的管路，但矿井抽采系统的瓦斯浓度必须符合规程的相关规定。

（3）抽出的瓦斯排入回风巷时，在排瓦斯管路出口必须设置栅栏、悬挂警戒牌等。栅栏设置的位置是上风侧距管路出口5 m、下风侧距管路出口30 m，两栅栏间禁止任何作业。

二、矿井瓦斯抽采的方法

瓦斯抽采具有不同的分类方式。按抽采瓦斯的来源可分为：本煤层瓦斯抽采、邻近层瓦斯抽采、采空区瓦斯抽采；按瓦斯抽采的机理可分为：未卸压瓦斯抽采、卸压瓦斯抽采；按汇集瓦斯的方法可分为：钻孔抽采（各种钻孔）、巷道抽采（全封闭、半封闭）、综合抽采（巷道与钻孔）；按钻孔与煤层的关系可分为：沿煤层钻孔抽采、穿层钻孔抽采。

1. 本煤层瓦斯抽采

本煤层瓦斯抽采孔是在煤层开采之前或采掘的同时，用钻孔或巷道对开采煤层内瓦斯进行抽采。按抽采机理分为：未卸压抽采和卸压抽采；按汇集的方法分为：钻孔抽采、巷道抽采、钻孔与巷道抽采。

1）本煤层未卸压抽采

未卸压抽采就是煤层采掘前的抽采。煤层的天然透气性决定了未卸压煤层的抽采效果。由钻孔打入未卸压的原始煤体进行抽采瓦斯，称为本煤层预抽瓦斯。本煤层未卸压抽采瓦斯的方法有：顺层钻孔抽采、穿层钻孔抽采、地面钻孔抽采等。

（1）顺层钻孔抽采。顺层钻孔是在巷道进入煤层后再沿煤层施工的钻孔。顺层钻孔抽采一般多用于采煤工作面，在采煤工作面和回风巷掘进期间沿煤层的倾斜方向施工倾向钻孔，封孔安装抽采管路并与抽采系统连接进行抽采，抽采一段时间再进行工作面采煤。这种方法常受采掘接替的限制，抽采时间较短，影响抽采效果。

（2）穿层钻孔抽采。穿层钻孔抽采是在开采煤层顶底板岩层中掘一条巷道，在此巷道中每隔一定距离（20~30 m）掘一个深度大约 10 m 的钻场，在每个钻场内向煤层打 3~5 个钻孔，穿过煤层顶（底）板，插管封孔进行抽采。这种方法施工方便，预抽时间长；但被抽采的煤层没有受采动影响遭受卸压，因而透气性差的煤层预抽效果不理想。

2）本煤层卸压抽采

在受回采或掘进的采动影响下，煤层和围岩的应力重新分布，形成卸压区和应力集中区。卸压区内煤层膨胀变形，透气性增加，在这个区域内打钻抽采瓦斯，可以提高抽采量。本煤层卸压抽采瓦斯分为边掘边抽和边采边抽。

（1）边掘边抽。在掘进巷道两帮每隔一定距离掘一个钻场，在钻场向工作面推进方向施工 1~2 个超前钻孔，然后插管、封孔进行抽采。边掘边抽能降低掘进时的瓦斯压力，解决掘进时工作面瓦斯超限问题，保证煤巷的安全掘进，但不能降低回采时的瓦斯涌出量。

（2）边采边抽。边采边抽是在工作面进风巷或回风巷中每隔一定距离掘一个钻场，布置钻孔抽采开采煤层工作面前方和两侧卸压区的卸压瓦斯。边采边抽的特点是利用采煤工作面前方卸压区透气性增大的有利条件，提高瓦斯抽采率。该方法适用于赋存平稳的煤层，有效抽采时间短、每孔的抽出量不大的场合。

2. 邻近层瓦斯抽采

在开采煤层群时，开采煤层的顶底板围岩将发生冒落、移动、龟裂和卸压，使其上部或下部的邻近煤层得到卸压并发生膨胀变形，透气性大幅度提高，邻近煤层的卸压瓦斯会通过层间裂隙大量涌向开采煤层，并向开采煤层的采空区转移。这类能向开采煤层采空区涌出瓦斯的煤层，叫作邻近层。位于开采煤层顶板内的邻近层叫上邻近层，底板内的叫下邻近层。邻近层卸压区瓦斯抽采的实质就是预防上下邻近层产生的瓦斯大量涌入开采层综采工作面。

邻近层瓦斯抽采可以在有瓦斯赋存的邻近层内预先开凿瓦斯抽采巷道，或者预先从开采煤层或围岩大巷内向邻近层打钻，将邻近层内涌出的瓦斯汇集抽出。前一种方法称为巷道法，后一种方法称为钻孔法。

邻近层抽采瓦斯是国内外应用最广泛的瓦斯抽采方法，也是国内外防治煤与瓦斯突出所采用的最主要措施。煤与瓦斯突出矿井开采保护层时，必须同时抽采被保护层的瓦斯，并应尽量强制开采保护层，做到可保尽保，降低煤层瓦斯压力。

3. 采空区瓦斯抽采

采煤工作面的采空区或老空区积存大量瓦斯时，往往易被漏风带入生产巷道或工作面，造成瓦斯超限而影响生产，因而应对采空区瓦斯进行抽采。采空区的瓦斯主要有两个来源，一是未能采出而被留在采空区的煤炭中存在的残余瓦斯，二是顶板和周围煤岩中的瓦斯。

采空区瓦斯抽采方式多种多样，按开采过程来划分，可分为回采过程中采空区瓦斯抽采和采后密闭采空区瓦斯抽采；按采空区状态划分，可分为半封闭采空区瓦斯抽采和全封闭采空区瓦斯抽采。

1）半封闭采空区瓦斯抽采

半封闭采空区是指位于采煤工作面后方，并随着工作面的推进范围逐渐扩大的采空区。国内外采用半封闭采空区抽采瓦斯的方式有：

（1）插（埋）管抽采。插管抽采是把带孔眼的管子在工作面顶板冒落前直接插入采空区内进行抽采或在回风巷的密闭处插管进行瓦斯抽采。

（2）巷道抽采。在采空区上部开掘一条专用瓦斯抽采巷道，在巷道中布置钻场向下部采空区打钻，同时封闭采空区入口，以抽采下部各区段采空区内从邻近层涌入的瓦斯。

2）全封闭采空区瓦斯抽采

全封闭采空区瓦斯抽采是对工作面已采完封闭的采空区进行封闭瓦斯抽采，分为密闭式抽采、钻孔式抽采、钻孔与密闭相结合的混合式抽采等方式。

学习活动2　工作前的准备

【学习目标】

（1）能收集矿井瓦斯抽采相关资料。

（2）能整理资料中有关瓦斯抽采的目的、条件、方法及相关规定等内容。

【相关资料】

《煤矿安全规程》（2016）、《煤矿瓦斯抽采达标暂行规定》《煤矿瓦斯抽采作业安全技术实际操作考试标准》《煤矿瓦斯抽放规范》（AQ 1027—2006）等瓦斯抽采的相关资料。

学习活动3　现　场　施　工

【学习目标】

（1）通过阅读训练，了解瓦斯抽采的目的、条件及方法。

（2）通过实操训练，熟悉瓦斯抽采泵安全操作流程和瓦斯抽采钻孔施工安全操作流程。

【实训要求】

（1）分组完成实训任务。

（2）每组独立完成并提交工作页。

（3）安全文明作业，妥善使用和维护实训资料和工具。

【实训任务】

按照《煤矿瓦斯抽采作业安全技术实际操作考试标准》，操作“煤矿瓦斯抽采作业虚拟仿真考试装置”进行实操训练，并完成工作页的填写。

1. 瓦斯抽采泵安全操作

（1）安全检查。

（2）真空泵安全操作。

（3）回转泵安全操作。

2. 瓦斯抽采钻孔施工安全操作

（1）安全检查。

（2）钻孔施工安全操作。

（3）加、卸钻杆安全操作。

（4）停钻安全操作。

（5）封孔安全操作。

（6）收工安全操作。

学习任务五　矿井瓦斯检查

本学习任务是中级工和高级工均应掌握的知识和技能。

【学习目标】

（1）掌握正确使用光学甲烷检测仪的方法。

（2）掌握采掘工作面瓦斯及二氧化碳浓度的检查方法。

（3）了解瓦斯检查工的技术操作规程。

【建议课时】

（1）中级工：4课时。

（2）高级工：6课时。

【工作情景描述】

为了保证安全生产，及时发现瓦斯超限或积聚等隐患，要按规定在采掘工作面检测瓦斯及二氧化碳的浓度，以便针对性地采取有效防治措施，妥善处理，防止瓦斯事故的发生。

学习活动1　明确工作任务

【学习目标】

（1）能手指口述光学甲烷检测仪的结构。

（2）能叙述光学甲烷检测仪的工作原理。

（3）能手指口述光学甲烷检测仪的使用方法。

（4）能手指口述采掘工作面瓦斯检查流程。

【工作任务】

正确操作光学甲烷检测仪，完成采掘工作面瓦斯及二氧化碳浓度的检查工作。

矿井瓦斯检查是煤矿安全生产管理中的一项重要内容，通过检查可以了解和掌握井下不同地点、不同时间的瓦斯涌出情况，以便进行风量计算和分配，调节所需风量，达到安全、经济、合理的通风目的；另外，及时发现瓦斯超限或积聚等隐患，采取针对性的有效措施，妥善处理，才能防止瓦斯事故的发生。

目前煤矿使用的瓦斯检查仪器按工作原理不同可分为两大类：一类是便携式光学甲烷检测仪，另一类是便携式瓦斯检测报警仪。

一、光学甲烷检测仪

光干涉式瓦斯检定器，又叫光学甲烷检测仪。它是利用光波对空气和瓦斯折射率不同所产生的光程差引起光谱移动，即运用光干涉原理来测量瓦斯浓度的。它既可以检测甲烷气体浓度，也可以检测二氧化碳气体浓度。按其测定气体浓度范围的不同，分为低浓度光学甲烷检测仪（测定范围0~10%，精度0.01%）和高浓度光学甲烷检测仪（测定范围0~100%，精度0.1%）两种。光学甲烷检测仪的特点是：携带方法、操作简单，测定范围广、精度高，安全可靠；但其构造复杂，维修不便。

（一）光学甲烷检测仪的构造

光学甲烷检测仪的种类较多，有GWJ型、AQG型和CJG型等系列，其外形和内部构造基本相同，现以AQG-1型光学甲烷检测仪为例说明其构造。AQG-1型光学瓦斯检测仪主要由气路、光路和电路三大系统组成，如图1-15所示。

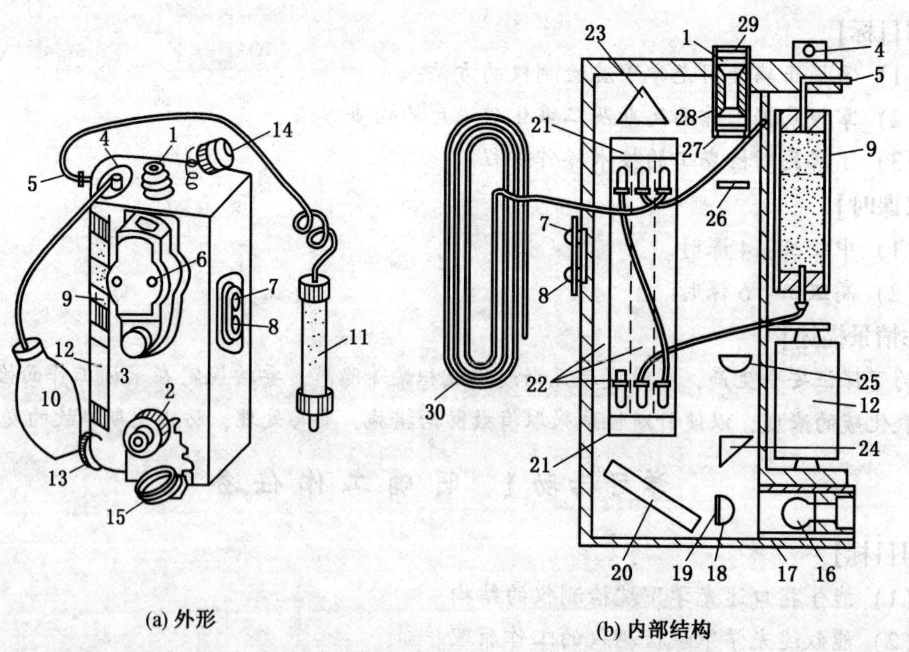

(a) 外形　　(b) 内部结构

1—目镜；2—主调螺旋；3—微调螺旋；4—吸气管；5—进气管；6—微读数观察窗；7—微读数电门；8—光源电门；9—水分吸收管；10—吸气橡皮球；11—二氧化碳吸收管；12—干电池；13—光源盒；14—目镜盖；15—主调螺旋盖；16—光源灯泡；17—光栅；18—聚光镜；19—光屏；20—平行平面镜；21—平面玻璃；22—气室；23—反射棱镜；24—折射棱镜；25—物镜；26—测微玻璃；27—分划板；28—场镜；29—目镜；30—盘形管

图1-15　AQG-1型光学甲烷检测仪

1. 气路系统

光学甲烷检测仪气路系统主要由吸气管、进气管、水分吸收管、二氧化碳吸收管、吸气橡皮球、气室（包括瓦斯室和空气室）和盘形管等组成。其主要部件的作用如下：

（1）空气室和瓦斯室。空气室用于贮存新鲜空气，瓦斯室用于贮存所采气样。

（2）水分吸收管。水分吸收管内装硅胶，其作用是对进入瓦斯室的气体进行干燥。

（3）盘形管。盘形管也称毛细管，其一端与空气室相通，另一端与仪器所处的环境大气相通。盘形管的作用是使测定时空气室内气体压力与瓦斯室内相同（气压不同会造成误差），同时还能防止环境中有害气体通过盘形管进入空气室，使空气室内保持新鲜空气。

2. 光路系统

光学甲烷检测仪的光路系统由照明装置组（光源灯泡和光栅）、聚光镜、平行平面镜、反射棱镜、折射棱镜、物镜、测微玻璃、分划板、场镜、目镜等组成。

3. 电路系统

光学甲烷检测仪的电路系统由电池（1 节 1 号干电池）、光源灯泡、微读数电门、光源电门等组成。

气路、光路和电路三大系统是光学甲烷检测仪的主要组成部分，除此之外，还包括测微组件和主调螺旋等部件。测微组件主要由微调螺旋、测微玻璃、微读数盘、照明灯泡等组成，其作用是提高读数精度。

（二）光学甲烷检测仪的工作原理

光学甲烷检测仪是利用光的干涉原理制作的。如图 1-16 所示，从光源灯泡发出的白光，经光栅和聚光镜变为一束细而亮的光束后投射到平行平面镜上。在平行平面镜的 a 点，这束光受平行平面镜作用分成两束（实线和虚线各表示一束），实线表示的一束经空气室、反射棱镜（其作用是将光线转向地矿），再次经过空气室后投射到平行平面镜上；

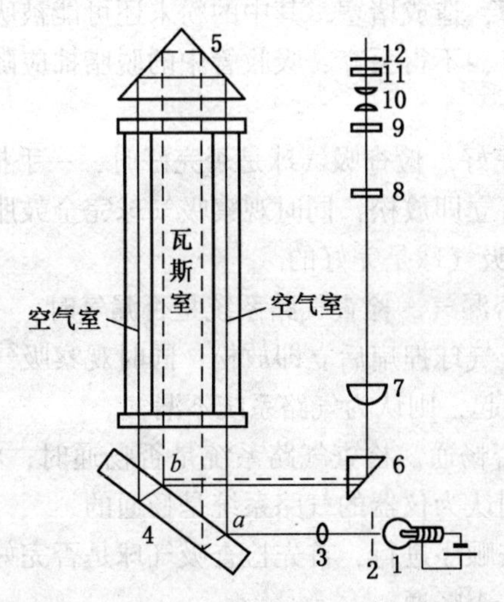

1—光源灯泡；2—光栅；3—聚光镜；4—平行平面镜；5—反射棱镜；6—折射棱镜；
7—物镜；8—测微玻璃；9—分划板；10—场镜；11—目镜；12—目镜保护玻璃

图 1-16　光学甲烷检测仪光路系统

虚线表示的一束光经过瓦斯室、反射棱镜，再次经过瓦斯室后也投射到平行平面镜上。这两束光线经平行平面镜作用在 b 点汇合成一束光线，实际上它已不再是经平行平面镜 a 点分光前的那一束了，仅仅是两束光线所走的路径相同而已。这两束光线实际上已成为相干光源，会形成干涉现象。当这两束光线经折射棱镜（作用是将光线转向 90°）投射到物镜上时，通过目镜和场镜等组成的望远镜系统就可看到在物镜的焦面上产生的干涉条纹（白色光特有的干涉条纹，也称为光谱）。

干涉条纹由红、绿、黄、黑 4 种条纹组成，呈一定规律分布，其中有 2 条黑条纹比较清楚，左边那条常被用作基准线。如果在空气室和瓦斯室里都充入同样密度的空气，并通过分划板和所选的基准线记下这时干涉条纹的位置，当瓦斯室中充入含有瓦斯的气体时，干涉条纹就会发生位移（因为瓦斯相对于空气来说是光密介质，折射率大，会使通过瓦斯室的那束光线的光程增大），其位移量与瓦斯室的瓦斯浓度成正比，利用特制的分划板就可将干涉条纹的位移量换算成瓦斯室的瓦斯浓度。

（三）光学甲烷检测仪的使用方法

1. 使用前的准备工作

使用光学甲烷检测仪之前应做的准备工作，主要有以下 4 个方面。

1）检查吸收剂（也称药品）

光学甲烷检测仪使用的吸收剂在使用一段时间之后就会失效，必须经常检查，发现失效要及时更换，否则会影响检查结果的准确性。吸收剂是否失效主要是根据其物理性质进行判断。水分吸收管内装硅胶，良好为光滑深蓝色颗粒状，失效后变为粉红色，严重失效时为不光滑的浅红色或白色；二氧化碳吸收管内装钠石灰，良好为鲜艳粉红色，失效后变为浅黄色或白色粉末。

更换吸收剂时要注意：吸收剂合适的粒度范围是 2~5 mm，过大则不能保证吸收效果，过小则有可能被吸入进气管，造成堵塞，其中的粉末还可能被吸入气室；吸收管中的小零件必须按原位置摆正、放好，不得丢弃；吸收管中的脱脂棉应随同吸收剂一并更换。

2）检查气路系统

（1）检查吸气球是否完好。检查吸气球是否完好时，一手掐住吸气管，使气体不能通过；另一只手捏扁吸气球后立即放松，同时观察吸气球完全鼓胀起来需要的时间，如超过 1 min 或不能胀起，则认为吸气球是完好的。

（2）检查气路系统是否漏气。检查气路系统是否漏气时，一只手将二氧化碳吸收管的进气口堵住；另一只手将吸气球捏扁后立即放松，同时观察吸气球完全鼓胀起来需要的时间，如超过 1 min 或不能胀起，则认为气路系统不漏气。

（3）检查气路系统是否畅通。检查气路系统是否畅通时，将吸气球捏扁后立即放松，若吸气球立即鼓胀起来，则认为仪器的气路系统是畅通的。

气路系统的检查必须按顺序进行，首先检查吸气球是否完好，然后检查气路系统是否漏气，最后检查气路系统是否畅通。

3）检查干涉条纹

对仪器的干涉条纹进行检查，实质上是对光路系统的检查。根据经验，如果仪器的干涉条纹是正常的，其光路系统通常也是正常的。仪器干涉条纹的检查包括以下两项内容。

(1) 检查仪器的干涉条纹是否清晰。干涉条纹是否清晰的检查方法是按下光源电门，同时通过目镜观察干涉条纹亮度是否足够、黑色条纹颜色是否均匀并呈条状、干涉条纹是否有弯曲或倾斜的现象。造成干涉条纹不清晰的原因很多，如电池失效、光源灯泡位置不正、光路系统零件松动、灰尘进入气室等。除电池失效可由仪器使用人员更换电池外，其他问题一般应交仪器维修人员处理。

(2) 检查干涉条纹的宽度。干涉条纹宽度的检查方法是通过调整主调螺旋使干涉条纹中左边的那条较黑的条纹与分划板上的零刻度线重合，然后从这条黑色条纹向右数，数到第五条黑色条纹时，看其是否与7%的刻度线重合，如重合，则认为仪器精度符合要求。

检查干涉条纹的同时还应检查分划板上的刻度线、数字是否清晰，不清晰时可旋转目镜筒进行调整。

4) 对零

对零可按以下顺序分4步完成：

第一步，用新鲜空气清洗瓦斯室。具体做法是将仪器带至新鲜风流中，捏吸气球6~8次。

第二步，按下微读数电门，旋转微调螺旋，观看微读数观察窗，使微读数盘上的零刻度线与指标线重合。

第三步，旋下主调螺旋盖，按下光源电门，观察目镜中的光谱，选一条黑色条纹作为基准线，并通过旋转主调螺旋使其与分划板上的零刻度线重合。

第四步，盖上主调螺旋盖并再一次观察所选基准线在分划板上的位置，如有变动，第三步的工作应重新做。基准线确定以后，必须利用其在光谱中的相对位置记住它。

2. 检查瓦斯浓度的方法步骤

使用光学甲烷检测仪测定瓦斯浓度一般可分为以下3步：

(1) 采取气样。将二氧化碳吸收管的进气口置于待测位置（如果测点过高，可根据需要将进气管换成较长的胶皮管，并用检查棒将进气口送至测点），同时捏吸气球6~8次。

(2) 读数。按下光源电门，通过目镜观察基准线的位置，如果基准线与分划板上的某一刻度线重合，那么这条刻度线所代表的瓦斯浓度就是测点的瓦斯浓度。但是，多数情况下基准线与分划板上的刻度线并不重合，这时需要利用微调螺旋将基准线调至与其相邻近的且数值较小的整数刻度线上，并读取这条刻度线所代表的瓦斯浓度作为瓦斯浓度的整数部分；然后按微读数电门，根据指标线的位置从微读数盘上读取瓦斯浓度的小数部分。

(3) 求和。将整数部分与小数部分相加，其和为测点的瓦斯浓度。

3. 检查二氧化碳的方法步骤

使用光学甲烷检测仪检查二氧化碳浓度时，首先要在测点采取气样，测出测点的瓦斯浓度；然后去掉二氧化碳吸收管，在测点采取气样，测定混合气体浓度；最后用混合气体浓度减去瓦斯浓度，其差值再乘以0.955（校正系数），即为测点的二氧化碳浓度。测定二氧化碳浓度的过程中，测定瓦斯浓度和混合气体浓度的读数方法与单独测定瓦斯浓度时完全相同。

4. 预防零点漂移

光学瓦斯检定器在使用过程中，可能因检查地点与对零地点的温度、气压不同等原因出现零点漂移（也称跑正、跑负）。仪器存在零点飘移时会导致检查结果不准，为此，应尽可能地采取措施进行预防。

仪器发生零点漂移的主要原因有：①仪器空气室内的空气不新鲜，盘形管失去作用；②仪器对零时的地点与使用地点空气温度或压力相差较大；③仪器瓦斯室的气路不畅通。

防止仪器发生零点漂移的主要措施是：①经常用新鲜空气清洗空气室，并注意不要将仪器连续使用几个班或长期连续使用；②仪器对零时应尽量在与检查地点温度、压力相同或相近的地点进行；③经常检查仪器的气路，发现不畅或堵塞时及时处理。

二、矿井瓦斯及二氧化碳浓度的检查方法

1. 矿井总回风巷、一翼回风巷及采区回风巷中瓦斯及二氧化碳浓度的检查

矿井总回风巷、一翼回风巷及采区回风巷中通常都设有测风站，在这些巷道中进行瓦斯和二氧化碳浓度检查时一般应在测风站内进行。用支架支护的巷道，巷道风流是指距支架和巷道底板各 50 mm 的巷道空间内的风流；无支架或用锚喷、砌碹支护的巷道，巷道风流是指距巷道顶、帮、底各 200 mm 的巷道空间内的风流。

瓦斯浓度检查时应在距巷道顶板或顶梁 200~300 mm 的巷道风流中采取气样，要求连续检查 3 次，取其平均值。

二氧化碳浓度检查时应在距巷道底板 200~300 mm 的巷道风流中采取气样，要求连续检查 3 次，取其平均值。

2. 采煤工作面的瓦斯及二氧化碳浓度检查

采煤工作面风流是指距煤壁、顶、底、切顶线各 200 mm 的空间内的风流。采煤工作面回风侧的上隅角内的风流作为采煤工作面风流。采煤工作面风流中的瓦斯和二氧化碳浓度的检查方法，与在巷道风流中的测定方法相同，但在每个测点须连续测定 3 次并取最大值。

采煤工作面测量瓦斯和二氧化碳浓度时应在以下位置设定测点：距采煤工作面煤壁线以外 10 m 处的进风巷道，采煤工作面超前缺口处（上、下缺口），采煤工作面下半部煤壁侧、输送机身和采空区侧三处，采煤工作面上半部煤壁侧、输送机身和采空区侧三处，采煤工作面上隅角，距采煤工作面煤壁线 10 m 以外的回风巷道，采煤工作面回风流进入采区回风巷前 10~15 m 的回风巷道，工作面、巷道冒顶处，回风流中电气设备附近 20 m 范围内的巷道。

采煤工作面的甲烷传感器可按图 1-17 布置。

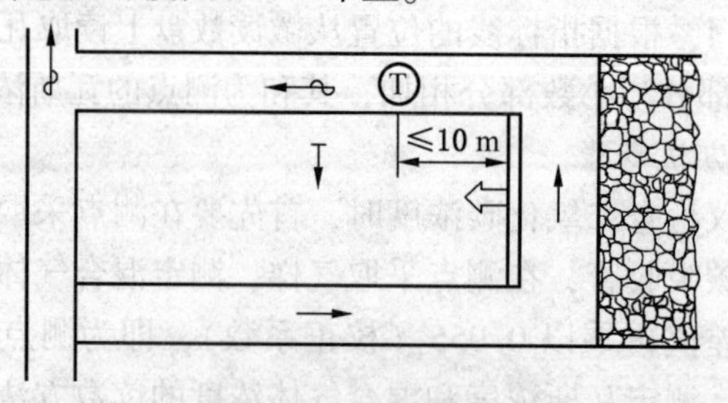

图 1-17　采煤工作面甲烷传感器布置方式

采煤工作面上隅角测点的具体位置应设在切顶线采空区一侧，距切顶线 1~1.5 m 处。进行浓度检查时应站在支护完好处，离开切顶线一定距离，然后逐渐靠近，以防意外。采取气样时可借助长胶管和木棍，不可直接进入切顶线外侧采取气样。

3. 掘进工作面的瓦斯及二氧化碳浓度检查

掘进工作面风流是指从风筒出风口到掘进工作面煤（岩）壁之间这一段巷道中的风流。

（1）掘进工作面的瓦斯浓度检查方法。在工作面风流范围内取 2~3 个测点进行检查。梯形断面巷道可在工作面迎头的 2 个顶角分别取 1 个点（具体位置是距顶、帮和工作面煤壁各 200 mm）进行检查；其他形状的巷道可在距顶板和工作面煤壁各 200 mm 处取 1 个测点进行检查。另外还应在工作面未设风筒一侧，距工作面煤壁 2 m，距顶板或支架顶梁 200~300 mm 处设 1 个测点进行检查，最后将各测点的瓦斯浓度进行比较，取其中最大值作为掘进工作面风流中的瓦斯浓度。

（2）掘进工作面风流中二氧化碳浓度的检查。可在工作面风流范围内设 3 个测点分别进行检查。其中在工作面迎头的 2 个底角（距底、帮和工作面煤壁各 200 mm）分别设 1 个测点进行检查；另外在工作面未设风筒一侧，距工作面煤壁 2 m，距底板 200~300 mm 处设 1 个测点进行检查。最后将各测点的二氧化碳浓度进行比较，取其中最大值作为工作面风流中的二氧化碳浓度。

（3）掘进工作面回风流中瓦斯及二氧化碳浓度的检查。应在工作面独立回风段设若干测点进行检查，设点方法为：工作面独立回风段长度小于 100 m 时，可设 2 个测点进行检查；工作面独立回风段长度大于 100 m 时，每隔 100 m 设测点检查工作面回风巷风流中的瓦斯、二氧化碳的浓度，检查方法与矿井总回风巷风流中的检查方法相同。

不同情况下，甲烷传感器的设置形式如下：

（1）单巷掘进采用压入式通风时，掘进工作面甲烷传感器应尽量靠近工作面，如图 1-18 所示。

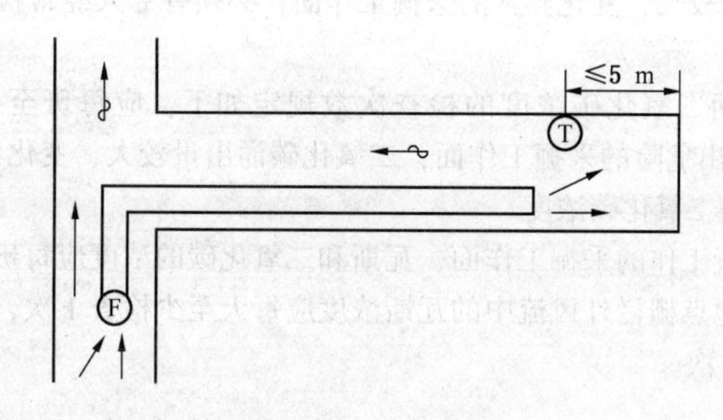

T—甲烷传感器；F—局部通风机

图 1-18　单巷掘进采用压入式通风时掘进工作面回风巷中甲烷传感器的设置

（2）掘进工作面回风巷中甲烷传感器的设置，如图 1-19 所示。

（3）掘进工作面进风流中甲烷传感器的设置，如图 1-20 所示。

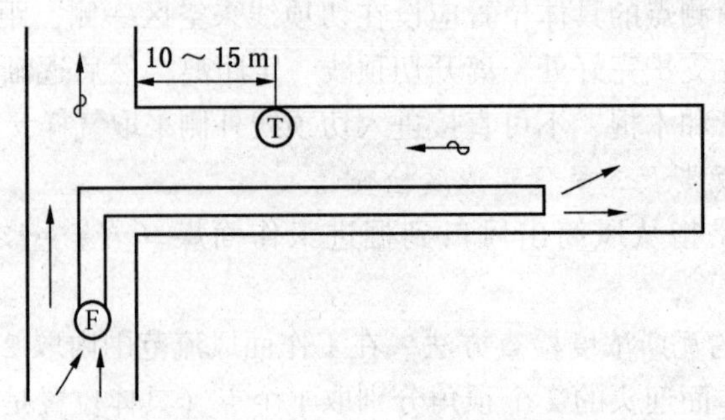

图 1-19　掘进工作面回风巷中甲烷传感器的设置

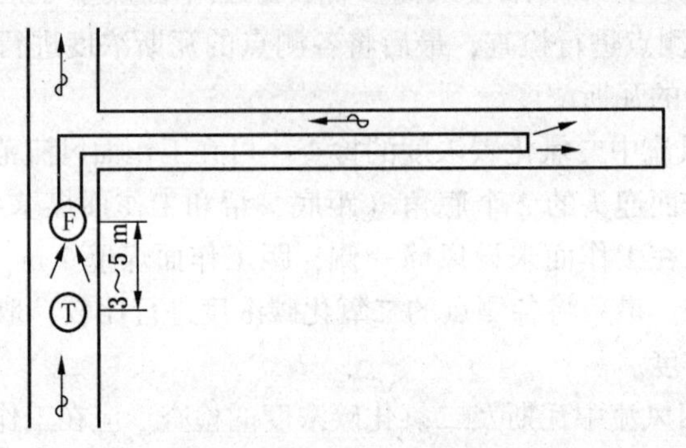

图 1-20　掘进工作面进风流中甲烷传感器的设置

三、检查次数的有关规定

(1) 采掘工作面瓦斯浓度的检查次数规定如下：低瓦斯矿井中每班至少检查 2 次；高瓦斯矿井中每班至少检查 3 次；有煤与瓦斯突出危险的采掘工作面，有瓦斯喷出危险的采掘工作面和瓦斯涌出较大、变化异常的采掘工作面，必须有专人经常检查瓦斯浓度，并安装甲烷断电仪。

(2) 采掘工作面二氧化碳浓度的检查次数规定如下：应每班至少检查 2 次；有煤(岩) 与二氧化碳突出危险的采掘工作面，二氧化碳涌出量较大、变化异常的采掘工作面，必须有专人经常检查二氧化碳浓度。

(3) 本班未进行工作的采掘工作面，瓦斯和二氧化碳的浓度应每班至少检查 1 次。

(4) 井下停风地点栅栏外风流中的瓦斯浓度应每天至少检查 1 次，挡风墙外的瓦斯浓度应每周至少检查 1 次。

学习活动2　工作前的准备

【学习目标】

(1) 能收集矿井瓦斯浓度检查相关资料。

(2) 通过查阅资料，熟知瓦斯浓度检测仪器的使用方法和采掘工作面瓦斯浓度检查的流程和方法。

【相关资料】

光学甲烷检测仪使用说明书，采掘工作面瓦斯和二氧化碳浓度的检查流程和方法、瓦斯检查工操作规程等相关资料。

【设备和工具】

个人防护用品，光学甲烷检测仪，瓦斯检查记录手册、笔、温度计、瓦斯杖、巡检记录仪等工具和用品。

学习活动3　现　场　施　工

【学习目标】

(1) 通过实操训练，能够熟练掌握光学甲烷检测仪的使用方法。

(2) 通过实操训练，能够掌握掘进工作面瓦斯和二氧化碳浓度的检查方法。

【实训要求】

(1) 分组完成实训任务。

(2) 每组独立完成并提交工作页。

(3) 安全文明作业，妥善使用和维护实训资料和工具。

【实训任务】

在模拟巷道，正确操作光学甲烷检测仪，完成掘进工作面瓦斯和二氧化碳浓度的检查工作。

一、光学甲烷检测仪使用前的准备工作

1. 检查仪器外观

(1) 目镜组件：提、按、旋转过程中，平稳、灵活可靠，无松动、无卡滞现象。

(2) 开关：护套贴紧开关，松紧适度、无缺损；两光源开关按时有弹性，完好。

(3) 主调螺旋：护盖、链条完好，两固定点牢固；旋钮完好，旋转时灵活可靠，无杂音、无松动、无卡滞现象。

(4) 皮套、背带：皮套完整、无缺损，纽扣能扣上；背带完好、长度适宜。

(5) 微调螺旋：旋钮完好，旋转时灵活可靠，无杂音、无松动、无卡滞现象。

2. 检查药品

(1) 水分吸收管检查：硅胶光滑呈深蓝色颗粒状，变粉红色为失效；吸收管内装的隔圈间隔均匀、平整，两端要垫匀脱脂棉，内装的药量要适当。

(2) 二氧化碳吸收管检查：药品（钠石灰）呈鲜艳粉红色，药量适当、颗粒粒度均匀（一般为2~5 mm）；颜色变浅、变粉白色为失效，呈粉末状为不合格，必须更换，药品更换后应做简单的气密性和畅通性试验。

3. 检查气路系统

(1) 检查胶管、吸气球：胶管无缺损，长度适宜；吸气球完好，无龟裂，瘪起自如。堵住胶管末端进气孔，捏扁吸气球，1 min 不涨起，表明气路系统不漏气；吸气球涨起为漏气，应分段检查。

（2）先检查吸气球是否漏气：一手握住连接胶管，另一手捏扁吸气球，放松吸气球1 min不涨起为不漏气。检查仪器是否漏气：堵住仪器进气口，捏扁吸气球，放松吸气球1 min不涨起为不漏气。检查外接辅助吸收管是否漏气：堵住外接辅助吸收管进气口，捏扁吸气球，放松吸气球1 min不涨起为不漏气。检查气路是否畅通：放开仪器进气孔，捏放吸气球数次，气球瘪起自如，表明气路畅通、完好，无堵塞漏气现象。

4. 检查电路系统和光路系统

（1）光干涉条纹检查：按下光源电门，调节目镜筒，观察分划板刻度和光干涉条纹清晰，光源灯泡亮度充分。

（2）微读数检查：按下微读数电门，观察微读数窗口，光亮充分、刻度清晰。

5. 检查仪器精密度

（1）主读数精度检查：按下光源电门，将光谱的第1条黑色条纹（左侧黑纹）调整到零位，第5条条纹与分划板上的“7%”数值重合，表明条纹宽窄适当，精度符合要求。

（2）微读数精度检查：按下微读数电门，把微读数刻度盘调到零位；按下光源电门，调主调螺旋，由目镜观察，使既定的黑色条纹调整到分划板上的“1%”位置；调整微调螺旋，使微读数刻度盘从“0”转到“1.0”，分划板上原对“1%”的黑色条纹恰好回到分划板上的零位时表明微读数精度合格（微读数精度允许误差为±0.02%）。

6. 仪器整理

将检查完好的仪器放入工具包或背在肩上，然后根据井下工作要求，领取瓦斯检查记录手册、笔、温度计、瓦斯检查杖、巡检记录仪等工具和用品，并在井下指定地点接班。

二、掘进工作面瓦斯及二氧化碳浓度检查

1. 清洗气室并调零

（1）清洗瓦斯气室：在待测地点风机吸风口上风侧10 m以外，标高相同、温度相近的新鲜风流中进行仪器对零，将二氧化碳吸收管、水分吸收管接入测量气路，捏放吸气球5~10次，吸入新鲜空气清洗瓦斯气室。

（2）仪器调零：按下微读电源电门，观看微读数观测窗，旋转微调螺旋，使微读数刻度盘的零位与指示板零位线重合；按下光源电门，观看目镜，旋下主调螺旋盖，调主调螺旋，在干涉条纹中选定一条黑基线与分划板上零位重合，并记住这条黑基线；再捏放吸气球5~10次，观察黑基线是否漂移，如果出现漂移，需重新调零。调零完毕后一边观察目镜、一边盖好主调螺旋盖，防止基线因碰撞而移动。

2. 模拟井下掘进巷道现场进行瓦斯及二氧化碳浓度检查操作

1）掘进工作面进风流中的瓦斯及二氧化碳浓度检查

检查进风流中瓦斯浓度、二氧化碳浓度以及温度情况，在局部通风机前10 m范围内进行测定。

检查瓦斯浓度时，将二氧化碳吸收管的进气端胶管置于待测位置，在巷道风流上部，将仪器进气口伸至距顶板200~300 mm处，捏吸气球5~10次，将待测气体吸入瓦斯室并读数。按下光源电门，由目镜观察黑基线位置，若黑基线刚好在某整数上，直接读出该数即为测定的瓦斯浓度；若黑基线在两整数之间，应顺时针转动微调手轮，使黑基线退到较

小的整数上，先读出整数，再读出微读窗口上的小数，二者之和即为此次测定的瓦斯浓度，连测三次取其中最大值为掘进工作面进风流的瓦斯浓度。

检查二氧化碳浓度时，将二氧化碳吸收管的进气端胶管置于待测位置，在巷道风流下部距底板200~300 mm处测定二氧化碳浓度。先测下部瓦斯浓度，捏吸气球5~10次，将待测气体吸入瓦斯室，读取下部瓦斯浓度值；去掉二氧化碳吸收管，接入进气管，将仪器进气口置于待测位置，捏吸气球5~10次，将待测气体吸入瓦斯室，读取下部混合气体浓度。测定的下部混合气体浓度减去下部瓦斯浓度再乘校正系数0.955，约为此次测定的二氧化碳浓度，连测三次取其中最大值为掘进工作面进风流的二氧化碳浓度。

测定温度时，应在与人体及制冷、制热设备间隔超过0.5 m位置处测定，测定时间不低于5 min，且在温度计示值稳定后读数。

及时将检查结果填入巡检记录仪、瓦斯检查工手册和现场的检查记录牌板上。

2）掘进巷道回风流的瓦斯及二氧化碳浓度检查

检查掘进巷道回风流中瓦斯浓度、二氧化碳浓度以及温度情况，在掘进巷道回风混合风流口向工作面方向10~15 m位置进行测定。

3）掘进工作面的瓦斯及二氧化碳浓度检查

检查掘进工作面瓦斯、二氧化碳浓度时，应在掘进工作面至风筒出风口距巷道顶、帮、底各为200 mm的巷道空间内的风流中进行，测量时要避开风筒出风口。温度测点应位于掘进工作面距迎头2 m处工作面风流中。

4）掘进巷道内机电设备处的瓦斯及二氧化碳浓度检查

检查掘进巷道内机电设备附近20 m范围内风流中瓦斯浓度、二氧化碳浓度及温度情况。

5）掘进工作面局部测点的瓦斯及二氧化碳浓度检查

检查掘进工作面局部测点内风流中瓦斯浓度、二氧化碳浓度及温度情况。

6）应急处理

根据现场牌板内容描述应急处理方法，如掘进工作面回风流瓦斯超限、局部通风机停止运转、局部瓦斯积聚、煤与瓦斯突出预兆等，应及时做出相应处理。

7）数据整理

所有检查项目结束后，瓦检员应通过现场电话将检查结果汇报调度室，并在指定地点交班，将巡检记录仪数据上传至系统，并将巡检记录仪及瓦斯检查手册上交。

模块二 矿尘防治技术

矿尘灾害是煤矿五大灾害之一。在矿山生产过程中，钻眼作业、井下爆破、掘进机及采煤机作业、顶板控制、煤炭装载及运输等各个环节都会产生大量的矿尘。生产环境中的粉尘危害极大，它的存在不但会导致生产环境恶化，加剧机械设备磨损，缩短其使用寿命，更重要的是危害人体的健康，引起各种职业病，甚至会引发煤尘爆炸事故。所以，煤矿企业一定要做好矿井粉尘防治工作。

学习任务一 矿尘及其检测

本学习任务是中级工和高级工均应掌握的知识和技能。

【学习目标】

（1）了解矿尘的概念和分类。

（2）熟知矿尘的产生和分布情况。

（3）熟知影响矿尘量的主要因素。

（4）了解矿尘的危害。

（5）掌握使用粉尘浓度测定仪测定指定地点的粉尘浓度的方法。

【建议课时】

（1）中级工：3课时。

（2）高级工：4课时。

【工作情景描述】

为做好矿尘灾害的防治和个体防护，井下工作人员首先要清楚矿尘的产生和分布情况、影响矿尘量的主要因素、矿尘的危害，并能测定粉尘浓度，以便于针对性地进行矿尘防治。

学习活动1 明确工作任务

【学习目标】

（1）能叙述矿尘的概念和分类。

（2）能描述矿尘的产生和分布情况。

（3）能叙述影响矿尘量的主要因素。

（4）能叙述矿尘的危害。

（5）认识粉尘浓度测定仪。

（6）能叙述井下粉尘测定的相关规定。

【工作任务】

认识矿尘及其危害，分析影响矿尘量的主要因素，正确使用粉尘浓度测定仪测定指定地点的粉尘浓度。

一、矿尘的概念与分类

1. 矿尘的概念

能较长时间浮游在空气中的一切细散状固体微粒统称为粉尘。在煤矿建设和生产过程中，伴随着煤与岩石的破碎而产生的煤、岩及其他物质的微粒统称为煤矿粉尘，简称矿尘。

2. 矿尘的分类

(1) 按矿尘的来源可分为原生矿尘和次生矿尘。由于地质构造等原因产生的原生矿尘占很少一部分，矿尘的主要来源为生产过程中的次生矿尘。

(2) 按存在状态可分为浮尘和落尘。悬浮在矿井空气中的矿尘，称为浮尘；沉降在井巷两帮、底板和支架等处的矿尘，称为落尘。浮尘在空气中飞扬的时间受矿尘粒度、形状、重量和空气湿度、温度及风速的影响。浮尘和落尘在一定条件下可相互转化，当巷道内空气的湿度降低或巷道内风速增大时，一部分落尘可以转化成浮尘；当巷道内空气的湿度增大或巷道内风速减小时，浮尘也可以转化为落尘。

(3) 按矿尘的粒径组成范围可分为全尘（总粉尘）和呼吸性粉尘。全尘是粉尘采样时获得的包括各种粒径在内的粉尘的总和。对于煤尘，常指粒径在 1 mm 以下的所有尘粒。呼吸性粉尘是能吸入人体肺部并能滞留于肺泡内的微细粉尘。一般来讲，粒径大于 100 μm 的尘粒在大气中会很快沉降；10 ~ 100 μm 的尘粒可以滞留在呼吸道中；5 ~ 10 μm 的尘粒大部分会在呼吸道沉积，被分泌的黏液吸附，可以通过吐痰排出；粒径小于 5 μm 的尘粒能深入肺部，引起各种尘肺病，对人体健康威胁极大。

二、矿尘的产生和分布

在矿山生产过程中，钻眼作业、炸药爆破、掘进机及采煤机作业、顶板控制、煤炭装载及运输等各个环节都会产生大量的矿尘。在同一矿井里，矿尘生成量也因地因时发生着变化。一般来说，在现有防尘技术措施的条件下，各生产环节产生的浮游矿尘比例大致为：采煤工作面产尘量占 45% ~ 80%，掘进工作面产尘量占 20% ~ 38%，锚喷作业点产尘量占 10% ~ 15%，运输通风巷道产尘量占 5% ~ 10%，其他作业点产尘量占 2% ~ 5%。随着煤矿机械化程度的提高，各作业点矿尘的生成量也将增大，因此防尘工作也就更加重要。

据实测，整个矿井从入风到回风风流中的粉尘含量为一条“山峰”形曲线，曲线的升降急缓与生产工序、生产强度有关。一般情况下，进入采区风流的粉尘含量在打眼爆破、机组割煤、放煤等工序时达到高峰，随即呈有规律的衰减趋势。

三、影响矿尘量的主要因素

1. 矿井自然条件

(1) 地质构造情况。地质构造复杂、断层褶皱发育、受地质构造运动破坏强烈的地区，开采时矿尘产生量较大，反之则较小。

（2）煤层的赋存条件。在同样的技术条件下，开采薄煤层比开采厚煤层矿尘产生量要大；开采缓倾斜煤层比开采急倾斜煤层矿尘产生量要小。

（3）煤（岩）的物理学性质。在一般情况下，煤（岩）体节理发育、结构疏松、水分较低及煤（岩）质坚硬且脆性大时，在采掘过程中矿尘产生量较大，反之则较小。

2. 矿井生产条件

（1）采掘机械化程度。随着采掘机械化程度的提高，矿尘的产生量也随之增大。

（2）生产集中程度。生产的集中程度提高，将使采掘工作面推进速度加快，同时风量越来越大，扬起矿尘，使较小的空间内产生较多的矿尘。

（3）采煤方法。采用不同的采煤方法，产尘量也不相同。如急倾斜煤层采用倒台阶采煤法比采用水平分层采煤法煤尘产生量要大，缓倾斜煤层采用放顶煤开采比采用倾斜分层开采煤尘产生量要大得多，全部垮落法控制顶板比充填法控制顶板产尘量也大。

四、矿尘的危害

1. 煤尘爆炸

具有爆炸危险的煤尘达到一定浓度时，在引爆热源的作用下，可以发生猛烈的爆炸，造成井下人员的伤亡，摧毁工作面及生产设备。

2. 引起职业病

在煤矿井下粉尘污染的作业场所，工人长期吸入大量的粉尘后，将患尘肺病。尘肺病是矿山的一种严重职业危害，我国煤炭工业的粉尘职业危害居各大行业之首。国家卫健委规划发展与信息化司发布了《2018 年我国卫生健康事业发展统计公报》，报告显示，截至 2018 年底，全国共报告各类职业病新病例 23497 例，职业性尘肺病及其他呼吸系统疾病 19524 例（其中职业性尘肺病 19468 例）。据国外统计，尘肺病死亡人数为工伤死亡的 6 倍以上。

3. 加速机械设备磨损，缩短其使用寿命

随着矿山机械化、电气化、自动化程度的不断提高，矿尘对设备性能及其使用寿命的影响将会越来越突出，应引起高度重视。

4. 污染作业环境，使工伤事故增加

在综合机械化采煤工作面作业过程中，若未采取有效防尘措施，工作面煤尘浓度将高达 4000 mg/m^3 以上。在这种情况下，工作面能见度极低，往往会产生误操作，造成人员的意外伤亡。

五、矿尘测定

矿尘测定是矿井防尘工作中不可缺少的重要环节，通过经常性地进行测尘工作，能够及时了解井下各工作地点的矿尘情况，正确评价作业场所的空气污染程度和劳动卫生条件；为指导降尘工作、制定防尘措施、选择除尘设备提供依据，并可通过测尘工作鉴定防尘措施、防尘系统和设备的使用效果。

矿尘测定项目包括矿尘浓度（全尘浓度、呼吸性矿尘浓度）测定、矿尘中游离二氧化硅含量的测定以及矿尘分散度测定等。

通过测定总粉尘浓度能够评价生产作业场所空气中受粉尘污染的程度、除尘设备的效果，也为单项和综合防尘治理方法、除尘方式的选择提供可靠的科学依据。呼吸性粉尘浓度能够较真实、客观地反映生产作业场所空气中呼吸性粉尘对作业人员身体健康致病作用的大小。粉尘中游离二氧化硅含量与尘肺病的发生、发展有着非常直接的关系，粉尘中游离二氧化硅的含量越高，尘肺病的发病率越高，发病进展也越快。因此，粉尘中游离二氧化硅的定量检测，对粉尘危害防治工作的监督、管理具有重要的意义。粉尘粒径越小，越容易进入人体肺泡区内，因此粉尘对人体的危害程度除了与粉尘浓度、粉尘中游离二氧化硅的含量有关外，还与粉尘分散度有着密切关系。同一浓度的粉尘，粒径越小其对人体健康危害越大，所以，测定粉尘分散度也是粉尘监测的重要内容之一。

《煤矿安全规程》规定，煤矿必须对生产性粉尘进行监测，并遵守下列规定：

（1）总粉尘浓度，井工煤矿每月测定2次；露天煤矿每月测定1次。粉尘分散度每6个月测定1次。

（2）呼吸性粉尘浓度每月测定1次。

（3）粉尘中游离二氧化硅含量每6个月测定1次，在变更工作面时也必须测定1次。

（4）开采深度大于200 m的露天煤矿，在气压较低的季节应当适当增加测定次数。

《煤矿安全规程》规定，粉尘监测应当采用定点监测、个体监测方法，粉尘监测采样点布置应当符合表2-1的要求。

表2-1 粉尘监测采样点布置

类别	生产工艺	测尘点布置
采煤工作面	司机操作采煤机、打眼、人工落煤及攉煤	工人作业地点
	多工序同时作业	回风巷距工作面10~15 m处
掘进工作面	司机操作掘进机、打眼、装岩（煤）、锚喷支护	工人作业地点
	多工序同时作业（爆破作业除外）	距掘进头10~15 m回风侧
其他场所	罐罐笼作业、巷道维修、转载点	工人作业地点
露天煤矿	穿孔机作业、挖掘机作业	下风侧3~5 m处
	司机操作穿孔机、司机操作挖掘机、汽车运输	操作室内
地面作业场所	地面煤仓、储煤场、输送机运输等处进行生产作业	作业人员活动范围内

六、粉尘浓度测定

矿尘浓度是指单位体积矿井空气中所含浮游矿尘量。粉尘浓度的大小直接影响着粉尘危害的严重程度，是衡量作业环境劳动卫生状况和评价防尘技术效果的重要指标。

粉尘浓度的测定方法很多，可按以下3种方式进行分类：

1）按计量方法不同分类

（1）质量法：以单位体积空气中粉尘质量表示（mg/m^3）。

(2) 计数法：以单位体积空气中粉尘粒数表示（粒/cm^3）。

2) 按测尘仪器原理不同分类

(1) 采样器：现场滤膜采样，地面实验室称重分析，计算粉尘浓度值。

(2) 测尘仪：根据物理原理，用测尘仪直接在现场读出粉尘浓度值。

3) 按采样方法不同分类

(1) 短时定点：仪器放在固定点，采样 10~20 min。

(2) 连续监测：利用粉尘浓度传感器与安全监测系统联网对粉尘进行监测。

(3) 个体佩戴：作业人员佩戴仪器，全工班（8 h 以上）采样。

目前，粉尘浓度的测定方法以质量法为基础，主要有滤膜质量称重测尘法和光电仪器直读测尘法，用于测定全尘浓度或呼吸性粉尘浓度。

1. 滤膜质量称重测尘法

滤膜质量称重法测尘的实质是使一定体积的含尘空气在电动抽气机或薄膜泵的作用下通过已知质量的滤膜，粉尘被阻留在滤膜上后，根据采样后滤膜上粉尘的质量和采气量，计算出单位体积空气中粉尘的质量（mg/m^3）。

1) 测定器材

(1) 采样器。采用经过产品检验合格的粉尘采样器在煤矿井下采样时，必须用防爆型粉尘采样器。

(2) 采样头。使用测定总粉尘浓度的采样头或分级采样头，即同时测定总粉尘浓度和呼吸性粉尘浓度。采样头的气密性应符合如下要求，即将滤膜夹上装有塑料薄膜的采样头放在盛水的烧杯中，向采样头内送气加压，当压差达到 1000 Pa 时，水中应无气泡产生。

(3) 滤膜。煤矿井下一般采用过氯乙烯纤维滤膜。过氯乙烯滤膜表面呈细网状，韧性很强，不易破裂，具有静电性、憎水性、耐酸性和滤膜阻力小等特点，对粉尘粒子阻留率高达 99% 左右。若粉尘浓度低于 200 mg/m^3，可用直径为 40 mm 的滤膜。

(4) 气体流量计。常用 15~40 L/min 的玻璃转子流量计，其精度为±2.5%，流量计至少每半年用钟罩式气体计量器、皂膜流量计或精度为±1% 的转子流量计校正 1 次。若流量计有明显污染时，应及时清洗、校准。

(5) 天平。用感量不低于 0.1 mg 的分析天平。按计量部门规定，天平应每年检定 1 次。

(6) 秒表或相当于秒表的计时器。

(7) 干燥器。内盛变色硅胶，硅胶为红色时应及时更换或烘干后再使用。

2) 测定程序

(1) 滤膜的准备。用镊子取下滤膜两面的衬纸，置于天平上称量，记录初始质量；然后将滤膜装入滤膜夹，确认滤膜毛面向上并且无褶皱或裂隙后，放入带编号的样品盒里备用。直径为 75 mm 的滤膜固定方法如下：

①旋开滤膜固定圈；②用镊子将称量完的滤膜对折两次成 90° 角的扇形，然后张开成漏斗状，置于固定盖内，使滤膜紧贴固定盖的内锥面；③用锥形环压紧滤膜，将螺钉底座拧入固定盖内，如滤膜边缘由固定盖的内锥面脱出，则应重装；④用圆头玻璃棒将滤膜漏斗的锥顶推向另一侧，在固定圈的另一方向形成滤膜漏斗；⑤将装好的滤膜固定圈收入样

品盒中备用。

（2）测尘点布置。测尘点应布置在尘源的回风侧，粉尘扩散得较均匀地区的呼吸带。呼吸带是指作业场所距巷道底板高 1.5 m 的作业人员呼吸的区域，在薄煤层及其他特殊情况下，呼吸带高度应根据实际情况改变。移动式产尘点的采样位置，应位于生产活动中有代表性的地点，或将采样器架设于移动设备上。测尘点选定后，取出准备好的滤膜夹，装入采样头中拧紧。采样时，滤膜的受尘面应迎向含尘气流。当迎向含尘气流无法避免飞溅的泥浆、砂粒对样品产生污染时，受尘面可以侧向。

（3）采样开始时间。连续性产尘作业点，应在作业开始 30 min 后采样。阵发性产尘作业点，应在工人工作时采样。

（4）采样的流量。采样时，常用流量为 15~40 L/min；粉尘浓度较低时，可加大流量。在整个采样过程中，流量应稳定。

（5）采样的持续时间。根据测尘点的粉尘浓度估计值确定采样的持续时间，但一般不得少于 10 min（当粉尘浓度高于 10 mg/m^3 时，采气量不得小于 0.2 m^3；低于 2 mg/m^3 时，采气量为 0.5~1 m^3）。

（6）采集在滤膜上的粉尘增量。直径为 40 mm 的滤膜上的粉尘增量不应少于 1 mg，但不得多于 10 mg；直径为 75 mm 的滤膜应做成锥形漏斗进行采样，其粉尘增量不受此限。

（7）采样后样品的处理。采样结束后，将滤膜从滤膜夹上取下，一般情况下，不需干燥处理，可直接称量，记录质量。

（8）统计分析采样时，应记录现场生产条件、作业装备、通风参数及采用的防尘措施等情况，逐月将测定结果统计分析，并上报有关单位。

3）粉尘浓度的计算公式

粉尘浓度的计算公式为

$$C_M = \frac{\Delta M}{Q \cdot t} \times 1000$$

$$\Delta M = M_2 - M_1$$

式中　C_M——空气中的粉尘浓度，mg/m^3；

ΔM——滤膜的质量增量，mg；

M_1，M_2——采样前、后的滤膜质量，mg；

t——采样持续时间，min；

Q——采样时的流量，L/min。

4）AKFC-92A 型采样器

AKFC-92A 型采样器由我国常熟矿山机电器材厂生产，外观如图 2-1 所示，工作原理如图 2-2 所示。

该仪器工作原理是：抽取一定体积的含尘空气，通过全尘式预捕集器时，使粉尘阻留在滤膜上并逐步积累。在采样结束后，由滤膜的质量增量可计算出单位体积含尘空气中所含粉尘的总质量。

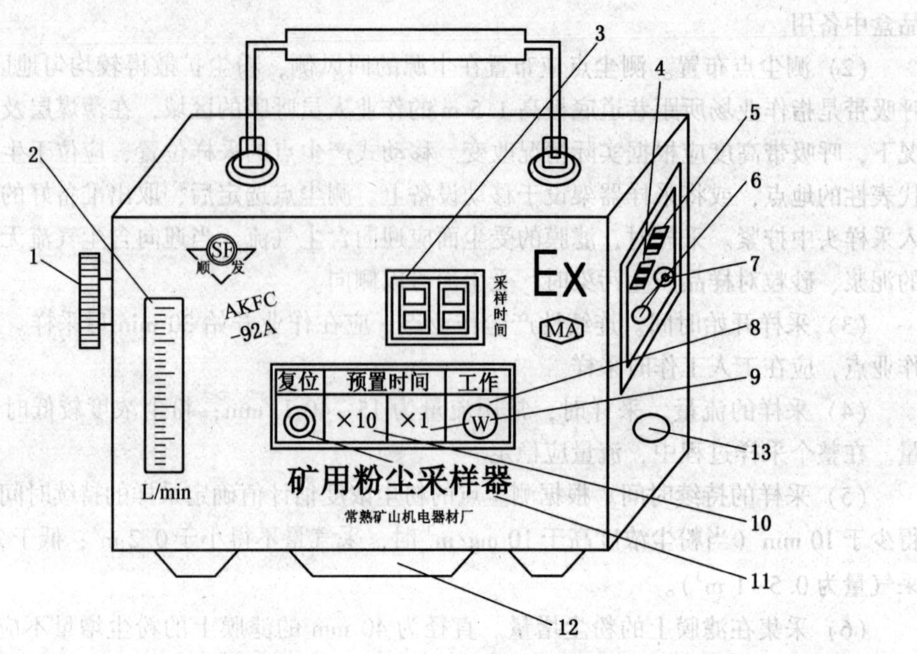

1—采样头连接座；2—流量计；3—采样时间显示窗；4—自动开关；5—手动开关；6—流量调节钮；7—充电插座；8—工作按钮；9—置“个”按钮；10—置“十”按钮；11—复位按钮；12—三脚支架固定螺母；13—出气口

图 2-1 AKFC-92A 型采样器外观示意图

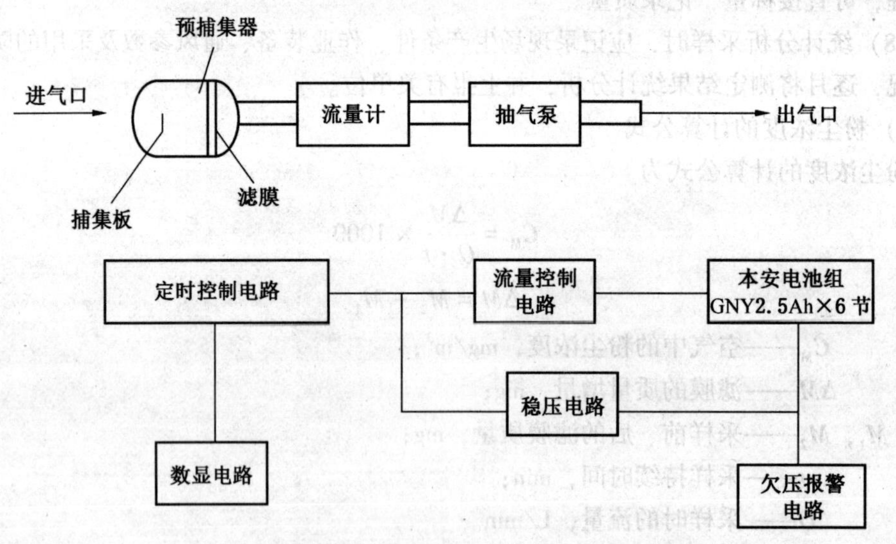

图 2-2 AKFC-92A 型矿用粉尘采样器工作原理框图

2. 直读式测尘仪

直读式测尘仪属于便携式直读粉尘浓度测定仪，用于测定存在易燃易爆可燃性气体混合物的环境中总粉尘或呼吸性粉尘浓度。

CCZ-1000 型直读式测尘仪是测定总粉尘或呼吸性粉尘浓度并能直接读数的便携式粉

尘浓度测定仪，可用于煤矿或其他粉尘作业环境。该仪器以β射线吸收法为原理，其冲击式呼吸性粉尘分离装置的分离效能符合“BMRC”呼吸性粉尘分离效能标准。测尘时，将仪器安装在三脚支架上固定使用，采样头迎着风流方向，安装高度一般为 1.5 m 左右。

学习活动2　工作前的准备

【学习目标】

（1）能收集粉尘浓度测定的相关资料。

（2）准备粉尘采样器等实训必备的仪器、设备及材料。

（3）仔细阅读粉尘浓度测定仪器的使用说明书，掌握粉尘浓度测定方法。

【相关资料】

《煤矿安全规程》（2016）、《工作场所空气中粉尘测定》（GBZ/T 192.1~GBZ/T 192.6）、《粉尘采样器》（GB/T 20964—2007）、AKFC-92A 型矿用粉尘采样器使用说明书等粉尘浓度测定的相关资料。

【设备和工具】

粉尘采样器、采样头、滤膜、滤膜夹、气体流量计、分析天平、干燥器、秒表、镊子等实训必备的仪器、设备及材料。

学习活动3　现　场　施　工

【学习目标】

（1）能合理选择采样点。

（2）通过实操训练，掌握正确使用粉尘浓度测定仪测定粉尘浓度的方法。

【实训要求】

（1）分组完成实训任务。

（2）每组独立完成并提交工作页。

（3）安全文明作业，妥善使用和维护实训资料和工具。

【实训任务】

正确使用粉尘浓度测定仪进行指定地点的总粉尘浓度测定，并完成工作页的填写。

一、测定程序

（1）首先用镊子取出干净的滤膜，除去两面的衬纸，先放在天平上称量并记录，压入滤膜夹，然后放入贴好标签的样品盒内备用。使用直径 75 mm 的滤膜应做成漏斗状安装在全尘预捕集器，并使滤膜绒面朝向进气口方向。

（2）现场采样首先应选好采样地点，需要固定采样的应打开专用三脚支架，使粉尘采样器水平稳固地固定在三脚架平台上。

（3）将安装好的滤膜预捕集器紧固在采样头连接座上，并使预捕集器的进气口置于含尘空气的气流中。

(4) 采样时间根据现场粉尘种类、浓度及作业情况来预置。一般采样时间 20~25 min 为宜，粉尘浓度较高的场所一般预置 2~5 min 即可。

(5) 采样结束后，应将滤膜夹取出轻放在相应的样品盒内，需干燥处理后称重处理。

二、粉尘浓度计算

粉尘浓度计算公式为

$$T = \frac{f_1 - f_0}{Q \times h} \times 1000$$

式中 T——总粉尘（全尘）浓度，mg/m^3；

f_0——采样前滤膜质量，mg；

f_1——采样后滤膜质量，mg；

h——采样时间，min；

Q——采样流量，L/min。

学习任务二 煤尘爆炸及其预防

本学习任务是中级工和高级工均应掌握的知识和技能。

【学习目标】

(1) 熟知煤尘爆炸的条件及特征。

(2) 了解煤尘爆炸的影响因素，能进行煤尘爆炸事故的原因分析。

(3) 熟知预防煤尘爆炸和爆炸传播的主要措施。

(4) 熟知隔爆设施的设置位置、作用、隔爆机理、规格质量标准。

【建议课时】

(1) 中级工：3 课时。

(2) 高级工：4 课时。

【工作情景描述】

为保证煤矿安全生产，防止工作面悬浮煤尘浓度超限，引起煤尘爆炸，必须采取防止煤尘爆炸和隔绝煤尘爆炸传播的技术措施，阻止煤尘爆炸事故的发生和扩大。

学习活动 1 明确工作任务

【学习目标】

(1) 能叙述煤尘爆炸的条件及特征。

(2) 能分析煤尘爆炸的影响因素。

(3) 能熟知预防煤尘爆炸和爆炸传播的主要措施。

【工作任务】

采取有效措施预防煤尘爆炸和隔绝爆炸传播。

一、煤尘爆炸的条件及特征

在常态下，煤炭很难燃烧和爆炸，但其碎成粉末后就很容易燃烧和爆炸，这是因为：①煤炭破碎成尘粒时表面积增加，与氧气接触机会增大，氧化速度加快；②煤尘受热后可产生大量的可燃气体，这些可燃气体和空气混合后，促使其强烈氧化燃烧，燃烧的热量以热分子传导和火焰辐射的形式在介质中迅速传播，使附近煤尘扬起，热解形成循环，当热量生成速度大于放热速度时，将造成热量集聚，并发展成为爆炸。

1. 煤尘爆炸的条件

经大量实验研究得知，煤尘爆炸必须同时具备以下4个条件：

（1）煤尘具有爆炸性。煤尘爆炸性是由其内因决定的，并不是所有煤尘都具有爆炸性。同时具有爆炸性的煤尘其爆炸性强弱也不同，变质程度弱的煤爆炸性强；变质程度高的煤爆炸性弱，甚至没有爆炸性。

（2）煤尘悬浮在空气中且达到一定浓度。由实验可知，即使爆炸性很强的煤尘堆积时一般也不会发生爆炸，只有扬起且达到一定浓度才爆炸。我国煤尘爆炸下限浓度为45 g/m^3，上限浓度为1500~2000 g/m^3，爆炸威力最强时的煤尘浓度为300~400 g/m^3。

（3）充足的氧气。煤尘爆炸是氧化反应，氧气浓度降低，爆炸性减弱，当氧气含量低于18%时，煤尘则失去爆炸性。

（4）具有引燃热源。煤尘的点燃温度为610~1050 ℃。因此违章爆破火焰、电气火花、摩擦与撞击火花、矿井内外因火灾、瓦斯燃烧或爆炸等热源都可引起煤尘爆炸。

2. 煤尘爆炸的特征

1）形成“黏焦”

煤尘具有爆炸性，煤尘参与爆炸后挥发份减少，煤尘被焦化成特有产物——“黏焦”，并黏附于支架、巷壁、煤壁上。形成黏焦是煤尘爆炸区别于瓦斯爆炸的重要标志。通常可以根据黏焦的分布找到爆源的位置，查出事故发生的原因，分析爆炸的强弱。一般的规律为：当爆炸强度弱、爆炸冲击波传播速度慢时，黏焦分布在支柱两侧，但迎风侧较密；当爆炸强度中等、爆炸冲击波传播速度较快时，黏焦分布在支柱迎风侧；当爆炸强度很大、爆炸波传播速度极快时，黏焦分布在支柱背风侧，且迎风侧有火烧痕迹。

当矿井发生瓦斯爆炸时，往往有煤尘的参与，只是参与的程度不同而已，因此分析事故时应综合考虑。

2）产生大量一氧化碳

煤尘爆炸时能产生大量一氧化碳，灾区空气中一氧化碳含量一般为2%~3%，有时甚至高达10%，这是造成大量人员中毒伤亡的重要原因。统计资料表明，在发生煤尘爆炸时，80%以上的死亡都是一氧化碳中毒所致。

3）发生连续爆炸

煤尘爆炸冲击波传播速度最高可达2340 m/s。当井下有大量煤尘沉积时，冲击波将巷道内沉积的煤尘扬起并参与爆炸，成为新的爆源，且爆炸威力越来越大，破坏性也越来越严重，甚至摧毁整个矿井。

此外，煤尘爆炸时，煤尘的成分、空气中的碳氢比等，与瓦斯爆炸也不同。

二、煤尘爆炸的影响因素

煤尘爆炸的影响因素可分为内因和外因，其中内因是决定因素，外因是必备条件，主要包括：

1. 煤的成分

1）煤的挥发分

将煤隔绝空气，在一定高温下加热一定时间，由煤中分解出的气体、液体产物，减去其中所含水分的量，即为挥发分。挥发分与煤的变质程度有关，变质程度越高，挥发分越小，如无烟煤挥发分低，而长焰煤、气煤挥发分高。煤的挥发分越高，其爆炸性越强。煤尘是否具有爆炸性，必须经煤尘爆炸性鉴定。

2）煤的灰分

煤中的灰分是不燃物，能吸热降温阻燃。因此煤的灰分的增加可减弱其爆炸性。

3）煤的水分

水分可吸热降温，同时水分蒸发为蒸汽时可降低空气中的氧含量，还能使煤尘湿润凝结，降低飞扬性。因此，煤尘中水分增加可降低煤尘的爆炸性。但是，煤尘中水分较低时，水分对抑制和减弱煤尘爆炸的作用是有限的。

2. 煤尘浓度

煤尘只有达到一定浓度才能爆炸。经试验确定：煤尘爆炸下限浓度为 45 g/m^3。当作业环境中煤尘浓度达到 2 g/m^3 时感到呛人，达到 3~5 g/m^3 时感到呼吸困难，大于 10 g/m^3 时伸手难辨五指。显然，矿井在正常情况下，煤尘达到爆炸浓度是不常有的。但是，当巷壁存在大量煤尘沉积时，若受到震动、冲击，煤尘重新扬起时，就可达到爆炸下限。因此，沉积煤尘是煤尘爆炸的最大隐患。

3. 煤尘粒度

粒度小于 1 mm 的煤尘都可参与爆炸，但爆炸主体是直径 75 μm 以下煤尘，特别是 30~75 μm 的煤尘爆炸性最强。当煤尘粒度小于 10 μm 时，煤尘在空气中很快氧化成灰尘，其爆炸性明显减弱。

4. 煤尘的分布

煤尘在巷道内的分布状态对煤尘爆炸也有一定的影响，如沉积在棚顶的煤尘较沉积在底板的煤尘易扬起，其危险性更大。

5. 矿井瓦斯

瓦斯具有爆炸性，瓦斯的存在可使煤尘爆炸界限扩大，且瓦斯浓度越高，爆炸下限越低。理论上讲，瓦斯浓度每升高 1%，煤尘爆炸下限下降 12 g/m^3。

6. 氧气浓度

氧气浓度低于 18% 时，煤尘将失去爆炸性。但由于瓦斯爆炸的氧气下限浓度为 12%，因此仍不能阻止爆炸的发生。《煤矿安全规程》规定：采掘工作面的进风流中，氧气浓度不低于 20%。因此，氧气浓度对煤尘爆炸的影响，正常情况下是无意义的。

7. 引火热源

一般认为，煤尘的引火温度为 700~800 ℃。引火温度越高，面积越大，其能量也越大，不仅易引燃煤尘，而且初始爆炸强度也越大。

8. 爆炸环境

爆炸空间的形状、面积、空间的变化以及有无障碍、转弯等情况，对煤尘爆炸也有一定的影响，如有障碍时，爆炸冲击波受阻，爆炸压力增大。

三、矿井煤尘爆炸情况分析

煤尘具有强爆炸性，煤尘的爆炸性指数为35.01%，在生产过程中如不注意综合防尘，致使工作面煤尘飞扬或巷道中煤尘大量堆积，遇到下列情况之一，就有可能引起煤尘事故：

(1) 瓦斯爆炸或燃烧引起煤尘爆炸。

(2) 违章放糊炮、炮泥充填不符合要求、使用非煤矿许用炸药和延期电雷管、巷道贯通放空炮等引起煤尘爆炸。

(3) 使用非防爆电器设备、电缆敷设不当，或使用非阻燃电缆、使用失爆的电气设备、违章检修电气设备、矿灯管理和使用不当等电气事故引起煤尘爆炸。

(4) 明火（如井下使用电、气焊等）引起煤尘爆炸。

(5) 救灾过程中指挥不当引起爆炸。

(6) 金属摩擦产生火花引起煤尘爆炸。

(7) 雷击引起煤尘爆炸（雷电可通过钢轨传入井下，感应产生火花）。

(8) 采煤机割夹矸时，产生摩擦火花，可能引起煤尘爆炸。

四、发生煤尘爆炸后的处理措施

(1) 发生煤尘爆炸事故时，现场人员应立即组织灾区人员以及受威胁区域的人员撤离现场，并立即向调度室汇报。

(2) 矿领导立即组织救护队检查，准确探明事故的地点、性质、范围，遇险人员的数量和地点，以及巷道的通风情况，为救灾方案提供准确的资料。

(3) 救灾过程中要指定专人检查煤尘情况，观察火区的气流等情况。当有爆炸危险时，救灾人员必须立即撤离到安全区域内，然后采取措施排除爆炸。

(4) 救灾过程中要切断通往灾区的电源，防止二次爆炸。

五、预防煤尘爆炸的技术措施

在煤矿井下生产过程中，可以通过采取减尘、降尘措施减少煤尘产生量或降低空气中悬浮煤尘含量，从根本上杜绝煤尘爆炸的可能性。

1. 煤层注水

1) 煤层注水的减尘作用

(1) 煤体内的裂隙中存在着原生煤尘，水进入后，可将原生煤尘湿润并黏结，使其在煤体破碎时失去飞扬能力，从而有效地消除这一尘源。

(2) 水进入煤体内部，并使之均匀湿润。当煤体在开采中破碎时，绝大多数破碎面均有水存在，从而消除了细粒煤尘的飞扬，预防了浮尘的产生。

(3) 水进入煤体后使其塑性增强，脆性减弱，改变了煤的物理力学性质，当煤体因开采而破碎时，脆性破碎变为塑性变形，因而减少了煤尘的产生量。

2) 影响煤层注水效果的因素

(1) 煤的裂隙和孔隙的发育程度。煤体的裂隙越发育则越易注水，此时可采用低压注水，否则需采用高压注水才能取得预期效果。但是当出现一些较大的裂隙（如断层、破裂面等），注水易在远处或煤体之外散失，对预湿煤体不利。

(2) 上覆岩层压力及支承压力。地压的集中程度与煤层的埋藏深度有关，煤层埋藏越深则地层压力越大，而裂隙和孔隙变得更小，导致透水性能降低，因而随着矿井开采深度的增加，要取得良好的煤体湿润效果，需要提高注水压力。

(3) 液体的性质。煤是极性小的物质，水是极性大的物质，两者之间极性差越小，越易湿润。为了降低水的表面张力，减小水的极性，提高对煤的湿润效果，可以在水中添加表面活性剂。

(4) 煤层内的瓦斯压力。煤层内的瓦斯压力是注水的附加阻力，水压克服瓦斯压力后才是注水的有效压力，所以在瓦斯压力大的煤层中注水时，往往要提高注水压力，以保证湿润效果。

(5) 注水参数。煤层注水参数是指注水压力、注水速度、注水量和注水时间。注水量或煤的水分增量是煤层注水效果的标志，也是决定煤层注水除尘率的重要因素。

3) 煤层注水方式

(1) 短孔注水，是在采煤工作面垂直煤壁或与煤壁斜交施工钻孔注水，注水孔深度一般为 2~3.5 m。

(2) 深孔注水，是在采煤工作面垂直煤壁施工钻孔注水，注水孔深度一般为 5~25 m。

(3) 长孔注水，是从采煤工作面的运输巷或回风巷，沿煤层倾斜方向平行于工作面施工上向或下向孔注水，注水孔深度一般为 30~100 m；当工作面长度超过 120 m 而单向孔达不到设计深度或煤层倾角有变化时，可采用上向、下向钻孔联合布置钻孔注水。

(4) 巷道钻孔注水，即由上邻近煤层的巷道向下煤层打钻注水或由底板巷道向煤层打钻注水，巷道钻孔注水采用小流量、长时间的注水方法，湿润效果良好；但施工岩石钻孔不经济，而且受条件限制，所以极少采用。

4) 煤层注水系统

煤层注水系统分为静压注水系统和动压注水系统。

利用管网将地面或上水平的水通过自然静压差导入钻孔的注水方式叫静压注水。静压注水采用橡胶管将每个钻孔中的注水管与供水干管连接，其间安装有水表和截止阀，干管上安装压力表，然后通过供水管路与地表或上水平水源相连。

利用水泵或风包加压将水压入钻孔的注水方式叫动压注水，水泵可以设在地面集中加压，也可直接设在注水地点进行加压。

5) 煤层注水设备

煤层注水所使用的设备主要包括钻机、注水泵、封孔器、分流器及水表等。

(1) 钻机。我国煤矿注水常用的钻机见表 2-2。

表2-2 常用煤层注水钻机

钻机名称	功率/kW	最大钻孔深度/m
KHYD40KBA 型钻机	2	80
TXU-75 型油压钻机	4	75
ZMD-100 型钻机	4	100

(2) 煤层注水泵。

(3) 封孔器。我国煤矿长钻孔注水多采用 YPA 型水力膨胀式封孔器和 MF 型摩擦式封孔器。

(4) 分流器。分流器是动压多孔注水不可缺少的器件，它可以保证各孔的注水流量恒定。煤炭科学研究总院重庆分院研制的 DF-1 型分流器，压力范围为 0.49~14.7 MPa，节流范围为 0.5、0.7、1.0 m^3/h。

(5) 水表及压力表。当注水压力大于 1 MPa 时，可采用 DC-4.5/200 型注水水表，耐压 20 MPa，流量 4.5 m^3/h；当注水压力小于 1 MPa 时，可采用普通自来水水表。

6）煤层注水参数

(1) 注水压力。注水压力的高低取决于煤层透水性的强弱和注水速度。通常，透水性强的煤层采用低压（小于 3 MPa）注水，透水性较弱的煤层采用中压（3~10 MPa）注水，必要时可采用高压（大于 10 MPa）注水。适宜的注水压力是：通过调节注水流量使其不超过地层压力而高于煤层的瓦斯压力。

(2) 注水速度（注水流量）。注水速度是指单位时间内的注水量。为便于对各钻孔注水流量进行比较，通常以单位时间内每米钻孔的注水量来表示。

一般来说，小流量注水对煤层湿润效果最好，因此只要时间允许，应采用小流量注水。静压注水速度一般为 0.001~0.027 $m^3/(h \cdot m)$，动压注水速度为 0.002~0.24 $m^3/(h \cdot m)$，若静压注水速度太低，可在注水前进行孔内爆破，提高钻孔的透水能力，然后再进行注水。

(3) 注水量。注水量是影响煤体湿润程度和降尘效果的主要因素。注水量与工作面尺寸、煤厚、钻孔间距、煤的孔隙率及含水率等多种因素有关，确定注水量首先要确定吨煤注水量，各矿应根据煤层的具体特征综合考察。一般来说，中厚煤层的吨煤注水量为 0.015~0.03 m^3/t，厚煤层的吨煤注水量为 0.025~0.04 m^3/t。

(4) 注水时间。每个钻孔的注水时间与钻孔注水量成正比，与注水速度成反比。在实际注水中，常把在预定湿润范围内的煤壁出现均匀“出汗”（渗出水珠）的现象，作为判断煤体是否全面湿润的辅助方法。“出汗”后或在“出汗”后再过一段时间便可结束注水。通常静压注水时间长，动压注水时间短。

2. 水炮泥

爆破作业时用水炮泥封堵炮眼，借助爆破时爆破冲击力使水散呈雾状，从而湿润煤粒，达到降尘的目的。

3. 湿式打眼

在用煤电钻钻孔时，不断将压力水注入孔底，使煤尘变成煤浆流出，以抑制煤尘的生成与飞扬。

4. 喷雾洒水

在集中产尘点安设喷雾洒水装置，包括爆破喷雾、转载喷雾洒水、采掘机内外喷雾、装载洒水以及冲洗煤壁、风流净化水雾等，从而使已经产生的煤尘迅速沉降，减少煤尘飞扬的数量与时间。

5. 清扫积尘

沉落在巷道中的煤尘要定期清扫，以免其变成浮尘，为煤尘爆炸提供物质基础。

六、限制煤尘爆炸范围的措施

为防止煤尘爆炸危害，除采取防尘措施外，还应采取降低爆炸威力、限制爆炸范围的措施。

1. 清除落尘

定期清除落尘，防止沉积煤尘参与爆炸可以有效地降低爆炸威力，使爆炸由于得不到煤尘补充而逐渐熄灭。

2. 撒布岩粉

撒布岩粉是指定期在井下某些巷道中撒布惰性岩粉，增加沉积煤尘的灰分，抑制煤尘爆炸的传播。

撒布岩粉时要求把巷道的顶、帮、底及背板后侧暴露处都用岩粉覆盖。岩粉的最低撒布量在作煤尘爆炸鉴定的同时确定，但煤尘和岩粉的混合煤尘，不燃物含量不得低于80%。撒布岩粉的巷道长度一般不小于300 m，如果巷道长度小于300 m则全部巷道都应撒布岩粉。对巷道中的煤尘和岩粉的混合粉尘，应每3个月至少化验一次，如果可燃物含量超过规定含量时，应重新撒布。

3. 设置水棚

水棚包括水槽棚和水袋棚两种，设置应符合以下基本要求。

(1) 主要隔爆棚应采用水槽棚，水袋棚只能作为辅助隔爆棚。

(2) 水棚应设置在巷道的直线部分，且主要水棚的用水量不小于400 L/m^2，辅助水棚不小于200 L/m^2。

(3) 相邻水棚中心距为0.5~1.0 m，主要水棚总长度不小于30 m，辅助水棚不小于20 m。

(4) 首列水棚距工作面的距离，必须保持60~200 m。

(5) 水槽或水袋距顶板、两帮距离不小于0.1 m，水棚底部距轨面不小于1.8 m。

(6) 水内如混入煤尘量超过5%时，应立即换水。

4. 设置岩粉棚

岩粉棚分轻型和重型两类。岩粉棚由安装在巷道中靠近顶板处的若干块岩粉台板组成，台板的间距稍大于板宽，每块台板上放置一定数量的惰性岩粉，当发生煤尘爆炸事故时，火焰前的冲击波将台板震倒，岩粉即弥漫于巷道中，火焰到达时，岩粉从燃烧的煤尘中吸收热量，使火焰传播速度迅速下降，直至熄灭。

岩粉棚的设置应遵守以下规定：

（1）按巷道断面积计算，主要岩粉棚的岩粉量不得少于400 kg/m²，辅助岩粉棚不得少于200 kg/m²。

（2）轻型岩粉棚的排间距为1.0~2.0 m，重型岩粉棚为1.2~3.0 m。

（3）岩粉棚的平台与侧帮立柱（或侧帮）的空隙不小于50 mm，岩粉表面与顶梁（顶板）的空隙不小于100 mm，岩粉板距轨面不小于1.8 m。

（4）岩粉棚与可能发生煤尘爆炸的地点的距离为60~300 m。

（5）岩粉板与台板及支撑板之间，严禁用钉固定，以利于煤尘爆炸时岩粉板有效地翻落。

（6）岩粉棚上的岩粉应每月至少检查和分析一次，当岩粉受潮变硬或可燃物含量超过20%时，应立即更换，岩粉量减少时应立即补充。

5. 设置自动隔爆棚

自动隔爆棚可利用各种传感器将瞬间测量的煤尘爆炸时的各种物理参量迅速转换成电信号，指令机构的演算器根据这些信号准确计算出火焰传播速度后，选择恰当时机发出动作信号，让抑制装置强制喷洒固体或液体等消火剂，从而扑灭爆炸火焰，阻止煤尘爆炸蔓延。

学习活动2　工作前的准备

【学习目标】

（1）能收集煤矿瓦斯爆炸防治和瓦斯爆炸事故案例相关资料。

（2）准备实训所需设备及工具。

（3）熟悉隔爆水袋棚的安装方法。

【相关资料】

《煤矿安全规程》（2016）、《矿井粉尘监测管理规定》、煤尘爆炸演示及事故案例视频等煤尘爆炸及防治的相关资料。

【设备和工具】

水袋、洁净水源、挂钩、水管等安装隔爆水袋棚所需的设备、工具和材料。

学习活动3　现　场　施　工

【学习目标】

（1）通过阅读训练，熟知煤尘爆炸的条件、影响因素、事故原因及防治措施。

（2）通过观看视频，能够分析煤尘爆炸事故原因并制定预防煤尘爆炸技术措施。

（3）通过实操训练，能够设置、安装隔爆水袋棚。

【实训要求】

（1）分组完成实训任务。

（2）每组独立完成并提交工作页。

（3）安全文明作业，妥善使用和维护实训资料和工具。

【实训任务】

（1）观看煤尘爆炸演示和事故案例视频资料，讨论分析煤尘爆炸的条件、影响因素、事故原因；根据案例中的实际情况，制定防治煤尘爆炸的技术措施。

（2）设置、安装隔爆水袋棚。

一、隔爆设施安设的基本要求

（1）井下使用的水槽（袋），必须经过专门的鉴定机构进行标准检验且质量合格，未经检验或不符合标准的水槽严禁使用。

（2）水槽（袋）棚设置地点、用水量、棚区长度、现场位置、水棚列（排）内水槽（袋）的布置及安设质量应符合规程、规范要求。安设现场防尘管路系统完善，有三通阀门，具备水槽（袋）加水的条件。

（3）水槽棚的水槽应采用横向嵌入式安装。安装嵌入水槽的支承架净宽度应比水槽外形尺寸的最大宽度大 3 mm，支承架本身的宽度不得大于 5 cm。

（4）水棚托架必须固定牢固，托架间距为 1.2~3 m。

（5）水槽支承架在受到巷道轴线方向力的作用时（作用力的大小等于支承架上水槽和水的重量），发生水平方向的弯曲程度不得大于支承架长度的 1%。

（6）水槽支承架在放置盛水水槽后，发生向下的弯曲程度不得大于 4 cm。

（7）水袋应采用易脱钩的吊挂方式，挂钩位置应对正，每对挂钩的方向要相向布置（即钩尖对钩尖），水袋吊挂钩的角度应为 60°±5°，钩长 25 mm，保证其性能要求。

（8）首列（排）水棚与工作面的距离，必须保持在 60~200 m 范围内，超过 200 m 必须及时挪移。

二、隔爆设施的维护与管理

（1）建立巡查制度，隔爆水棚设专人管理，定期检查，每周至少检查一次并及时填写“隔爆设施安装维护说明牌”。

（2）保证隔爆棚的正常容水量，定期加水，保证水槽（袋）内的水量不低于其容量的 95%。

（3）保证水棚的齐全与完好，发现水槽（袋）损坏，必须及时更换。

（4）定期清除水槽（袋）内的积尘、水垢，保证其良好的性能。

（5）根据井下生产的需要及时挪移水棚位置，保持其安设位置的合理性。

三、隔爆水棚的安设与撤除

1. 隔爆水棚安装前的准备工作

（1）对隔爆设施安装现场进行实地察看，掌握安装现场的情况，计算好待安装水棚的水槽（袋）的个数、水槽（袋）排数及水棚棚区长度。

（2）准备隔爆设施安装过程中所需的材料、工具（如梯子、吊挂钩、托架、托管、加水用的胶管、钢丝钳等）。

（3）准备安装的水槽或水袋，并认真检查水槽（袋）的质量，不合格的产品不得下井。

（4）若在锚喷巷道内安设水棚，应预施工隔爆设施吊挂眼、预埋吊挂钩。

（5）选择安装地点时，应选择有三通阀门的位置，若安装现场无三通阀门，应预先安设三通阀门，提前创造能够向隔爆设施加水的条件。

（6）所有物品、材料、工具准备齐全且安装现场的准备工作就绪后，即可将其运输到井下安设地点准备安装。装车运输时，应保证装车质量，保护好水槽（袋）及其他材料防止损坏和丢失，同时，运输过程中应严格执行井下运输的各项管理规定。

2. 隔爆水棚的安装

（1）首先检查安装现场用于吊挂设施的支点（或吊点）是否符合要求，否则应进行处理。

（2）安装前进行清点水槽（袋）及托架、吊钩、托管的数量，并认真检查其质量，发现问题应及时处理。

（3）安设水槽时，首先在巷道的两帮沿巷道方向安设两路平行的托管，将托管固定在吊钩上；然后将托架按照标准的要求等间距（1.2~3 m）逐一排放并固定在两条平行的托管上，将水槽逐个嵌入到托架内，并随时调整其位置，使其排列整齐。

（4）安设水袋棚时，根据巷道断面的大小，可选择30、40、80、100 L等规格中的一种。选择安装30 L或40 L的水袋时，每排可安设3个水袋；选择安装80 L或100 L的水袋时，每排可安设1个或2个水袋。

首先安设托管，将其牢固地固定在吊挂支撑点（或吊点）上。在锚喷支护的巷道内安设时，吊点指预埋的吊挂钩；在工字钢棚支护的巷道内安设时，吊点指工字钢棚；在锚网支护的巷道内安设时，吊点指锚杆托盘处。在托管上按水袋的吊挂支撑点间距，均匀布置吊钩，同时将水袋吊挂在吊钩上，调整水袋位置，使水袋的安设符合要求。

（5）在安设过程中，可用工程线拉向隔爆棚的两端，标定其是否整齐，以便做进一步的调整。

（6）设施安设完成后，进一步检查水棚的安装质量，确认无误后，向水槽（袋）内加满水。

（7）整理安设现场，收拾现场物品，盘好加水胶管，并悬挂隔爆设施说明板。

3. 隔爆水棚的拆除

（1）拆除水棚时，首先将水槽（袋）内的水放掉，回收水槽（袋）后，逐个拆除水棚托架。

（2）拆除的水棚托架、水槽（袋）、配件要及时装车运走，不能及时运走时应指定地点堆放整齐。

学习任务三　矿井综合防尘

本学习任务是中级工和高级工均应掌握的知识和技能。

【学习目标】

（1）了解采掘工作面尘源的分布。

（2）熟知采掘工作面综合防尘措施。

（3）了解各种防尘措施的优缺点。

【建议课时】

(1) 中级工：3课时。

(2) 高级工：4课时。

【工作情景描述】

为保证煤矿安全生产，必须制定矿井综合防尘措施，采用各种技术手段减少矿井粉尘的产生量、降低空气中的粉尘浓度，以防止粉尘对人体、设备等产生危害。

学习活动1 明确工作任务

【学习目标】

(1) 能叙述采掘工作面尘源的分布。

(2) 能叙述矿井综合防尘措施。

【工作任务】

分析掘进、采煤工作面及转载运输系统的尘源，合理选择矿井综合防尘措施。

矿井综合防尘是指采用各种技术手段减少矿井粉尘的产生量、降低空气中的粉尘浓度，以防止粉尘对人体、设备等产生危害的措施。

矿井综合防尘技术措施大体上可分为通风除尘、湿式作业、密闭抽尘、净化风流、个体防护及一些特殊的除、降尘措施。

一、通风除尘

通风除尘是指通过风流的流动将井下作业点的悬浮矿尘带出，降低作业场所的矿尘浓度，做好矿井通风工作能有效地稀释和及时地排出矿尘。

决定通风除尘效果的主要因素是风速及矿尘密度、粒度、形状、湿润程度等。排除井巷中的浮尘要有一定的风速。风速过低，粗粒矿尘与空气分离下沉，不易排出；风速过高，使落尘扬起，增大井下空气中的粉尘浓度。因此，通风除尘效果是随风速的增加而逐渐增加的，达到最佳效果后，如果再增大风速，效果又开始下降。能使呼吸性粉尘保持悬浮并随风流运动而排出的最低风速称为最低排尘风速；能最大限度排除浮尘而又不致使落尘二次飞扬的风速称为最优排尘风速。一般来说，掘进工作面的最优排尘风速为0.4~0.7 m/s，机械化采煤工作面的最优排尘风速为1.5~2.5 m/s。

《煤矿安全规程》规定的采煤工作面和掘进煤（岩）巷中的最高允许风速为4 m/s，不仅考虑了工作面供风量的要求，同时也充分考虑了煤、岩尘的二次飞扬问题。

二、湿式作业

湿式作业是利用水或其他液体，使之与尘粒相接触而捕集粉尘的方法。湿式作业是矿井综合防尘的主要技术措施之一，具有所需设备简单、使用方便、费用较低和除尘效果较好等优点；其缺点是增加了工作场所的湿度，恶化了工作环境，影响煤炭产品的质量。除缺水和严寒地区外，湿式作业在一般煤矿应用较为广泛，我国煤矿较成熟的经验是采取以湿式凿岩为主，配合喷雾洒水、水封爆破和水炮泥以及煤层注水等防尘技术措施。

1. 湿式凿岩、钻眼

该方法的实质是指在凿岩和打钻过程中，将压力水通过凿岩机、钻杆送入并充满孔底，以湿润、冲洗和排出产生的矿尘。

2. 洒水、喷雾洒水

洒水降尘是用水湿润沉积于煤堆、岩堆、巷道周壁、支架等处的矿尘。当矿尘被水湿润后，尘粒间会互相附着凝集成较大的颗粒，附着性增强，矿尘就不易飞起。在炮采炮掘工作面爆破前后洒水，不仅有降尘作用，还能消除炮烟、缩短通风时间。煤矿井下洒水，可采用人工洒水或喷雾器洒水。对于生产强度高、产尘量大的设备和地点，还可设自动洒水装置。

喷雾洒水是将压力水通过喷雾器（又称喷嘴），在旋转或（及）冲击的作用下，使水流雾化成细微的水滴喷射于空气中，以实现以下捕尘作用：①在雾体作用范围内，高速流动的水滴与浮尘碰撞接触后，尘粒被湿润，在重力作用下下沉；②高速流动的雾体将其周围的含尘空气吸引到雾体内湿润下沉；③将已沉落的尘粒湿润黏结，使之不易飞扬。苏联的研究表明，在掘进机上采用低压洒水时降尘率为43%~78%，而采用高压喷雾时达到75%~95%；炮掘工作面采用低压洒水时降尘率为51%，而采用高压喷雾时达72%，且对微细粉尘的抑制效果明显。

1）掘进机喷雾洒水

掘进机的喷雾系统分内喷雾和外喷雾两种方式，外喷雾多用于捕集空气中悬浮的矿尘，内喷雾则通过掘进机切割机构上的喷嘴向割落的煤岩处直接喷雾，在矿尘生成的瞬间将其抑制。较好的掘进机内外喷雾系统可使空气中含尘量减小85%~95%。

2）采煤机喷雾洒水

采煤机的喷雾系统分为内喷雾和外喷雾两种方式，采用内喷雾时，水由安装在截割滚筒上的喷嘴直接向截齿的切割点喷射，形成“湿式截割”；采用外喷雾时，水由安装在截割部的固定箱上、摇臂上或档煤板上的喷嘴喷出，形成水雾覆盖尘源，从而使粉尘湿润沉降。喷嘴是决定降尘效果好坏的主要部件，喷嘴的形式有锥形、伞形、扇形、束形，一般来说内喷雾多采用扇形喷嘴，也可采用其他形式；外喷雾多采用扇形和伞形喷嘴，也可采用锥形喷嘴。

3）综放工作面喷雾洒水

（1）煤口喷雾。放顶煤支架一般在放煤口装备有控制放煤产生的喷雾器，但由于喷嘴布置和喷雾形式不当，降尘效果不佳。为此，可改进放煤口喷雾器结构，布置为双向多喷头喷嘴，扩大降尘范围；选用新型喷嘴，改善雾化参数；有条件时，水中添加湿润剂；在放煤口处设置半遮蔽式软质密封罩，控制煤尘扩散飞扬，提高水雾捕尘效果。

（2）支架间喷雾。支架在降柱、前移和升柱过程中产生大量的粉尘，同时由于通风断面小、风速大，来自采空区的矿尘量大增，因此采用喷雾降尘时，必须根据支架的架型和移架产生的特点，合理确定喷嘴的布置方式和喷嘴型号。

（3）转载点喷雾。转载点（即采煤工作面输送机与顺槽输送机连接处）降尘的有效方法是封闭加喷雾。通常在转载点加设半密封罩，罩内安装喷嘴，以消除飞扬的浮尘，降低进入采煤工作面的风流含尘量。为保证密封效果，密封罩进、出煤口安装半遮式软风帘，软风帘可用风筒布制作。

（4）其他地点喷雾。由于综放工作面放下的顶煤块度大、数量多，破碎量增大，因此必须在破碎机的出口处进行喷雾降尘。

3. 水炮泥和水封爆破

水炮泥就是将装水的塑料袋代替一部分炮泥，填于炮眼内。爆破时水袋破裂，水在高温高压下汽化，与尘粒凝结，达到降尘的目的。采用水炮泥比单纯用黏土炮泥爆破时产生的矿尘浓度低 20%~50%，尤其是呼吸性粉尘含量有较大的减少。除此之外，水炮泥还能降低爆破产生的有害气体，缩短通风时间，并能防止爆破引燃瓦斯。

水炮泥的塑料袋应难燃、无毒，并有一定的强度。水袋封口是关键，目前煤矿一般多使用自动封口水袋。自动封口水袋装满水后，和自行车内胎的气门芯一样，能将袋口自行封闭。

水封爆破是将炮眼的爆药先用一小段炮泥填好，然后再给炮眼口填一小段炮泥，两段炮泥之间的空间，插入细注水管注水，注满后抽出注水管，并将炮泥上的小孔堵塞。

4. 煤层注水

煤层注水是井下最有效、最积极主动的防尘措施，也是采煤工作面最重要的防尘措施之一。煤层注水是指在采煤之前预先在煤层中施工若干钻孔，通过钻孔注入压力水，使水渗入煤体内部，增加煤的水分，从而减少煤层开采过程中煤尘的产生量。

三、净化风流

净化风流是使井巷中含尘的空气通过净化设施或设备，将矿尘捕获的技术措施。目前使用较多的是水幕和除尘装置。

1. 水幕净化风流

水幕是在敷设于巷道顶部或两帮的水管上间隔地安上数个喷雾器喷雾形成的。喷雾器的布置应以水幕布满巷道断面且尽可能靠近尘源为原则。

水幕应安设在支护完好、壁面平整、无断裂破碎的巷道段内，一般安设位置为：

（1）矿井总入风流净化水幕：距井口 20~100 m 巷道内。

（2）采区入风流净化水幕：风流分叉口支流里侧 20~50 m 巷道内。

（3）采煤回风流净化水幕：距工作面回风口 10~20 m 回风巷内。

（4）掘进回风流净化水幕：距工作面 30~50 m 巷道内。

（5）巷道中产尘源净化水幕：尘源下风侧 5~10 m 巷道内。

根据巷道条件，水幕的控制方式可选用光电式、触控式或各种机械传动方式，控制方式选用的原则是既经济合理又安全可靠。

2. 除尘装置

除尘装置（或除尘器）是指把气流或空气中含有的固体粒子分离并捕集起来的装置，又称集尘器或捕尘器。根据是否利用水或其他液体，除尘装置可分为干式和湿式两大类。

目前常用的除尘器有 SCF 系列除尘风机、KGC 系列掘进机除尘器、TC 系列掘进机除尘器、MAD 系列风流净化器及奥地利 AM-50 型掘进机除尘设备、德国 SRM-330 掘进除尘设备等。

四、个体防护

个体防护是指通过佩戴各种防护面具以减少吸入人体粉尘的一项补救措施。个体防护用具主要有防尘口罩、防尘风罩、防尘安全帽、防尘呼吸器等，其目的是使佩戴者能呼吸净化后的清洁空气而不影响正常工作。

1. 防尘口罩

矿井要求所有接触粉尘的作业人员必须佩戴防尘口罩。对防尘口罩的基本要求是：阻尘率高，呼吸阻力和有害空间小，佩戴舒适，不妨碍视野。普通纱布口罩阻尘率低，呼吸阻力大，潮湿后有不舒适的感觉，应避免使用。

2. 防尘安全帽（头盔）

煤炭科学研究总院重庆分院研制的 AFM-1 型防尘安全帽（头盔）也叫作送风头盔，可与 LKS-7.5 型两用矿灯匹配使用。在该头盔间隔中，安装有微型轴流风机、主过滤器、预过滤器；面罩可自由开启，由透明有机玻璃制成。送风头盔进入工作状态时，环境含尘空气被微型风机吸入，预过滤器可截留 80%～90% 的粉尘，主过滤器可截留 99% 以上的粉尘。经主过滤器排出的清洁空气，一部分供呼吸，剩余气流带走使用者头部散发的部分热量，由出口排出。该送风头盔的优点是与安全帽一体化，减少佩戴口罩的憋气感。

学习活动 2　工作前的准备

【学习目标】

（1）能收集矿井综合防尘相关资料。

（2）能查阅资料中各种减尘、降尘、除尘、排尘和个体防护等防尘技术措施相关内容。

【相关资料】

《煤矿安全规程》（2016）、《煤矿井下粉尘综合防治技术规范》（AQ 1020—2006）、矿井防尘设备布置图、矿井防尘洒水系统图等矿井综合防尘相关资料。

学习活动 3　现场施工

【学习目标】

通过阅读和手指口述训练，熟知掘进、采煤工作面及转载运输系统的综合防尘措施。

【实训要求】

（1）分组完成实训任务。

（2）每组独立完成并提交工作页。

（3）安全文明作业，妥善使用和维护实训资料和工具。

【实训任务】

讨论分析掘进、采煤工作面及转载运输系统的尘源，合理选择综合防尘措施。

一、采煤工作面防尘措施

（1）采煤工作面作业规程应针对防尘措施做出明确规定并严格执行。

(2) 采煤机有内、外喷雾装置，内外喷雾系统完善，雾化效果好。割煤时必须喷雾降尘，水压达不到《煤矿安全规程》要求时，设置加压泵（一用一备）。如果内喷雾装置不能正常喷雾，外喷雾装置的压力不得小于4 MPa。

(3) 液压支架和放顶煤采煤工作面的放煤口，必须安装喷雾装置，降柱、移架或放煤时同步喷雾。支架有自动喷雾系统的工作面，合理设定喷雾时间，保证自动喷雾系统的正常使用；支架没有自动喷雾系统的工作面，应安设架间手动喷雾系统，架间喷雾间距不得大于30 m，喷雾压力不小于1.5 MPa。

(4) 破碎机必须安装除尘罩和喷雾装置或除尘器。输送机转载点和卸载点必须安设喷雾装置或除尘器。

(5) 进、回风巷应定期清扫或冲洗煤尘，并清除堆积的浮煤。

(6) 采煤工作面回风巷必须安装至少2道风流净化水幕，且第一道水幕距离工作面不大于30 m；采煤工作面进、回风巷必须安装净化水幕，水幕距离工作面不得大于30 m。

二、掘进工作面防尘措施

(1) 掘进工作面作业规程应针对防尘措施做出明确规定并严格执行。

(2) 连采机、掘锚机掘进时，必须使用外喷雾装置和除尘器，水压达不到《煤矿安全规程》要求时，设置加压泵，并确保喷雾系统完善，雾化效果好。除尘器应定期检查和清理，保证除尘效果。

(3) 炮掘工作面必须实行湿式打眼，爆破时使用水炮泥，爆破前后附近20 m的巷道内，必须洒水降尘。锚喷时采用潮料喷浆。

(4) 掘进巷道必须设置2道水幕，其中1道距离工作面不得大于50 m。

(5) 爆破时必须在距离工作面10~15 m地点安装压气喷雾器或者高压喷雾除尘系统，实行爆破喷雾。雾幕应覆盖全断面并在爆破后连续喷雾5 min以上。当采用高压喷雾降尘时，喷雾压力不得小于8.0 MPa。

(6) 采用装岩机装煤（岩）时，安装自动或者人工控制水阀的喷雾系统，实行装煤（岩）喷雾。

三、带式输送机运输巷道防尘措施

(1) 井下所有煤仓和溜煤眼都应保持一定的存煤，不得放空（有涌水的煤仓和溜煤眼可以放空，但放空后放煤口闸板必须关闭，并设置引水管），溜煤眼不得兼作风眼使用，井下煤仓和溜煤眼放煤上、下口安设喷雾装置或除尘器。

(2) 地面带式输送机栈桥、转载点有防止粉尘扩散的防尘苫帘和喷雾装置。

(3) 带式输送机运输巷中设置自动控制风流净化水幕。

四、其他巷道防尘措施

(1) 主要进风大巷、主要回风大巷必须设置净化风流水幕。

(2) 采区、盘区回风巷在与其相连的采掘工作面回风巷口下风侧50 m范围内设有1

道净化风流水幕。

（3）所有水幕灵敏可靠，雾化效果好，能封闭全断面，使用正常。

（4）采用胶轮车辅助运输的应利用洒水车对车辆行驶巷道进行洒水。

（5）及时清扫巷道洒落的煤矸，巷道积尘按冲洗周期定期冲洗。

五、隔爆措施

（1）在矿井两翼与井筒相连通的主要运输大巷和回风大巷、相邻采区之间的集中运输巷道和回风巷道、相邻煤层之间的运输石门和回风石门间应设主要隔爆水棚。

（2）在采煤工作面进风巷和回风巷、煤层掘进巷道及采用独立通风并有煤尘爆炸危险的其他巷道应设有辅助隔爆水棚。

（3）隔爆水棚的安设符合《煤矿井下粉尘综合防治技术规范》（AQ 1020—2006）的要求。

（4）隔爆设施应实行挂牌管理，每周应至少检查 1 次隔爆设施的安装地点、数量、水量及安装质量。

（5）对没有设置喷雾洒水并且容易积尘的巷道、硐室，应密闭其前后 5 m 范围内和煤仓口、溜煤眼口附近等地点，定期撒布岩粉。

学习任务四　尘　肺　病

【学习目标】

1. 中级工

（1）了解尘肺病的分类和分期。

（2）了解尘肺病发病的影响因素，能进行尘肺病的预防。

2. 高级工

了解尘肺病的发病机理。

【建议课时】

2 课时。

【工作情景描述】

井下采煤、掘进等各生产环节，常常产生大量的生产性矿尘，如果不采取有效的防尘措施，作业人员长期吸入矿尘将引起肺部纤维增生性疾病——尘肺病。所以，煤矿工作人员须强化综合防尘意识，正确使用个体防护用品，采取有效技术措施预防尘肺病。

学习活动 1　明确工作任务

【学习目标】

（1）能叙述尘肺病的发病原因和分类。

（2）了解尘肺病发病的影响因素。

（3）能叙述尘肺病的预防措施。

【工作任务】

强化综合防尘意识，正确使用个体防护用品，采取有效技术措施预防尘肺病。

长期从事井下作业，煤尘随呼吸进入肺部，肺部积存一定量的矿尘后，将引起肺部组织的纤维性病变，使呼吸系统受到损坏，这种疾病称为尘肺病。

近年来，随着矿井开采强度的不断加大，煤矿井下各环节中粉尘的产生量也急剧增加。据调查，在无防尘措施的情况下，风镐落煤时的粉尘浓度可达 800 mg/m³，炮采时达 300～500 mg/m³，机采时达 1000～3000 mg/m³，普通综采时达 4000～8000 mg/m³，炮掘工作面时达 1300～1600 mg/m³，机械化掘进煤巷和半煤岩巷时达 1000～3000 mg/m³。统计结果表明，井下 70%～80% 的粉尘来自采掘工作面，这里人员集中，尘肺病发病率较高，也是发生煤尘爆炸事故较多的区域。因此，最大限度地降低采掘工作面及其他作业场所的粉尘浓度，特别是呼吸性粉尘浓度，是保障作业人员身心健康和矿井安全的重要保证。

一、尘肺病的分类

按吸入肺部的种类，尘肺病可分为硅肺病、煤肺病和煤硅肺病 3 类。

1. 硅肺病

硅肺病是由于吸入大量含游离二氧化硅的岩尘引起，多数病人为岩巷掘进工人。硅肺病发病快，发病率高，发病工龄短，病变进展快，是煤矿尘肺病中最严重的一类。硅肺病患者占尘肺病总量的 20%～30%，发病工龄一般在 10 年以上。

2. 煤肺病

煤肺病由于吸入大量煤尘引起，患者主要是采煤工、煤巷掘进工、煤仓装卸工以及洗煤厂工人等。煤肺病发病较慢，发病率低，发病工龄较长，一般为 20～30 年。煤肺病患者较少，约占尘肺病总量的 5%～10%

3. 煤硅肺病

煤硅肺病是由于吸入大量的煤尘和岩尘引起，发病多为采、掘交替作业者，是尘肺病中最常见的一类。煤硅肺病发病率高，发病工龄介于硅肺病和煤肺病之间，煤硅肺病患者约占尘肺病总量的 60%～75%。

二、尘肺病的分期

确定尘肺病的主要依据为职业史和 X 光片，根据病情严重程度划分为三期。

1. 一期尘肺病

重体力劳动时气喘，略有胸闷和干咳症状，部分患者肺通气功能有轻度障碍。

2. 二期尘肺病

中等体力劳动时呼吸困难，且有咳嗽、胸闷等症状，多数患者肺通气功能有中度障碍。

3. 三期尘肺病

有不同程度的症状，重者全身衰弱，行动困难，有胸痛以及咳嗽等症状，以及显著的心肺功能障碍，甚至在静止时也感呼吸困难。

长期从事煤矿工作的人员，当出现上述症状，发觉身体（尤其肺部）有明显不适时，应到医院和职业病防治单位检查确诊。

三、影响尘肺病的发病因素

1. 矿尘中游离的二氧化硅含量

矿尘中游离的二氧化硅含量越多，发病工龄越短，发病越严重。游离二氧化硅进入肺部后，与水结合为硅酸，毒化肺组织使其纤维化，这是导致硅肺病的主要原因之一。若矿尘中二氧化硅含量达到80%~90%，1~2年可患尘肺病。

2. 矿尘分散度

矿尘的分散度高，越容易患尘肺病。沉积于肺部的矿尘主要是粒径1~2 μm的矿尘，矿尘粒度过大时可被呼吸系统阻留排出，粒度过小可随呼吸气流排出。

3. 矿尘浓度

矿尘浓度越高，吸入肺部的矿尘越多，越容易患尘肺病。在含尘量1000 mg/m^3的环境中工作，1~3年可患病。

4. 接触矿尘时间

从事井下作业时间越长，接触粉尘时间越长，吸入粉尘量越多，越容易患尘肺病。据统计，相同工种10年以上工龄比10年以下工龄的发病率高出2倍。

5. 个体条件及防护

一般情况下，作业人员身体素质好、年轻、抵抗力强，则尘肺病发病少，否则相反。同工种、同作业地点的人员，注意个体防护者患病机会相对减少。

四、尘肺病的预防

1. 采取技术措施控制粉尘

在矿井采、掘、运系统的各生产工序中都产生粉尘，这些粉尘随风流飞扬于作业空间和巷道中，对这些尘源必须采取有效的综合防尘措施。

2. 开展卫生保健和健康监护

做好个人防护和个人卫生工作，在作业现场防尘、降尘措施难以使粉尘浓度降至国家卫生标准要求的水平时，应使用个体防护用品如防尘口罩、送风口罩、防尘眼镜、防尘安全帽、防尘衣、防尘鞋等；注意个人卫生清洁，作业点不吸烟，杜绝将粉尘污染的工作服带回家；经常进行体育锻炼，加强营养，增强个人体质。从事粉尘作业的工人必须进行就业前和定期健康检查。

学习活动2 工作前的准备

【学习目标】

收集尘肺病与个体防护相关资料。

【相关资料】

《煤矿安全规程》(2016)、《矽尘作业工人医疗预防措施实施办法》、尘肺病相关视频资料、尘肺病案例资料等。

学习活动3 现 场 施 工

【学习目标】

能分析尘肺病的发病原因，掌握尘肺病的预防措施。

【实训要求】

(1) 分组完成实训任务。

(2) 每组独立完成并提交工作页。

【实训任务】

通过观看尘肺病相关视频资料，了解尘肺病的分类、分期和发病的影响因素。分析案例中煤矿工人尘肺病的发病原因，讨论如何预防尘肺病。

模块三　矿井火灾防治技术

矿井火灾是煤矿主要灾害之一。由于受生产条件及作业环境的限制，一旦发生火灾，将给煤矿造成极大损失，特别是井下火灾，常常与煤尘爆炸、瓦斯爆炸密切联系、互为因果、相互影响。本模块介绍矿井火灾的分类及其危害，着重阐述煤炭自燃的原因、影响因素、自然发火期、预测预报方法，内因火灾的预防与检测，外因火灾的防治，矿井火灾的处理原则及控风技术、火区管理与启封。通过学习达到了解、掌握矿井火灾发生和发展的规律，以便及时准确地预测、预报火灾的发生；矿井一旦发生火灾，能根据火灾发生的性质、规律及地点采取有针对性的措施及时扑灭火灾，避免灾害事故的扩大。本模块是从事矿井生产专业的必备基础知识之一。

学习任务一　矿井火灾的类型及危害

【学习目标】

1. 中级工

(1) 能描述矿井火灾常发生的地点、火灾的类型。

(2) 能叙述矿井火灾的构成要素，了解矿井火灾分类方法。

(3) 了解矿井火灾的危害。

2. 高级工

能根据发火地点和对矿井通风的影响对矿井火灾进行分类。

【建议课时】

4 课时。

【工作情景描述】

矿井一旦发生火灾，首先要清楚发生火灾的地点，明白燃烧的物品，确定引发原因，预测会造成哪些危害，为灭火提供第一手资料。

学习活动 1　明确工作任务

【学习目标】

(1) 明确学习任务、课时等。

(2) 能准确记录工作现场的环境条件。

(3) 能叙述引发火灾的条件。

【工作任务】

熟悉火灾发生的条件，了解火灾的危害。

一、矿井火灾的构成因素

1. 热源

指具有一定温度和足够热量的存在体。如：煤炭氧化生热、爆破火焰、摩擦生热、电火花、吸烟火、电焊火等。

2. 可燃物

能够燃烧放热的物质。如：煤炭、坑木、瓦斯、机电设备、各种油料、炸药等。

3. 氧气

矿井火灾的实质就是氧化反应的高级阶段，即剧烈的氧化过程，足够的氧气是维系氧化过程的基础。实验证明：在氧浓度低于3%时，燃烧就不能维持；在氧浓度为14%以下的空气中，蜡烛就不能点燃。煤矿井下的氧气大都来自井下空气中。

二、矿井火灾分类

1. 按火灾发生的地点分类

按火灾发生地点不同可将矿井火灾分为地面火灾和井下火灾。

1）地面火灾

地面火灾是指发生在矿井工业广场范围内地面上的火灾。

地面火灾外部征兆明显，易于发现；空气供给充分，燃烧完全，有毒气体生成量较少；地面空间宽阔，烟雾易于扩散，有利于灭火工作。

2）井下火灾

发生在井下的火灾以及发生在井口附近而威胁到井下安全、影响生产的火灾称为井下火灾。井下火灾通常发生在井口、井筒、井底车场、机电硐室、爆炸材料库、进风大巷、回风大巷、采区变电硐室、掘进和回采工作面以及采空区、煤柱等地点。

2. 按热源分类

按热源不同可将矿井火灾分为内因火灾和外因火灾。

1）内因火灾

内因火灾也称为自燃火灾，是指一些易燃物质（主要指煤炭）在一定条件和环境下（破碎堆积并有空气供给）自身发生物理化学变化（指吸氧、氧化、发热）聚积热量而导致着火形成的火灾。

2）外因火灾

外因火灾也称为外源火灾，是指由于明火、爆破、电气、摩擦等外来热源造成的火灾。

3. 按发火地点和对矿井通风的影响分类

按发火地点和对矿井通风的影响分为上行风流火灾、下行风流火灾和进风流火灾3种。

1）上行风流火灾

上行风流是指沿倾斜或垂直井巷、采煤工作面自下而上流动的风流，即风流从标高的低点向高点流动。发生在这种风流中的火灾，称为上行风流火灾。

2）下行风流火灾

下行风流是指沿倾斜或垂直井巷、采煤工作面（如进风井、进风下山以及下行通风的工作面）自上而下流动的风流，即风流由标高的高点向低点流动。

3）进风流火灾

发生在进风井、进风大巷或采区进风风路内的火灾，称为进风流火灾。

三、矿井火灾危害

1. 产生大量有毒有害气体

矿井发生火灾后，不同的可燃物会产生不同的气体，这些气体大多是有害的，其中一氧化碳对人体的危害最为严重。一氧化碳致死人数占矿井火灾遇难者80%～90%，是矿井火灾伤亡的主要原因。

《煤矿安全规程》规定，入井人员必须随身携带自救器，其主要目的是矿井发生火灾、爆炸等事故后，使入井人员能利用自救器保护自己，降低有毒有害气体对人体的伤害。

2. 引发瓦斯、煤尘爆炸

矿井火灾不但为瓦斯、煤尘爆炸提供热源，而且会使煤炭、坑木等可燃物质燃烧放出氢气、沼气和其他多种碳氢化合物等爆炸性气体，从而增加了瓦斯、煤尘爆炸的可能性。

3. 损坏设备设施

一旦出现矿井火灾，现场的各种仪器、仪表、设备将会遭到严重破坏；火灾还能摧毁巷道，破坏支护。有些暂时没有被烧毁的设备和器材，由于火区长时间封闭，也可能因长期腐蚀全部或部分报废。

4. 影响开采接续

矿井火灾特别是大范围的矿井火灾发生后，直接灭火无效，必须对火区进行封闭，而被封闭的火区必须待里面的火完全熄灭后才能打开密闭，重新开采。有些火区因裂隙较多或密闭不严，火区内的火很长时间不能熄灭，有时长达几个月甚至几年，严重影响生产，影响煤层开采的连续性。

5. 烧毁大量的煤炭资源

矿井火灾会使煤的发热量大大减少，甚至完全被烧毁，使宝贵的煤炭资源白白浪费。

6. 严重污染环境

有些煤田的露天煤发生燃烧，由于火源面积大、火区温度较高，同时煤燃烧所放出各种有毒有害气体，严重破坏了周围的环境，甚至形成大范围的酸雨和温室效应。火区燃烧生成的酸碱化合物对火区附近的地表水和浅层地下水会造成严重污染。

学习活动2　工作前的准备

【学习目标】

（1）熟悉火灾发生的条件。

（2）能根据工作任务，查阅相关资料。

【工具材料准备】

模拟工作面、可燃物、点火源。

学习活动3 现场施工

【学习目标】

（1）通过进行火灾演练，明确火灾发生的三要素。

（2）通过操作，掌握实训安全注意事项。

【实训要求】

（1）分组完成实训任务。

（2）每组独立完成并提交工作页。

（3）安全文明作业，妥善使用实训资料和工具。

【实训任务】

模拟井下火灾，开展救灾演练。

学习任务二 内因火灾防治技术

【学习目标】

1. 中级工

（1）能叙述煤炭自燃的一般规律。

（2）能叙述影响煤炭自燃的因素。

（3）能叙述煤炭自燃的条件。

（4）能叙述煤炭的自燃征兆。

（5）能描述在煤矿生产中，预防矿井内因火灾的主要措施。

2. 高级工

（1）能根据任务要求和实际情况，合理选择防灭火技术。

（2）能描述煤炭自燃的过程。

【建议课时】

（1）中级工：4课时。

（2）高级工：6课时。

【工作情景描述】

某煤矿井下采空区遗煤发生自燃，为阻止火灾事故的蔓延，及时进行灭火，制定措施与方案，进行灭火工作。

学习活动1 明确工作任务

【学习目标】

（1）能通过下达的工作任务，明确学习任务、课时等要求。

（2）能认真阅读矿井采掘工程平面图、矿井通风设施布置图，分析和确定产生火灾的原因。

【工作任务】

熟悉煤炭自燃征兆，了解煤炭自燃经常发生的地点，掌握注氮灭火技术。

煤炭自燃是指处于特定环境及条件下的煤吸附氧后自热并积聚热量自燃而形成的一种频发性灾害。煤炭自燃实质是一种煤氧之间极其复杂的物理化学变化过程。

一、煤炭自燃条件

一般认为，煤炭自燃必须同时具备以下 5 个条件：

（1）煤炭本身具有自燃倾向性。煤的自燃倾向性是煤的一种自然属性，反映了煤的变质程度、水分、灰分、含硫量、粒度、孔隙度、导热性等，煤的自燃倾向性是煤炭自燃的基本条件。煤在常温下的氧化能力主要取决于挥发分的含量，挥发分含量越高，自燃倾向性越强，一般来说，从褐煤到无烟煤，煤的着火点呈升高的趋势，而自燃倾向性呈减弱的趋势。

（2）煤以碎裂状态存在。煤越碎裂，接触氧的机会越多，有利于煤的氧化。

（3）存在氧含量大于 12% 的空气通过碎裂煤块。煤暴露在空气中，煤表面与空气充分接触，空气通过煤块之间的间隙渗透到煤块内部，给煤块内部氧化创造了条件。煤的块度越大，煤块之间的间隙越大，供氧条件越好。

（4）热量易于集聚，不易散发。煤在氧化过程中放出热量，只有在放出热量大于散发热量时，才能使热量聚集，使煤的内部温度逐渐升高，当温度达到煤的着火点时，就会发生煤的自燃。

（5）氧化时间。煤从氧化发展到自燃有一个过程，只有在氧化时间达到煤自然发火期才能自燃。如长焰煤的自然发火期为 1~3 个月，气煤为 4~6 个月。

二、煤炭自燃经常发生的地点

（1）有大量遗煤而未及时封闭或封闭不严的采空区（特别是采空区内的联络巷附近和停采线处）。

（2）巷道两侧和遗留在采空区内受压的煤柱。

（3）巷道内堆积的浮煤或煤巷的冒顶、垮帮处。

三、煤的自燃过程

煤炭自燃的发生，一般要经过潜伏期、自热期、燃烧期 3 个阶段。

1. 潜伏期

有自燃倾向性的煤炭与空气接触后，形成氧化物并出现温度上升的现象，此过程的氧化比较缓慢。

2. 自热期

经过潜伏期，煤的氧化速度加快，氧化产生的热量较大，如果产生的热量不能及时放散，则煤的温度逐渐升高。当煤的温度超过自热的临界温度（60~80 ℃）时，煤的吸氧能力会加速，导致煤氧化过程急剧加速，煤温上升急剧加快，开始出现煤的干馏，生成一氧化碳、二氧化碳、氢气和芳香族碳氢化合物等可燃气体，同时煤炭中的水分蒸发，生成一定数量的水蒸气，使空气的湿度增加。在这个阶段内煤的热反应比较明显，使用常规的检测仪表能够测量出来，人的感官也能感觉到。

3. 燃烧期

当煤温达到着火温度（一般认为无烟煤为400 ℃、烟煤为320~380 ℃、褐煤为210~350 ℃）后就会着火燃烧起来。此时会出现一般的着火现象：明火，烟雾，产生一氧化碳、二氧化碳以及各种可燃气体，火源中心的煤温可达1000~2000 ℃。

四、煤炭自然发火期

具有自燃倾向性的煤炭被揭露后要经过潜伏期、自热期、燃烧期3个阶段才能着火，因此，煤炭需要一定的时间才能发火。从揭煤到燃烧这一时间间隔称为煤层的自然发火期，它是自然发火危险期在时间上的量度，自然发火期越短的煤层，其自燃危险性越大。因此，矿井一般不宜用煤巷开拓，采煤方法要保证最大的回采速度和最高的回收率，采空区要及时封闭。

五、煤炭自燃影响因素

1. 影响煤炭自燃的内因

1）煤的变质程度

各种牌号的煤都有可能发生自燃。一般情况下，煤的自燃倾向性随煤化程度增高而降低，即自燃倾向性从褐煤、长焰煤、烟煤、焦煤至无烟逐渐减小。

2）煤岩成分

煤的岩石化学成分由丝煤、暗煤、亮煤和镜煤组成，它们有着不同的氧化性。丝煤在常温下吸氧能力强，着火点低（仅为190~270 ℃），可以起到“引火物”的作用。所以，含丝煤越多，煤的自燃倾向性就越强；相反，含暗煤越多，越不易自燃。

3）煤中的水分

煤中的水分来自煤的内在水分和空气中的水分，目前水分对煤的自燃影响有两种看法：一种认为水分对煤的自燃期有延迟作用，理由是煤中水分蒸发时要吸收热量，因此认为煤内含水量越大，则开始升温的时间延迟。但这一观点与实际有所出入，从实践得知，井下浸水区当水被排除后更容易引起自燃，这说明水能促进自燃。另一种看法是煤中的水分能促进煤的自燃，有些学者认为当煤中的水达到45 ℃时煤的着火温度最低，如水分再增加则着火温度又会增高。

4）煤的含硫量

同牌号的煤中，含硫矿物（如黄铁矿）越多，越易自燃。

5）煤层瓦斯含量

瓦斯通常是以游离状态和吸附状态存在，吸附瓦斯在煤分子的表面上形成一层气膜，可阻止氧与煤接触，所以煤层中的瓦斯具有较好的阻化作用，可以防止煤自然发火。

2. 影响煤炭自燃的外因

1）地质因素

煤层厚度或倾角越大，自燃危险性就越大。在地质构造较为复杂的矿井，如褶曲、断层以及火成岩侵入的地方，煤炭自燃危险性增大。

2）开采技术因素

（1）开拓方式：尽量采用岩巷开拓；少留煤柱，减少对煤体的切割。

（2）采煤方法：采用综采工艺、长壁式巷道布置、后退式回采以及全部垮落法控制顶板对防止自然发火均能起到有效作用。

3）漏风强度

采空区、煤柱、煤壁裂隙等处的漏风容易导致这些地点的煤氧化生热，生成热量多少以及能否积聚取决于漏风强度的大小。当风速过小时，漏风供氧量很小，氧化生热少，煤炭不易自热和自燃；当漏风风速过大时，供氧充足，氧化生成的热量易被带走，同样也不能形成热量积聚，煤不能自燃。只有当漏风既有较充分的供氧条件，同时氧化生成的热量不易带走，热量积聚起来，才可能自燃。

六、煤炭自然发火预报技术

煤炭自然发火预报技术是指煤层开采后，松散煤体氧化放热引起升温，进入自热阶段，在煤体冒烟和出现明火之前，根据煤氧化放热时引起的标志气体、温度等参数的变化情况，较早发现自燃征兆，判断煤的自燃状态。

1. 人体生理感觉

（1）嗅觉。如果巷道或采煤工作面闻到煤油、汽油、松节油或焦油气味，就表明风流上方某处煤炭自燃已发展到自热后期，是火灾发生的最可靠征兆。

（2）视觉。如果巷道中温度较高并出现雾气，或巷道周壁及支架上出现水珠，表明煤已经开始自热。但是冷热空气汇合地点也会发生这类现象，因而需要认真观察分析。

（3）触觉。用手触摸煤壁或从煤壁流出的水，若温度比以前高，说明煤炭可能已经自热。

（4）疲劳。当人员出现头疼、闷热、精神疲惫、呕吐或者裸露皮肤有微痛等症状时，说明所处位置煤炭已经进入自然发火期，有害气体增加。

2. 标志气体分析

指标气体的测量方法有一氧化碳人工检测、气相色谱分析等。

3. 测温法

测温法可分为两种：一种是直接用检测到的温度值进行预报；另一种是通过检测点温度变化特性，即温度变化的速度进行预报。

七、内因火灾的预防

1. 预防性灌浆

预防性灌浆就是将水、浆材按适当比例混合，配制成一定浓度的浆液，借助输浆管路输送到可能发生自燃的区域，用以防止煤炭自燃。

注浆材料有：黄泥、页岩、粉煤灰等。

2. 阻化剂防火

阻化剂就是阻止氧化的试剂，将其溶液喷洒在煤体上，能够阻止煤炭自燃或延长发火期。

阻化剂的种类主要有：吸水盐类（氯化钙、氯化镁、氯化锌）、石灰水、水玻璃、亚磷酸酯、四硼酸氢胺阻化剂。

3. 凝胶防灭火

用基料和促凝剂按一定比例混合配制成水溶液后，发生化学反应形成凝胶，从而破坏煤炭着火的一个或几个条件，以达到防灭火的目的。

4. 均压防灭火

煤矿井下煤炭之所以发生自燃，是因为有漏风的存在，即有连续的供氧。为了减少或防止漏风，就必须降低漏风通道两端的压差，或增加风阻。因此，在实际应用中可利用风窗、风机、调压气室和连通管等进行调节风压值，降低漏风压差，从而达到抑制煤炭氧化和惰化火区的目的，这种防灭火技术即为均压防灭火。均压防灭火技术一般有双重功能：一是可以防止煤炭自燃，二是对于已经封闭的火区进行灭火。

均压防灭火技术分为开区均压和闭区均压。开区均压是在生产工作面建立均压系统，以减少采空区漏风，抑制遗煤自燃，防止一氧化碳等有毒有害气体聚集或者向工作面涌出，从而保证生产正常进行。闭区均压是在对已封闭的采空区进行风压调节，使封闭区进、回风路两端的密闭处风压差趋于零，封闭区内风流停止流动，从而预防煤炭自燃火灾的发生；同时封闭式调节风压还可加速封闭火区火源的熄灭。

5. 氮气防灭火

氮气是一种惰性气体，本身无毒、不助燃，也不能供人呼吸。空气成分中氮气按体积计算占 78%，其化学性质相对稳定，在常温、常压下很难与其他物质发生化学反应，所以氮气是一种良好的惰性气体，对防止采空区内遗煤的自燃十分有效。

氮气防灭火的机理主要有以下 4 点：

(1) 降低采空区氧气浓度。当采空区内注入高浓度氮气后，氮气挤占了煤体裂隙和孔隙空间，使采空区氧气浓度相对减少，抑制了氧气与煤的接触，减缓了遗煤的氧化放热速度。

(2) 提高采空区内气体静压。将氮气注入采空区后，提高了采空区内气体静压值，抑制了流入采空区的漏风量，降低了空气中的氧气与采空区浮煤直接接触的机会，延缓了煤炭氧化自燃的速度。

(3) 氮气吸热降温。氮气在采空区内流动时，会吸收采空区浮煤氧化产生的热量，减缓煤炭氧化升温的速度，持续的氮气流动会把煤炭氧化产生的热量不断吸收，对抑制煤炭自燃十分有利。

(4) 缩小瓦斯爆炸界限。采空区注入氮气后，氮气很快与瓦斯等可燃性气体混合，此时，瓦斯爆炸的上限值会降低，下限值会升高，即瓦斯爆炸界限将被缩小，瓦斯爆炸事故便不易发生。

学习活动2　工作前的准备

【学习目标】

(1) 能根据矿井火灾性质选用适当的灭火方法。

(2) 能通过阅读矿井采掘工程平面图、矿井通风系统图，分析和确定产生火灾的原因，选择适当的灭火方法。

(3) 掌握火灾处理的基本要求，能够确定火区火源的位置。

(4) 综采工作面发生煤炭自燃，掌握注氮方法灭火，会操作注氮设备。

一、了解工作面着火的基本情况

1. 采煤工作面简介

综采工作面于 11 月上旬开始回采，次年 3 月 19 日停采，工作面长度 240 m，推进长度为 2450 m，采高为 3.6 m，回采煤量为 2.35 Mt，回采率为 86%，一次采全高，顶板控制方式为全部垮落法，运回顺槽均为双巷，工作面技术装备先进，生产能力大，推进速度快，工作面日平均推进长度约为 25 m。

2. 综采工作面自然发火简介

综采工作面在推进约 60 m 后，即发现工作面上隅角和回风顺槽有一氧化碳超标，其中一氧化碳为 26 mg/m³，氧气浓度为 19.2%，温度为 15.2 ℃，气样分析后为发现乙烯气体。经检查采空区的井下联巷密闭和地表塌陷裂隙，发现有漏风通道，故判断采空区内有遗煤氧化加热现象。

3. 初步采取的措施

(1) 加强工作面顶煤厚度和浮煤的控制。

(2) 严格联巷密闭和地表回填补漏的施工质量。

(3) 在回风巷道每隔约 300 m，砌筑一道挡水墙，尽量将水封堵在采空区。

(4) 要求定期对该处气体进行检测分析。

经过 1 个多月的具体实施，发现一氧化碳仍有上升趋势，之后，依据采空区煤自燃的“三带”划分，同时结合工作面日推进度在 25 m 左右的特点，决定对工作面后方 200 m 的采空区范围内进行跟进注氮防灭火。

二、根据烟流方向确定火区火源位置

当火灾初期火势不大时，在不妨碍人员呼吸的条件下，可逆着风流方向，根据火灾气体的气味或轻烟流动方向去寻找火源。

当火灾持续一段时间，火势较大时，产生的火灾气体已经到达一定浓度或空气温度较高时，对人体有害，应从新鲜风流进入寻找火源。

当火势很大，产生的火风压较大，已经发生风流逆转，火烟已经弥漫时，应从风流逆转的火烟流向确定和寻找火源位置。此时人员一定要格外小心，寻找合适的方向、路线进入，并靠近火源点，避免被高温气体灼伤或气体中毒。

三、工具材料准备

ZD500 型制氮装置、BXND-600 型制氮装置、温度计、胶管、空气压缩机。

学习活动 3　现　场　施　工

【学习目标】

(1) 掌握内因火灾的预防措施及灭火方法，确定火区火源位置。

(2) 能正确操作制氮设备。

(3) 掌握向回采工作面采空区注氮的方法。

【实训要求】

(1) 分组完成实训任务。

(2) 每组独立完成并提交工作页。

(3) 安全文明作业，妥善使用和维护实训资料。

【实训任务】

采用注氮方法防止采空区着火。

防灭火工作中所用的氮气，是通过对空气中气体成分进行分离而制取的。制氮设备采用地面移动式装置，ZD500 型制氮装置、BXND-600 型制氮装置的制氮方法均为变压吸附法。

图 3-1 所示为走向长壁 U 形通风后退式开采的工作面采空区注氮示意图。

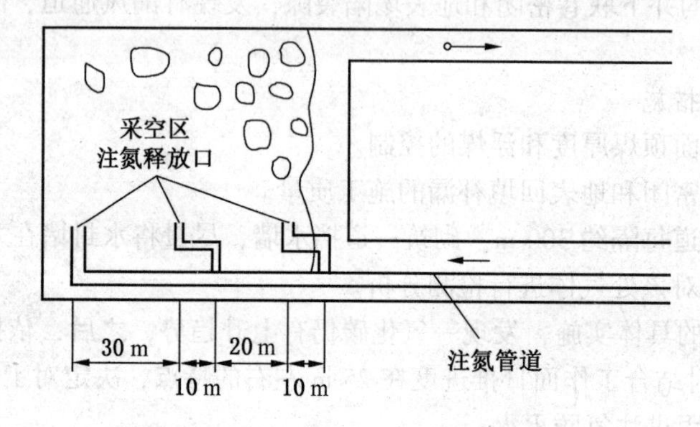

图 3-1　走向长壁 U 形通风后退式开采的工作面采空区注氮示意图

一、施工步骤

(1) 将注氮管铺设在进风巷道中，注氮释放口设在采空区中。氮气释放口应高于底板，以 90°弯拐向采空区，与工作面保持平行，并用石块或木垛加以保护。

(2) 两台制氮装置安装在地面井口附近的制氮车间内，1 套冷却水系统分别供 2 台制氮装置的空气压缩机和冷冻干燥机的冷却用水；2 台制氮装置可同时生产氮气，并联输入井下 1 套输氮管路进行注氮防灭火；也可单独 1 台装置生产氮气输入井下注氮。

(3) 注氮管一般采用单管，管道中设置三通，从三通中接出短管进行注氮。

从第一个密闭墙的注氮管口向采空区内注氮，同时利用井口气体分析室的矿井火灾预报监测系统测定采空区内气体成分变化，测定的气体成分有：CO、CO_2、CH_4、O_2、N_2。采空区内埋设 2 根束管，通过第一个密闭与巷道中的束管系统相连，用水柱压差计在密闭上的观测孔测量采空区内外压差。

(5) 通过注氮，基本上控制住了遗煤自燃的上升趋势，但仍未彻底消灭自燃风险。因此，在注氮工作停止后，其他防治措施均应继续落实到位。

二、注意事项

（1）注入氮气的纯度不得低于97%。

（2）注氮量应根据采空区中的气体成分来确定。如采空区中一氧化碳浓度较高或工作面一氧化碳超限，出现高温、异味等自然征兆时，应加大注氮强度。

（3）注氮过程中，工作场所的氧浓度不得低于18%，否则应停止工作并撤出人员，同时降低注氮量或停止注氮或加大工作场所的通风量。

（4）注意检查工作面及回风巷道风流中的瓦斯涌出情况，若发现采空区大量涌出瓦斯，风流中瓦斯超限时，应适当降低注氮强度。

（5）第一次向采空区注氮，或停止注氮后再次注氮时，应先排出注氮管内的空气，避免将空气注入采空区中。

学习任务三　外因火灾防灭火技术

【学习目标】

1. 中级工

（1）能描述外因火灾的基本条件。

（2）了解外因火灾经常发生的地点。

（3）能叙述外因火灾的预防措施。

2. 高级工

（1）熟知外因火灾防治方法。

（2）了解灭火救灾组织和安全保障。

（3）掌握灭火救灾的原理。

（4）了解矿井外因火灾预测与预警技术。

【建议课时】

（1）中级工：4课时。

（2）高级工：6课时。

【工作过程描述】

某矿井下发生火灾事故，为防止火灾事故范围扩大，编制灭火方案，及时灭火。

学习活动1　明确工作任务

【学习目标】

（1）阅读矿井采掘工程平面图、矿井通风设施布置图，分析和确定产生火灾的原因，正确选择灭火方法。

（2）会使用MPZ-1型矿用带式输送机自动灭火装置。

（3）掌握灭火器的使用方法。

（4）会编制灭火方案。

【工作任务】

得到矿井火灾信息后，应全面确定井下通风情况，确定火灾发生地点及灭火方法。

外因火灾即由于外部火源引起的火灾。与内因火灾相比，外因火灾的发生及发展比较突然和迅猛，并伴有大量烟雾和有害气体；同时，外因火灾发生的时间和地点往往出乎人的意料，常常使人们惊慌失措，处理不当或扑救不及时，继而贻误战机；最主要的是外因火灾发生后，还可引发其他煤矿重大灾害，如引爆瓦斯、煤尘。所以，尽管外因火灾在矿井火灾中所占比例并不大，但所造成的人员伤亡、财产损失却比较严重。

一、外因火灾的火源成因

(1) 明火。井下吸烟或使用电焊、电炉及灯泡取暖等产生的火源。

(2) 电气火源。主要是由于机电设备性能不好或管理不善，如电钻、电机、变压器、开关、插销、接线三通、电铃、打点器、电缆等损坏、过负荷、短路等引起的电火花。

(3) 爆破起火。不按规定装药、爆破，如采用裸露爆破以及用动力电源爆破、不装水炮泥、炮眼深度或最小抵抗线过小等引起的爆破火源。

(4) 瓦斯、煤尘燃烧或爆炸引起的火源。

(5) 摩擦火。使用机械运输设备相互摩擦而引起火源，如使用带式输送机引起的摩擦火。

二、矿井外因火灾预防

根据外因火灾的成因，具体预防措施可以从以下 4 个方面考虑：一是要防止失控的热源；二是尽量使用耐燃或难燃材料，对可燃物进行有效管理或消除，避免可燃物的大量积存；三是建立外因火灾预警预报系统；四是防灭火设施的配置与管理。

1. 地面火灾防火要求

地面火灾的预防应严格遵守《煤矿安全规程》和国家消防部门有关规定，《煤矿安全规程》规定如下：

(1) 必须制定地面和采场内的防灭火措施。所有建筑物、煤堆、排土场、仓库、油库、爆炸物品库、木料厂等处的防火措施和制度必须符合国家有关法律、法规和标准的规定。

(2) 新建矿井的永久井架和井口房、以井口为中心的联合建筑，必须用不燃性材料建筑。对现有生产矿井用可燃性材料建筑的井架和井口房，必须制定防火措施。

(3) 矿井必须设地面消防水池和井下消防管路系统。地面的消防水池必须经常保持不少于 200 m^3 的水量。开采下部水平的矿井，除地面消防水池外，可以利用上部水平或生产水平的水仓作为消防水池。

(4) 进风井口应当装设防火铁门，防火铁门必须严密并易于关闭，打开时不妨碍提升、运输和人员通行，并定期维修；如果不设防火铁门，必须有防止烟火进入矿井的安全措施。

(5) 井上、下必须设置消防材料库。井上消防材料库应当设在井口附近，但不得设在井口房内。

2. 井下外因火灾预防要求

井下外因火灾预防措施主要包括加强火源管理、爆破和机电设备管理。

（1）井下和井口房内不得从事电焊、气焊和喷灯焊接等工作。如果必须在井下主要硐室、主要进风巷和井口房内进行电焊、气焊和喷灯焊接等工作，每次必须制定安全措施。

（2）井下必须设消防管路系统。井下消防管路系统应每隔 100 m 设置支管和阀门，在带式输送机巷道中应每隔 50 m 设置支管和阀门。

（3）井筒、平硐与各水平的连接处及井底车场，主要绞车道与主要运输巷、回风巷的连接处，井下机电设备硐室，主要巷道内带式输送机机头前后两端各 20 m 范围内，都必须用不燃性材料支护。在井下和井口房，严禁采用可燃性材料搭设临时操作间、休息间。

（4）井下使用的汽油、煤油和变压器油必须装入盖严的铁桶内，由专人押运送至使用地点，剩余的汽油、煤油和变压器油必须运回地面，严禁在井下存放。

（5）井下严禁使用灯泡和电炉取暖。

（6）采用滚筒驱动带式输送机运输时，必须使用阻燃输送带，必须装设自动洒水装置和防跑偏装置，液力偶合器不准使用可燃性介质。

（7）井下爆破不得使用过期或严重变质的爆破材料；严禁用粉煤、块状材料或其他可燃性材料作炮眼封泥；无封泥、封泥不足或不实的炮眼严禁爆破，严禁裸露爆破。

三、矿井外因火灾预测与预警技术

1. 外因火灾的预测技术

矿井外因火灾预测就是通过对井巷中可燃物和潜在火源分布调查，确定可能产生外因火灾的空间位置及危险性等级。外因火灾预测可遵循以下程序：调查井下可能出现的火源（包括潜在火源）的类型及其分布，调查井下可燃物的类型及其分布，划分发火危险区[井下可燃物和火源（包括潜在火源）同时存在的地区看作危险区]。准确的预测可以使外因火灾的预报更具有针对性，将使灭火准备更充分。

2. 矿井外因火灾预警技术

矿井外因火灾预警就是根据火灾发生、发展规律，应用成熟的经验和先进的科学技术手段，采集处于萌芽状态的火灾信息，进行逻辑判断后给出火情报告，并自动进行灭火的技术。火灾的预警可以弥补预防的不足。

外因火灾预警最常用的设备装置有：温升变色涂料、感温组件、带式输送机火灾检测自动灭火装置。这些方法主要用于电动机、机械设备的易发热部位和带式输送机火灾预警。

1）温升变色涂料

温升变色涂料有两种，一种是以黄色碘化汞为主体的涂料，另一种是以红色碘化汞为主体的涂料。将温升变色涂料涂敷在电动机的外壳或机械设备的易发热部位，一旦温升超出额定值涂料即会变色，当温度下降到正常值时，又恢复原色。

对于黄色碘化汞变色涂料，当涂敷物的温度由常温升到 54～82 ℃时即变为橘红色；对于红色碘化汞变色涂料，当涂敷的温度由常温升到 127℃时变为黄色。

2）感温组件

将由易熔合金、热敏电阻等制成的感温组件应用于电气机械设备温升预警，并将这些感温组件与灭火装置联动，能够在发生火灾时自动启动灭火。

四、外因火灾灭火方法

1. 用水灭火

水是煤矿中最方便、最经济的灭火材料，煤炭供水系统完善，使用方便、迅速。

1）水的灭火原理

（1）水的比热较大，吸热能力强，能很快降低火区温度。

（2）水遇高温后，产生大量的水蒸气，使火区含氧量相对较低，对火源起窒息作用。

（3）浸湿火源附近的燃烧物，阻止火区范围的扩大。

（4）由于水射流有一定的压力，可将一些燃烧体破碎，并能侵入到燃烧物内部，可迅速将火扑灭。

2）用水灭火的注意事项

（1）灭火人员应站在火源的进风侧，不准站在回风侧。因为回风侧温度高，易受火烟侵害，易发生冒顶伤人，同时灭火人员容易被高温的水蒸气烫伤。

（2）在灭火时要不间断地喷射，应保证有足够的水源。喷射时不要把水射流直接喷射到火源中心，而应从火源外围逐渐向火源中心喷射。当水量不足时，水射流直接喷射到火源中心，水蒸气在高温作用下，可能在现场产生氢气和一氧化碳，进而产生爆炸性混合气体而发生爆炸。

（3）水能导电，不能用来直接扑灭电气火灾。

（4）油类火灾若用水灭火时，只能使用雾状水，这样才能产生一层水蒸气笼罩在燃烧物的表面上，使燃烧物与空气隔离。若用水射流灭火可使燃烧液体飞溅，又因油比水轻，可漂浮在水面上，易扩大火灾的面积。

（5）要保证正常风流，以便火烟和水蒸气能顺利地排到回风流。

（6）要有瓦斯检查员在场随时检查瓦斯浓度。

3）用水灭火的适用条件

用水灭火费用较低，灭火效果好，灭火速度快；但用水灭火也有局限性，电气火灾和油类火灾不宜用水灭火。井巷顶板受高温作用后易破坏，被冷水冷却后易垮落而冒顶。为了供水必须铺设供水管路，每隔一定距离应安装水闸门，在地面应设储水池。

一般用水灭火的使用条件为：

（1）能够接近火源的非油类、电气火灾。

（2）在发火初期阶段火势不大、范围较小，对其他区域无影响。

（3）有充足的水源，供水系统完善。

（4）灭火地点顶板坚固，能在支护掩护下进行灭火操作。

（5）有充足的人力，能分组连续施工。

2. 干粉灭火

干粉是可用于灭火的一系列粉状物，干粉灭火剂的作用机理以化学灭火为主，通过化学、物理双重灭火机能扑灭火焰，以达到灭火的目的。常用的干粉灭火剂有碳酸氢钠、硫酸铵、溴化铵、氯化铵、磷酸铵盐等，其中以磷酸铵盐使用最多。

磷酸铵盐用于灭火时，将其喷洒在燃烧的火焰上，立即分解吸热，扑灭火焰。其灭火原理是：

(1) 磷酸铵盐粉末以雾状飞扬在空气中，火焰遇到即可熄灭，所以能破坏火焰连锁反应，阻碍燃烧的发展。

(2) 化学反应时能吸收大量热量，降低和冷却燃烧物。

(3) 化学反应时分解出水蒸气，使燃烧体附近空气中氧浓度降低，延缓燃烧的发展。

(4) 反应最终产生的糊状物质五氧化二磷覆盖在燃烧体表面，减少燃烧物与氧气的接触。

干粉灭火一般用于火灾的初始阶段，火势范围不大的情况下。一般有干粉灭火器、灭火手雷和灭火炮。

灭火手雷常和干粉灭火器可单独使用，也可相互配合使用，即先用灭火手雷扑灭较大的火源，然后用干粉灭火器扑灭残火。

1) 干粉灭火器

干粉灭火器内装药粉5~6 kg，用液态二氧化碳作为动力，通过喷射管喷嘴将药粉喷射成粉雾，有效半径可达5 m左右，喷射时间为16~20 s。高压钢瓶的容积为2 L，液态二氧化碳质量不小于240 g。

干粉灭火器使用时，先将其上下颠倒数次，使药粉松动，然后缓慢开启压气瓶，若出粉，可将开关全部打开；若不出，要立即关闭开关处理堵塞后才能继续使用。使用时，干粉灭火器喷嘴前方严禁有人站立，确保安全。喷射时喷嘴离火源的距离应根据不同的火灾、火势而定，油类火灾，距离可大些，因为太近时粉流速度太快，可能把燃油飞散，药粉不能附着在燃烧物的表面反而加剧燃烧；若煤、木材火灾，距离可小些，使高速粉流射入燃烧物内部，提高灭火效果。

2) 灭火手雷

灭火手雷内装硫酸铵药粉1 kg，灭火范围2. 5 m，普通体力可投掷10 m。使用时将护盖拧开，拉出火线，立即投向火源；操作者投掷后，立即隐蔽，以防弹片伤人。

3) 灭火炮

灭火炮以压缩空气为动力，将灭火炮远距离发送到火区，爆炸后撒开药粉而扑灭火灾。炮筒内径为106 mm，长620 mm，炮体总重量约30 kg。

灭火炮气包中的压缩空气到一定压力时，使0. 5 mm厚的钢纸片破裂，将炮弹发射到火区。使用时解开保险片，拉出拉火钩的半部并用保险片挡紧，然后塞入炮筒，使拉火钩头推入炮筒的拉火卡子中，拉火卡子将火帽拉着，炮弹到达火区即爆炸，使灭火药剂爆撒于火区进行灭火。

但灭火炮在矿井井下使用往往受到限制，因为井下空间小，直巷少；另外灭火炮使用时，炮弹飞行不稳，命中率低；同时对拉火雷管精度要求高，所以灭火炮很难在煤矿井下广泛使用。

上述灭火措施中较为常用的是采用干粉灭火器，因此平时应在重要地点设置一定数量的干粉灭火器。为防止药粉吸湿结块，灭火器喷嘴要用塑料布严密包扎好。灭火器应置于通风干燥的储存室，并有专人保管，每隔半年检查一次，如发现药粉结块，应立即倒出来烘、晒干，捣碎后继续使用。

3. 泡沫灭火

泡沫灭火可分为泡沫灭火器灭火和高倍数泡沫灭火两种。

泡沫灭火器是一种有内外瓶结构的仪器，内外瓶内分别装有酸性溶液和碱性溶液，使用时将其倒置，酸碱溶液相互混合起化学反应，生成大量充满二氧化碳的气泡并喷射出来，覆盖在燃烧物体上隔绝空气，气泡中放出的二氧化碳是一种无色、略有酸味的气体，不自燃、不助燃，进入火区后可抑制燃烧。

泡沫灭火器是一种简易的泡沫发生装置，发泡量较少，主要用于小范围的火灾。如果扑灭大范围的火灾，可用高倍数泡沫发生装置灭火。高倍数泡沫发生装置将高倍数起泡剂和压力水混合，在通风机的风流推动下而产生气液两相物质即高倍数泡沫，在泡沫充满巷道进入火区时，泡沫液膜上的水分蒸发吸收大量热量，起冷却降温作用。高倍数泡沫灭火成本低、水量损失小、速度快、效果明显，可在远距离火场的安全地点进行灭火。

4. 燃油惰气灭火

煤矿用燃油惰气泡沫发生装置采用惰气、高泡联合灭火技术。空气高泡能够隔绝降温、稀释氧含量，破泡后能释放出窒息性惰性气体，对火区起到惰化、窒息、阻爆灭火等多重功效，能够使残火不易复燃，灭火更加彻底，同时具有快速恢复工作的优点。

5. 挖除火源

挖除火源就是将已经发热或正在燃烧的可燃物挖掉，并运离火源点。这是一种扑灭火灾最为有效的方法，一般用于火灾初始阶段，燃烧物较少，火灾范围也比较小的火灾，特别适用于煤炭自燃火灾。但前提条件是火源位于人员可直接到达的地点，而且火源点附近无瓦斯积聚，无煤尘爆炸危险。

挖除火源时，如果现场温度较高，先用压力水喷浇，待火源冷却后再挖除；如仍有余火，应用水彻底浇灭，再运离火源点。

如果在挖除火源过程中，瓦斯浓度达到1%时，应立即送风冲淡瓦斯。送风应避免火势因送风而恢复活跃，否则应及时将人员撤出。因此在整个挖除过程中，必须有瓦检员在场经常检查瓦斯。

挖除火源工作由专职救护队完成。挖除火源的空间要用砂、石、黄土等不燃性材料填实封严。

五、掘进巷道火灾及处理方法

1. 掘进巷道火灾的特点

1）独头巷道火灾的特点

掘进独头巷道因其独特的通风条件，发生火灾时，与其他矿井火灾相比有以下特点：

（1）由于采用局部通风机供风，所以发生火灾时，可以有效控制向火区供氧。

（2）因巷道狭小，温度高、烟雾大，存在难以接近火源问题，同时对灭火人员的安全造成极大威胁。

（3）高温侵蚀下，巷道顶帮岩石、煤体容易垮落，威胁灭火人员安全。

（4）巷道内的瓦斯控制难度大，增加风量会导致火势增大，减小风量或停止供风会导致瓦斯积聚，发生瓦斯爆炸事故。

不同掘进独头巷道地点的火灾，其特点也不同。

2）掘进巷道迎头火灾的特点

（1）上山巷道和平巷火灾。一般在正常通风下，涌出的瓦斯随火焰燃烧，危险性不大；但停止供风的条件下，其爆炸性很大。

（2）下山巷道火灾。一般情况下涌出的瓦斯密度小，可随时由巷道排除，爆炸性很小。

3）掘进巷道中段火灾的特点

（1）易烧断风筒，破坏通风，导致火源以内的爆炸性气体聚集。

（2）救援中很难测定火源以内的瓦斯，更难掌握其变化。

（3）火灾导致冒顶，堵塞救援通道，破坏通风设施，引起爆炸事故。

（4）发生火灾后，工作面迎头人员不易脱险。

4）掘进巷道口发生火灾的特点

（1）火灾破坏正常通风，瓦斯聚集与引爆时间受巷道距离与瓦斯涌出速度制约。

（2）火灾接受热对流供给足够氧气，向进风侧蔓延并加大。

（3）火灾影响掘进巷道受供氧限制，只能有 20~30 m 范围。

2. 处理独头巷道火灾的方法

掘进独头巷道的火灾受通风条件的限制，进出只有一条路线，处理难度较大，具有不同程度的危险性和复杂性。当发生独头巷道火灾事故时，必须首先正确地判断事故的各方面情况，采取正确的处理方案，将火势控制并消灭掉。对独头巷道发生的火灾处理方法主要有以下几种：

1）直接灭火法

在火灾初期，当火灾发展不大时，采用此种方法。

（1）用水或小型灭火器直接扑灭掘进巷道火灾。该方法必须满足的条件是：火源明确，有足够人力、救援物资和水源，保证通风正常并有畅通的回风道，保持火区瓦斯浓度在 2% 以下。

（2）用沙土等掩埋火区，使火窒息而灭。

（3）挖除火源。此种方法只适用于由于巷道高冒而形成空洞导致煤炭自然发火的初期局部火灾。

2）隔绝灭火法

在直接灭火法对救灾人员产生威胁，或用直接灭火法不经济时，可对火区进行封闭。这种方法处理事故期限长，恢复生产慢。

3）综合灭火法

首先将火区进行临时封闭，当火区稳定后，在锁风条件下，进入灾区进行直接灭火，将火扑灭。这种方法安全可靠，缩短了火区处理时间，恢复生产快。

4）其他方法

（1）向火区灌水。这种方法主要用于下山独头巷道发生火灾的处理，向巷道中灌水，淹没火区。

（2）利用掘进巷道涌出的大量瓦斯，使火区缺氧熄灭。这种方法主要针对瓦斯涌出量大的独头巷道火灾。例如某高瓦斯矿井一翼采煤工作面的下风巷掘进头火灾，该巷已经施工 285 m，断面为 6 m^2，瓦斯涌出量为 3 m^3/min，着火后工人没有采取任何灭火措施就全部跑出来，风机没有停止。救护队达到时，巷道与回风上山交叉口处浓烟滚滚，温度达 35 ℃，侦察人员仅前进 20 m，不得不退出，已经无法直接灭火。救护队采取切断火区供风，使瓦斯浓度超过爆炸上限，等火区气体达到失爆条件，再进入火区灭火。5 个小时后瓦斯浓度达到 35%，温度达 60~70 ℃，失去爆炸性，掘进巷道已经燃烧 35 m，历时 7 天，迎头瓦斯浓度达 100%，温度降至 32 ℃，救护队再采取洒水冲洗巷道，排放瓦斯，恢复正常生产。

（3）对巷道高冒着火可以利用打钻到着火点上方，用水浇灭。

（4）利用压风管路、局部通风机向掘进独头巷道工作面注惰性气体，使火区窒息。

3. 不同灭火方法的注意事项

1）直接灭火法

（1）通风最重要。必须保持足够供风量，防止瓦斯超限。

（2）有足够的水源和灭火器材。

（3）设专人不间断监测瓦斯浓度及其变化，一旦瓦斯超过爆炸临界值，灭火人员必须立即撤出灾区。

（4）用水灭火时，不能将水流直接射入火源中心，应由火源外围逐步逼向火源中心，防止高温水蒸气伤人事故发生。

2）隔绝灭火法

（1）在封闭火区时，必须考虑巷道内的瓦斯聚集时间，防止在建造密闭墙时，发生爆炸事故，必要时可以先建造防爆墙或先建筑临时墙，再建筑密闭墙。

（2）必须快速封闭，在封闭过程中，不要急于停风，可以在最后封闭完成前再停风，防止因停风导致瓦斯上升，发生爆炸事故。

3）综合灭火法

在火区稳定、瓦斯达到无爆炸性时，才能锁风灭火。锁风是关键，如果使用不当，将会导致事故扩大。例如 1970 年 3 月 7 日，抚顺矿务局救护队在处理胜利煤矿火区时，先将火区封闭，当火区稳定后，执行第二步灭火任务，锁风打开密闭处理时，救护队打开密闭后没有封堵就进行侦查，没有将隐燃余火灭掉就带风接风筒恢复巷道通风，由于事先准备风筒不足，再耽搁了 3h，导致火区复燃，发生瓦斯爆炸，6 名队员当场死亡。

掘进巷道发生瓦斯燃烧事故，必须设专职人员加强瓦斯监测。

4. 处理不同地点火灾时的注意事项

1）掘进工作面迎头火灾处理

（1）平巷独头巷道迎头发生火灾，瓦斯浓度不超过 2% 时，可在通风的情况下采用直接灭火。注意在灭火时，可以控制供风量，在保证瓦斯不超限的条件下，减少供风量。灭火后，必须仔细清查阴燃火点，防止复燃引起爆炸。

（2）火灾发生在上山独头煤巷迎头，瓦斯浓度不超过 2% 时，灭火过程中要加强通风，加强瓦斯检查，排除瓦斯；如瓦斯浓度超过2%仍在继续上升，要立即把人员撤到安全地点，远距离进行封闭。

（3）火灾发生在下山独头煤巷迎头时，在通风情况下，瓦斯浓度不超过2%时，可直接灭火。

2）掘进工作面中段火灾处理

（1）火灾发生在平巷独头煤巷的中段时，灭火过程中必须注意火源以内的瓦斯，严禁用局部通风机风筒把已经聚集的瓦斯经过火点排出，如果情况不清应远距离封闭。

（2）如果火灾发生在上山或下山独头巷道的中段时，不要直接灭火，要在安全地点进行远距离封闭。

3）掘进巷道口火灾处理

掘进巷道口发生火灾时，形成富氧燃烧，一般不会发生爆炸；但当掘进工作面发生突出事故引起掘进口火灾时，瓦斯大量涌到巷道口，处理不当，有可能导致爆炸事故，因此应谨慎控制进风巷道的供风量，防止瓦斯爆炸事故发生。

学习活动2　工作前的准备

【学习目标】

通过阅读矿井采掘工程平面图、矿井通风系统图，能够分析和确定产生火灾的原因，编制灭火方案。

一、带式输送机着火

1. 火灾原因

带式输送机火灾发生的主要原因有驱动滚筒与皮带过度打滑、托辊不转、皮带跑偏与带式输送机摩擦、转换地点堆积物过多、皮带被堆积物压住造成超载。

2. 处理方法

安装皮带防滑装置，更换托辊、维修托辊、调整托辊及滚筒并校直机架，改善装载条件、加强维护，安装清扫器，改用阻燃皮带，应用皮带检测灭火装置。

二、MPZ-1型矿用带式输送机自动灭火装置

1. 组成

MPZ-1型矿用带式输送机自动灭火装置由电源、控制箱、供水压力传感器、电磁阀、温度传感器、手动阀、一氧化碳传感器、速差传感器、泡沫喷射灭火管路系统等组成。

2. 系统工作原理

压力传感器用于监视供水压力，当压力低于0.6 MPa时，传感器将有信号输出，在显示盘上有“PPPP”字样显示；一氧化碳传感器用于感知因胶带温度升高而产生的一氧化碳浓度；当滚筒与胶带速差超过3%、持续时间超过1 min时，速差传感器通过微机控制系统发出预警信号。当滚筒温度达到设定报警值或一氧化碳浓度达到或超过预警值时，发出预警信号但不停机，警告管理人员进行故障处理，同时显示盘上显示其预警值；一氧化碳、速差、温度三项中两者发出火灾信号，将立即发出火灾报警并自动喷水熄灭引燃火，

显示盘上则轮流显示两种报警数值。紫外线火焰探测器用于探测明火，在其检测范围内出现明火连续信号 3 s 后，即发出火灾报警，切断输送机电源并启动泡沫发射系统，喷射泡沫灭火。喷射泡沫时不喷水，当明火被扑灭后，自动停喷泡沫而转为喷水灭余火，水喷射 5 min 后自动停喷，声光报警信号必须人工解除。在喷水或者喷泡沫的过程中，可通过复位按钮使其终止喷射。喷射系统中还设有两道水幕，以隔断火源，整个系统由单片微机控制，可自动检测、数字显示。为保证执行器件始终保持正常状态，设有电磁阀试验按钮，可定期或不定期对电磁阀进行试验。该装置还设有手动控制机构，用于手动操作灭火。所有设定报警值和响应时间均可根据现场具体情况和要求进行选择调定。

矿用带式输送机自动灭火装置主要用于扑灭因打滑与滚筒摩擦造成的胶带着火。自动灭火装置的传感器安装在有潜在火源的位置，如带式输送机机头和机头与机尾衔接处，有效控制长度为 17 m。该装置也可用于井下有发火危险的机电硐室以及地面防灭火的场所。

学习活动3　现　场　施　工

【学习目标】

（1）掌握外因火灾的预防措施及灭火方法，能够确定火区火源位置。

（2）能正确操作灭火设备，如 MPZ-1 型矿用带式输送机自动防灭火装置。

【实训要求】

（1）分组完成实训任务。

（2）每组独立完成并提交工作页。

（3）安全文明作业，妥善使用和维护实训资料及工具。

【实训任务】

以 MPZ-1 型矿用带式输送机自动防灭火装置为例，介绍其现场工作原理。

当火灾探测器附近出现热气流、烟气流或机电设备表面高温等火情时，探测器发出火警信号并输送到主机，主机就地分路显示报警、指示火警部位，同时对电源控制箱和环境监测系统的井下分站传输火警信号。电源控制箱除为主机和探测器提供安全电源外，在接受主机输送的火警信号时，启动执行机构报警、断电并启动电磁阀进行洒水喷雾灭火，同时还启动电控干粉灭火弹灭火。主机的自检装置具有检查分路报警、系统故障及其他功能。

该系统可同时探测 10 路火情，探测距离可达 200 m，洒水长度不小于 16 m，灭火面积不小于 50 m^2。使用电控干粉灭火弹时，可同时引发 20 发，灭火面积不小于 40 m^2。该系统采用直径为 100 mm 的消防水管，为保证系统可靠，应定期对洒水装置中的电磁阀、控制阀进行功能试验，一是检查其功能，二是冲洗阀芯。喷头安装位置和喷洒角度应保证具有有效的灭火能力。电控干粉灭火弹应布设在易发火部位附近，同时应保证引发时有足够的抛洒空间，使干粉灭火剂灭火效果最佳。

MPZ-1 型矿用带式输送机自动防灭火装置适用于扑灭煤矿井下带式输送机、硐室及其他区段不同种类的外因火灾，具有自动报警、监视、灭火功能。

学习任务四　火 区 的 启 封

本学习任务是中级工和高级工均应掌握的知识和技能。

【学习目标】

（1）熟悉火区启封的条件。

（2）能叙述火区启封的方法。

【建议课时】

（1）中级工：2课时。

（2）高级工：4课时。

【工作情景描述】

某矿井下发生火灾事故后，采取了隔绝灭火法将火灾扑灭，通过瓦斯检查员检测，有毒、有害气体的含量控制在允许范围之内，已达到了启封火区的条件。

学习活动1　明 确 工 作 任 务

【学习目标】

（1）明确学习任务。

（2）查看瓦斯检查员对火区周围有毒、有害气体的检测结果。

（3）初步确定火区的启封方法。

【工作任务】

掌握火区熄灭条件与火区启封方法。

一、火区管理

火区封闭后，由于防火墙变形受损、密闭材料失效、密闭时质量不符合要求等原因，存在漏风现象，导致火区内的火不能很快彻底熄灭，因此火区密闭后火区内的火灾仍是一个很大的潜在威胁。此时应进一步采取措施，加强管理，使火区内的火尽快熄灭。同时要将火区安全启封，尽快恢复生产，特别要防止火区启封过程中因复燃而造成新的事故。

二、火区熄灭条件

《煤矿安全规程》规定，只有经取样化验证实火已熄灭后，方可启封或者注销。火区同时具备下列条件时，方可认为火区火已经熄灭。

（1）火区内的空气温度下降到30 ℃以下，或者与火灾发生前该区的日常空气温度相同。

（2）火区内空气中的氧气浓度降到5.0%以下。

（3）火区内空气中不含乙烯、乙炔，一氧化碳浓度在封闭期间内逐渐下降，并稳定在0.001%以下。

（4）火区的出水温度低于25 ℃，或者与火灾发生前该区的日常出水温度相同。

（5）上述4项指标持续稳定1个月以上。

由于所测得的火区内空气温度以及一氧化碳、氧气浓度并不能十分准确地反映着火带的燃烧，特别是阴燃状况，而着火带的阴燃状况在密闭墙外是难以了解的。所以《煤矿安全规程》规定的上述指标只是在实践可行的前提下火区启封作业的相对安全保障，在火区启封时，仍需制定相应的安全措施。

学习活动2　工作前的准备

【学习目标】

（1）明确火区启封条件和启封火区前的准备工作。

（2）手指口述火区启封准备。能够叙述火区启封的不同方法及其适用条件。

对火区取样化验分析，确定火区火已经熄灭，各项指标都符合《煤矿安全规程》规定的要求后，才能启封火区。启封火区前要做好下列准备工作。

（1）启封火区必须由专职救护队员来完成。

（2）启封火区前必须制定专门的安全措施。

（3）启封火区前必须准备好启封火区及重新封闭火区时所用的材料及工具。

（4）启封火区前必须制定组织工作计划，将责任落实到人，分工明确。

（5）必须组织负责施工的救护队员认真学习、讨论启封火区的专门措施，并制定相应的行动计划及安全措施。

（6）启封火区前应认真检查密闭墙附近各种气体含量及巷道支护情况，支护不合格时应重新加固。

（7）启封火区前必须将回风流所经过巷道内的人员全部撤出。

（8）启封火区前必须切断回风流侧的电源。

学习活动3　现场施工

【学习目标】

（1）能够叙述火区启封不同方法的适用条件。

（2）在模拟巷道中手指口述锁风启封法及通风启封法启封火区。

启封火区一般有两种方法，即锁风启封法及通风启封法。

【实训要求】

（1）分组完成实训任务。

（2）每组独立完成并提交工作页。

（3）安全文明作业，妥善使用和维护实训资料及工具。

一、锁风启封法

1. 适用条件

（1）火区范围较大。

（2）采取自封闭区的气体分析，发现仍有大量可燃气体。

（3）火区内的火没有完全熄灭，决定进入火区采用其他方法灭火时。

（4）难以确定火区内的火彻底熄灭时。

2. 施工方法

先在火区进风密闭墙外5~6 m处构筑一道带风门的临时密闭墙，形成一个过渡空间，在两道密闭墙之间备好足够的水砂石和木板等材料；然后，救护队员佩戴呼吸器进入两道密闭墙之间，将临时密闭墙的风门关好，形成一个不通风的封闭空间。这时救护队可将原来的密闭墙打开，进入火区探查，确定在一定范围内无火源后，再选择适当地点（一般可距原密闭墙100~150 m，条件允许时也可达到300 m）构筑新的密闭墙，新的密闭墙应带有风门。新的密闭墙建成后，可将原来的密闭打开，恢复通风，进行处理，恢复巷道。如此反复，一段一段地打开火区，逐步向火源逼近，最终将整个火区启封。

3. 注意事项

（1）锁风启封火区工程量大、耗时长、费用高，只有在无法采用通风启封法时才使用。

（2）在启封火区工作的整个过程中，都应定时采取气体化验，并测定气温；如发现异常情况，或有复燃征兆时，应加强防范。

（3）逐段启封时，应及时喷水降温，防止阴燃火复燃。

（4）救火队员进入火区时，必须确保火区一直处于封闭、隔绝状态，临时密闭墙的风门不能轻易打开。

（5）下一道密闭墙距前一道密闭墙的距离不宜太大，一般不超过150 m，若条件许可时可适当加大，但最大不应超过300 m。

（6）启封火区完成3 d内，必须由矿山救护队检查通风工作，并测定水温、气温及空气中各气体成分情况，证明火区完全熄灭，通风稳定后，方可转入恢复生产工作。

二、通风启封法

1. 适用条件

（1）火区范围不大。

（2）有十分把握确定火区内的火已经熄灭。

（3）火区附近通风系统可靠，风量充足，便于启封火区后及时通风。

2. 施工方法

首先用局部通风机风筒和风障等通风措施对密闭墙进行通风，同时确定排放火区内有害气体的最佳路线，并将此路线上及附近区域的人员撤出。先选择一个出风侧密闭墙，打开一个小孔进行观察，无异常情况后再逐步扩大，直至将其完全打开，经过一定时间后，再打开进风密闭墙。打开进、回风密闭墙后，应采取强风流向火区通风，以冲淡和稀释火区内积存的瓦斯。

3. 注意事项

（1）通风启封火区时，必须先启封回风侧的密闭墙，先打开一小孔，再逐渐扩大，严禁一次全部打开密闭。

（2）启封火区时，应将工作人员撤出，待1~2 h后，若未发生爆炸和其他异常情况，准备好直接灭火工具，选择一条距离最短、维护良好的巷道进入原发火地点，进行清理，喷水降温。

（3）通风启封火区过程中，应设专人经常检查火区气体浓度，发现异常情况及时处理。

模块四　矿井水害防治技术

矿井水害是指在矿山开发建设以及生产过程中，不同性质的水非正常涌入采掘空间，给矿山生产和建设带来不利影响甚至灾害的过程和结果。由于我国大部分矿井地质结构复杂，生产安全深受各种灾害侵扰，频发的突水事故严重威胁着矿井生产安全。矿井一旦发生水灾，轻则恶化生产环境，造成工作面接续紧张，破坏正常生产秩序，重则造成伤亡或淹井事故，造成国家资源和财产的损失。

最近几年来，随着开采条件的变化，各类水害事故发生次数及死亡人数呈上升趋势，水害已成为影响煤矿安全生产的重大不利因素。做好矿井防治水工作，是保证矿井安全生产的重要内容之一。

学习任务一　地下水基本知识

本学习任务是中级工和高级工均应掌握的知识和技能。

【学习目标】

（1）熟悉地下水的赋存特征。

（2）了解不同空隙的特征。

【建议课时】

2 课时。

【工作情景描述】

在煤矿生产过程中，矿井发生透水事故，必须明确地下水在岩石中的赋存特征和岩石空隙性质，这对掌握地下水的分布与运动条件具有十分重要意义。

自然界的各种岩石，不论是松散的岩石（如黏土、砂土、砾石等），或是坚硬岩石（未经强烈风化的岩浆岩、沉积岩、变质岩），都存在着大小不等、形状各异的空隙，这些空隙中常含有重力水，空隙的大小、多少、连通充填程度及其分布规律直接支配着地下水的埋藏和运动。

根据成因和结构不同，空隙可分为松散沉积物中的孔隙、坚硬岩石的裂隙和可溶岩的岩溶 3 类，如图 4-1 所示。

一、孔隙

松散的或未完全胶结的沉积岩中，岩石颗粒与颗粒之间存在的空隙称为孔隙。

松散岩石是由许多大小不同的颗粒组成的，一般来说，由较大颗粒组成的岩石具有较大的孔隙，但其孔隙数量较少；由较小颗粒组成的岩石具有较小的孔隙，但孔隙数量较多。

孔隙的大小对地下水的赋存和运动有很大影响，孔隙越大，赋存的重力水越多，地下水运动越畅通。

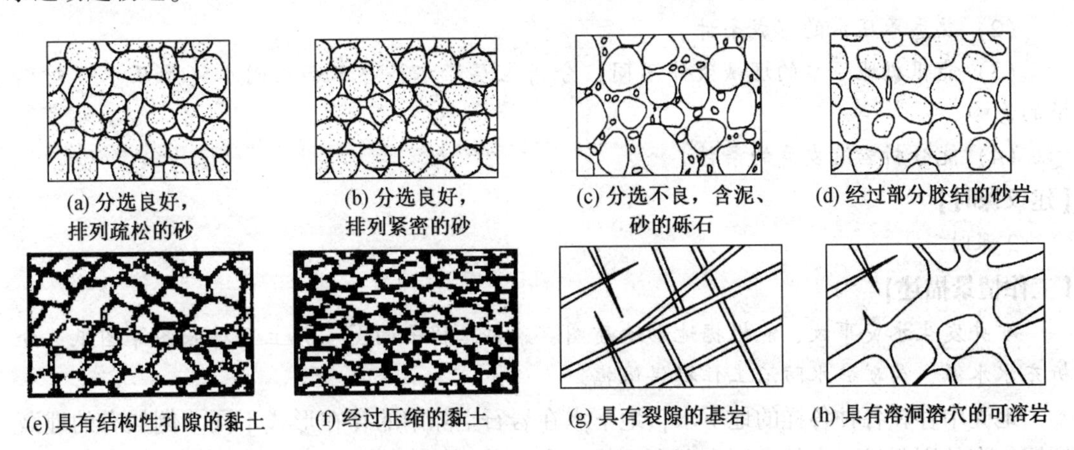

图 4-1 岩石空隙

二、裂隙

裂隙是指固结的坚硬岩石（沉积岩、岩浆岩和变质岩）在各种应力（内力、外力）作用下破裂变形而产生的裂缝。根据成因不同，裂隙可分为风化裂隙、构造裂隙和成岩裂隙。

成岩裂隙是岩石形成过程中由于冷凝、压实脱水等原因引起岩石体积收缩所产生的裂隙。此类裂隙分布均匀，连通性好，具有良好的含水和导水性能。如沉积物在其压密、脱水干裂过程中形成的裂隙，喷发岩的成岩裂隙。

构造裂隙是指在坚硬岩石形成后，由于构造变动受力产生构造断裂而形成的裂隙。这种裂隙一般延伸较大，可出现在任何一种岩石中，是基岩区地下水赋存的主要空间。如断层、节理。

风化裂隙是岩石在物理风化作用下所形成的各种裂隙。岩石在受风化后，一方面岩石中原有的裂隙扩大变宽；另一方面，沿着岩石的脆弱面还产生新的裂隙。

岩石的裂隙越发育，岩石的透水性越好，越有利于地下水的储存和运动。

三、岩溶（喀斯特）

岩溶是碳酸岩、石膏、岩盐等可溶岩石在地表水和地下水长期溶蚀作用下形成的各种洞穴。如石芽、石沟、石林、峰林、落水洞、漏斗、喀斯特洼地、溶洞、地下河等。岩溶的洞穴越大，储存地下水的空间就越大。

学习任务二　地下水的类型

本学习任务是中级工和高级工均应掌握的知识和技能。

【学习目标】

（1）掌握上层滞水、潜水、承压水的特征。

（2）熟悉承压水的形成条件。

（3）能根据地下水的埋藏条件不同，分析上层滞水、潜水和层间水（承压水）对环境的影响。

（4）能分析岩溶发育的条件。

【建议课时】

2课时。

【工作情景描述】

矿井发生水灾事故，能根据地形地质图、采掘工程平面图、井上下对照图等图纸，分析充水水源，为矿井水防治工作提供依据。

地壳中存在各种各样的地下水，地下水在岩石空隙中的存在形式不同。例如有的埋藏较深，有的则很浅；有的岩石内所含水量丰富，有的却干枯无水。

一、按埋藏条件分类

根据地下水的埋藏条件不同，分为上层滞水、潜水和层间水（承压水）3种类型。

1. 上层滞水

上层滞水是埋藏在离地表不深，包气带中局部隔水层之上的重力水。上层滞水一般分布不广，呈季节性变化，雨季出现，干旱季节消失。其动态变化与气候、水文因素的变化密切相关。由于上层滞水距地表近，直接受降水补给，补给区与分布区一致，水量不稳定，易受污染，水质较差。

2. 潜水

潜水是埋藏在地表以下、第一个稳定隔水层以上，具有自由水面的重力水（图4-2）。潜水一般埋藏在第四纪松散沉积物的孔隙水中，在潜水面上部一般没有稳定的隔水层存在，由大气降水、地表水、灌溉漏水等经过包气带直接渗入补给潜水。由于潜水位受气候影响时有变化，潜水的埋藏深度及含水层厚度也随之变化。雨季降水充沛，潜水获得补给量较大，含水层厚度加大，埋藏深度较小；旱季则相反。潜水面的形状与地形有密切的关系，随当地地形的起伏而变化，地形高的地方，潜水位也高；地面坡度越大，潜水面坡度也越大。

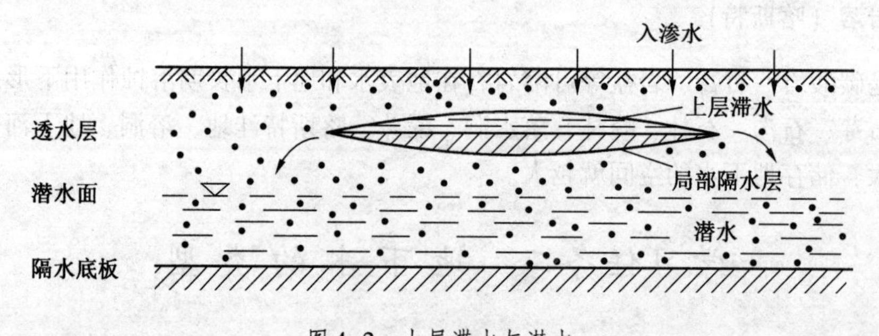

图4-2　上层滞水与潜水

3. 承压水（层间水）

承压水是埋藏并充满两个稳定隔水层之间含水层中的重力水（图 4-3）。这一含水层不仅具有不透水的底板，还具有不透水的顶板。层间水的主要来源是大气降水、地表水或潜水的补给。补给区与分布区不一致，受大气降水的影响较小，不易受到污染。当地形适宜时，钻孔打到含水层后，水即自行流出地表。承压水的形成决定于地质构造和岩层的空隙性质，各种空隙的含水层在适宜的地质构造条件下都可形成承压水，最适宜形成承压水的是向斜构造和单斜构造。

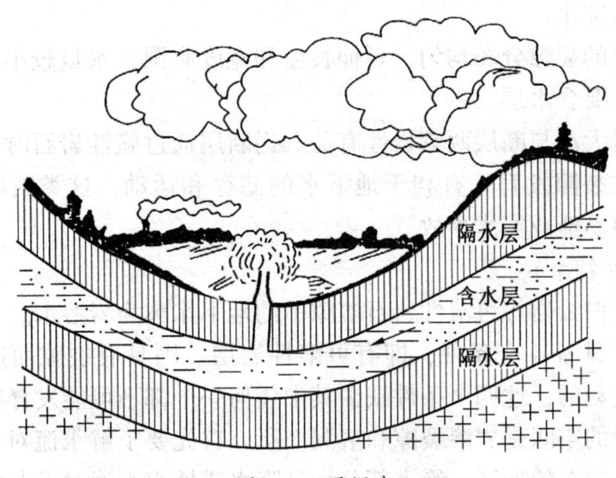

图 4-3　承压水

在 3 种类型的地下水中，上层滞水对煤矿安全生产影响极小，而潜水和承压水对某些矿井则影响较大。

二、按岩石空隙性质分类

1. 孔隙水

孔隙水是指存在于疏松岩土孔隙中的地下水，一般分布在第四系松散沉积物中。孔隙水的存在条件和特征取决于岩石孔隙的发育情况，如果松散沉积物的颗粒大而均匀，则孔隙大、透水性好、水量多、运动快、水质好；相反，如果颗粒大小不等且相互混杂，或者颗粒很细，则沉积物的孔隙小、透水性差、水量少、地下水运动慢、水质差。

孔隙水对采矿的影响主要取决于孔隙含水层的厚度、岩石颗粒大小及其与矿层的相互关系。一般来说，岩石颗粒大而均匀，地下水运动快、水量大，在建井时需要加大排水能力才能穿过；而颗粒细小又均匀的砂层，容易形成流沙，如果处理不当，可能造成井筒报废。

2. 裂隙水

裂隙水是饱含在岩石裂隙中的地下水。裂隙性质和发育程度的不同，决定了裂隙水的不同赋存情况。

裂隙的成因较多，如风化裂隙、成岩裂隙与构造裂隙等。在各种成因的裂隙中，以构造裂隙对煤矿生产影响为大，构造裂隙是指岩石经受构造变动后所产生的裂缝。若岩石被不同方向的裂隙切割，裂隙之间彼此沟通，则岩石就具有良好的透水性。当构造裂隙发育的岩层被新的沉积物覆盖并有水源补给时，就可形成裂隙承压水含水层。

构造裂隙含水层中水量的大小，主要取决于含水层的岩性、裂隙发育程度及其补给条件。一般脆性岩石（如砂岩）经构造变动容易形成较多的裂隙，而质软并带有柔性的岩石（如泥岩、页岩）则裂隙极少。所以，当矿区含煤地层中砂岩与页岩相间分布时，砂岩常常成为裂隙含水层，而页岩则为隔水层。处于不同构造部位的含水层，其裂隙发育程度有较大差异。如岩层发生挠曲的部位、褶曲的转折端、断裂带等部位，构造裂隙往往非常发育，并含有较多的裂隙水。

砂岩裂隙含水层的裂隙分布均匀，延伸长度和宽度有限，水量较小，对采矿的影响较小，往往不会构成主要含水层。

断层裂隙水水量大小与断层两盘岩性有关。当断层通过脆性岩石时，常在破碎带内形成断层角砾岩，往往裂隙发育，有利于地下水的储存和运动，这类断层若与强含水层连通，巷道一旦揭露容易造成突水事故。

3. 岩溶水（喀斯特水）

埋藏在石灰岩、白云岩等可溶性岩石溶隙中的地下水称为岩溶水。

岩溶的发育必须具备 4 个条件，即有可溶性岩层、因具有裂隙而透水、水具有可溶性、水在岩层中是流动的，这四个条件缺少其中任何一个都不可能发育成溶洞。

由于岩溶水聚集的空间是岩溶裂隙和溶洞，所以首先要了解水流对可溶性岩石的溶蚀作用。在可溶性岩石分布的地区，绝大部分大气降水或地表水通过石灰岩的裂隙、溶沟很快渗入地下，在南方有些岩溶发育地区，其渗入量可占大气降水的 80% 以上，经长时间作用，水就能将裂缝溶解成为空洞，并不断扩大。如果这些裂缝是直立的，水就可沿着直立方向向下溶蚀，长期作用便形成许多奇异的石林和石峰等（图 4-4）；还有一些裂隙弯曲深入到石灰岩内部，地下水渗入后不断溶蚀，从而形成形态各异的溶穴，这些洞穴称为溶洞，溶洞中的地下水称为岩溶水。在厚层石灰岩中，当溶洞水相互沟通时，有的则形成地下暗河。

图 4-4　岩溶地貌

岩溶水的特点是：水量大，运动快，在垂直和水平方向上都分布不均匀；喀斯特溶洞、溶隙较其他岩石中的孔隙、裂隙要大得多，降水易渗入，喀斯特水埋藏很深，在高峻的喀斯特山区常缺少地下水露头，造成缺水现象。

岩溶水的水量大、水质好，可作为大型供水水源，但岩溶水会对采矿构成严重威胁，如我国华北地区的奥陶纪石灰岩水多是造成煤矿矿井重大水患的水源。

学习任务三　含水层与隔水层

本学习任务是中级工和高级工均应掌握的知识和技能。

【学习目标】

(1) 熟悉含水层的构成条件。

(2) 了解常见的隔水岩层和含水岩层。

【建议课时】

2 课时。

【工作情景描述】

自然界中的地下水主要赋存在岩石的空隙中，由于岩石中的孔隙、裂隙、溶隙发育程度不同，其透水程度也不相同，有些空隙含水量大、有些空隙含水量小、有些空隙甚至不含水，所以在研究含水层和隔水层时，必须分析岩石的含水性。

学习活动1　明确工作任务

【学习目标】

(1) 熟悉含水层与隔水层的概念。

(2) 了解常见的含水岩层和隔水岩层。

【工作任务】

加深对含水层和隔水层概念的理解，能在矿井水文地质图中分清含水层和隔水层。

一、含水层

1. 含水层的概念

既含地下水又透水的岩层称为含水层。在一些砂土层或岩层中，存在很多空隙（裂隙、孔隙、溶隙）成为地下水聚集的场所，如石灰岩、砂岩、砾岩等。

2. 含水层的构成条件

(1) 岩层具有储存地下水的空间。岩层中要有储存地下水的孔隙（孔隙、裂隙、溶隙），并且具有良好的透水性。

(2) 具备储存地下水的地质构造。一个含水层的形成必须要有透水层和不透水层组合在一起，才能形成含水的地质结构。

(3) 具有充足的补给水源。如果水源补给充足，就能在透水层内储存充足的水量。隔水层和含水层构成如图 4-5 所示。

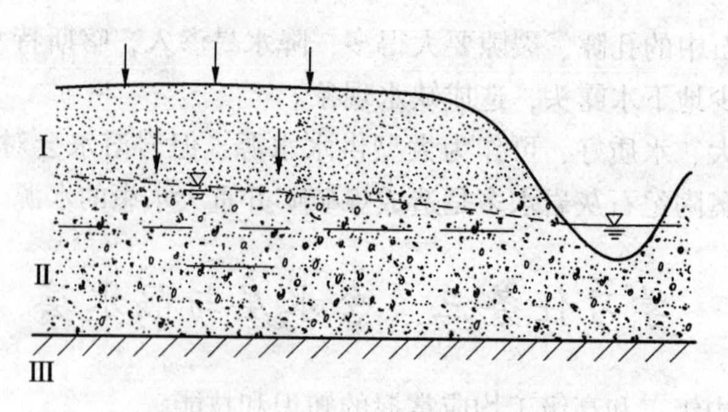

Ⅰ—透水层；Ⅱ—含水层；Ⅲ—隔水层

图 4-5　隔水层和含水层构成示意图

二、隔水层

隔水层是指既不能给出又不能透过水或只能给出与透过极少量水的岩层。一般把透水性差、含水很少的岩层称为隔水层，如黏土、重亚黏土、粉砂岩以及致密完整的页岩、泥岩等。

学习活动 2　工作前的准备

【学习目标】

熟悉岩石的含水性和隔水性。

【工具和材料准备】

量杯（底部有小孔）、砂子、黏土、水、盛水容器。

学习活动 3　现　场　施　工

【学习目标】

（1）通过实际操作，掌握岩石的含水性和隔水性。

（2）通过操作，掌握实训安全注意事项。

【实训要求】

（1）分组完成实训任务。

（2）每组独立完成并提交工作页。

（3）安全文明作业，妥善使用和维护实训资料及工具。

【实训任务】

通过观察砂子、黏土的导水性，分析岩石的含水性和隔水性。

实训步骤如下：

（1）将量杯进行编号，如 1 号、2 号。

（2）在 1 号量杯中放入适量的粗砂，在 2 号量杯中放入适量的黏土。

（3）将量杯放入各自盛水容器中。

（4）分别向两个量杯中同时倒入等量水，直至其中一个容器底部有水流出。

（5）观察哪一个容器先流出水。

（6）记录现象，分析砂子与黏土哪一种物质导水性强，并说明原因。

（7）清理现场。

学习任务四　矿井充水条件

本学习任务是中级工和高级工均应掌握的知识和技能。

【学习目标】

（1）掌握矿井充水条件。

（2）熟知充水水源、充水通道的种类。

【建议课时】

2课时。

【工作情景描述】

矿井发生水灾事故，从发生水灾事故的条件进行分析，找出发生事故的原因，为科学处理事故提供决策依据。

学习活动1　明确工作任务

【学习目标】

（1）熟知矿井充水的条件。

（2）熟知矿井充水水源和充水通道。

【工作任务】

加深对矿井充水条件的理解，矿井发生水灾时，能够分析充水水源和充水通道，为水害的防治工作打好基础。

在矿井建设和生产过程中，地表水和地下水通过各种通道涌入矿井，当涌水超过矿井正常排水能力时，就会造成矿井水灾。发生矿井充水必须具备矿井充水水源和矿井充水通道，这两个条件必须同时具备，否则不可能发生透水事故。

一、矿井充水水源

矿井充水水源主要包括大气降水、地表水、地下水和老空积水。

1. 大气降水

大气降水就是从天空的云中降落到地面上的液态水或固态水，如雨、雪、雹等。大气降水是地下水的主要补给来源，往往也是矿井充水的主要水源。大气降水的渗入量与该地区的气候、地形、岩石性质、地质构造等因素有关。

2. 地表水

地表水指地球表面上的江、河流、湖泊、水库、池塘等水体。在某种情况下，这些水会流入矿坑成为矿井充水水源。

地表水渗（流）入井下大致有以下3种方式：通过塌陷裂缝渗（流）入，通过构造破碎带或古井直接溃入（图 4-6），通过低洼的井口直接灌入（图 4-7）。

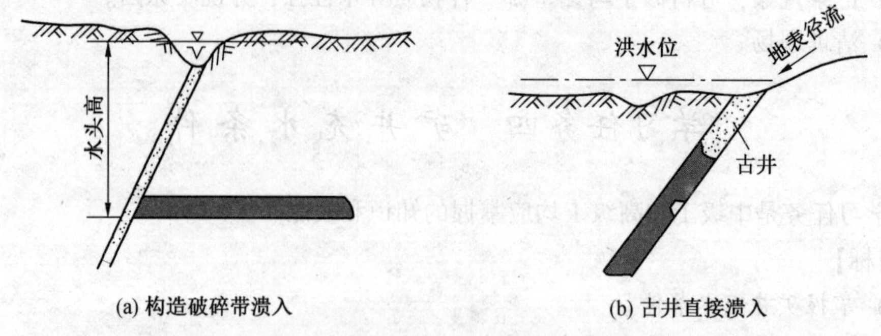

图 4-6　构造破碎带或古井直接溃入

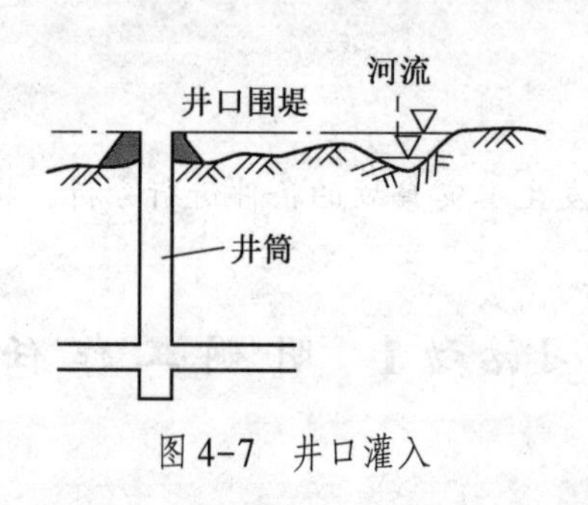

图 4-7　井口灌入

一般来说，矿体距地表水体越近受其影响越大，充水越严重，矿井涌水量也越大。若矿坑充水水源为常年有水的地表水时，则水体越大，矿坑涌水量也越大，淹井时就不容易恢复。而季节性水体为充水水源时，对矿坑涌水量的影响程度则随季节性变化。不适当的开采方法，也会造成人为裂隙，沟通地表水渗入井下，引发透水事故。

3. 地下水

煤层本身通常含有极少量的水，围岩往往具有大小不等、性质不同的含水空隙（孔隙、裂隙、岩溶），当含水空隙有通道与采掘空间连通时，会成为井下涌水的水源。

地下水往往是矿井充水最直接、最常见的水源。涌水量的大小及其变化取决于围岩的富水性和补给条件，流入矿井的地下水通常包括静储量和动储量两部分。在矿井开采初期或水源补给不充沛的情况下，地下水以静储量为主；随着矿井开采进行，采掘范围不断扩大及长期排水，静储量会逐渐减少，动储量就相对增大。

4. 老空积水

老空积水是指煤层开采结束后，封存在采空区、老窑和已经报废井巷等采矿空间而集聚的地下水。老空积水一般呈酸性，有害气体含量高，水量集中，多以静储量为主。当井下采掘工作面揭露老空积水突然溃出，短时间内即可有大量积水涌入矿井，具有很大的冲击力和破坏力，对矿井安全危害极大，在矿井排水能力较小的情况下，容易造成淹井。当老空积水与其他水源无联系时，易于疏干；若与其他水源有联系，可能造成大量稳定的涌水，危害性极大。所以，当井田范围内有古井、老窑时，要特别注意开采安全。

二、矿井充水通道

矿井充水通道是指连接充水水源与矿井之间的流水通道。它是矿井充水因素中最关键、也是最难以准确认识的因素，大多数矿井突水事故的发生是由于对矿井充水通道认识不清导致的。

矿井涌水通道分为天然充水通道和人为充水通道。

1. 天然充水通道

天然充水通道主要包括岩溶陷落柱、断层破碎带、构造裂隙等。

1）岩溶陷落柱

岩溶陷落柱是指埋藏在煤系地层下部的巨厚可溶碳酸岩盐在地下水长期的溶蚀作用下，形成大量的巨大的岩溶空洞，空洞在上覆岩层的重力作用下发生溃塌、沉陷，并被破碎的岩块所充填，沟通了地表水或地下水，造成井下涌水或突水。由于陷落柱具有隐蔽性和难以探知性，决定了陷落柱突水的突发性和难以防范性。岩溶陷落柱如图 4-8 所示。

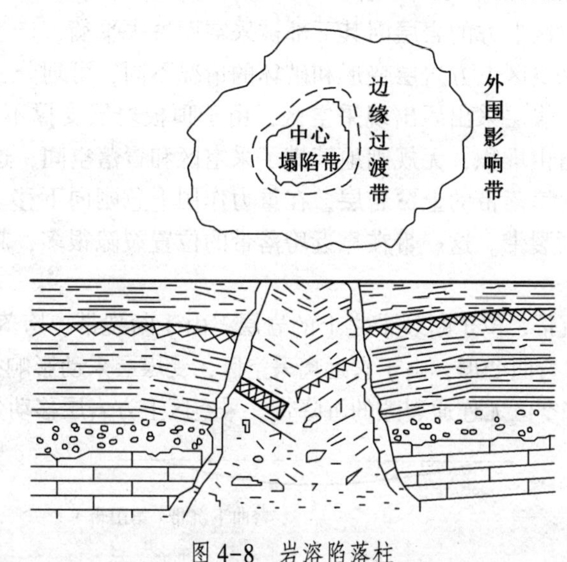

图 4-8　岩溶陷落柱

2）断层破碎带

由断裂构造形成的断层破碎带，往往具有较好的透水性，能够形成矿井充水的良好通道。断层破碎带往往可使地下多个含水层间相互沟通，甚至与地表水发生联系，当井巷接近或触及时，地下水就会涌入矿井，造成水害事故。断层破碎带如图 4-9 所示。

3）构造裂隙

构造裂隙是固结岩石在构造应力作用下形成的裂隙，是最为常见的一种裂隙。由于构造裂隙造成岩石破碎，透水性增大，常成为地下水流的通道。一般张性和张扭性裂隙，未被充填或充填程度不高，则导水通道畅通；压性及压扭性裂隙，一般导水通道狭小，导水性差。

2. 人为充水通道

人为充水通道主要包括顶板垮落断裂带、煤层底板隔水层遭到破坏、地面岩溶疏干塌

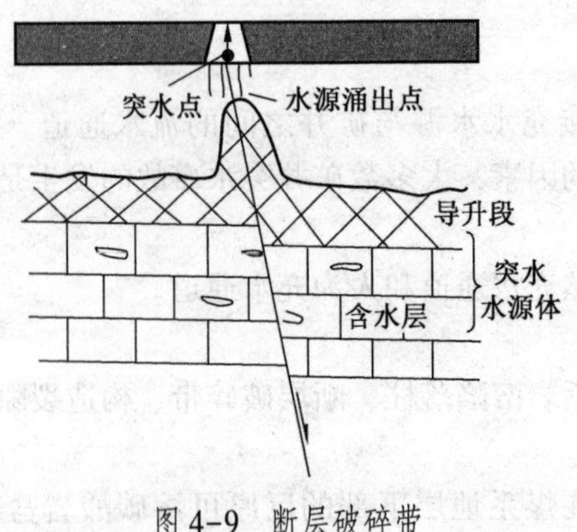

图 4-9　断层破碎带

陷带和封闭不良的钻孔等。

1）顶板垮落断裂带

煤层开采后，采空区上方的岩层因其下部被采空而失去平衡，产生塌陷裂隙。在缓倾斜煤层的矿井，根据采空区上方岩层变形和破坏的情况不同，可划分三带。

第Ⅰ带：垮落带。煤层采出后出现采空区，由于顶板岩层支撑不住而遭到破坏垮落，冒落下来的岩石碎块自由堆积，无规则地填满了采空区和冒落空间，这就形成了垮落带。

第Ⅱ带：断裂带。垮落带的上覆岩层，在重力作用下急剧向下移动，产生较大的层间滑动与断裂，而形成断裂带。这一带在靠近垮落带的位置裂隙很多，越向上则裂隙越少以至消失。

第Ⅲ带：弯曲下沉带。位于断裂带之上的岩层，由于断裂带、垮落带的岩层向下移动，从而导致上方岩层发生弯曲变形，由于它远离采空区，受煤层采动影响很小，从整体看岩层未遭到破坏，形成与采空区无连通裂隙的沉降带。采空区上方岩层移动分带如图 4-10 所示。

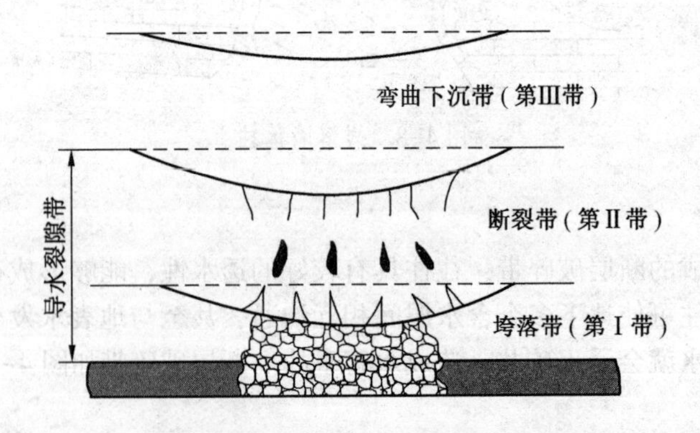

图 4-10　采空区上方岩层移动分带

从矿井水灾角度来看，采空区上方三带的分布，决定了矿井充水条件。其中垮落带（第Ⅰ带）和断裂带（第Ⅱ带）与地表水和地下水源沟通时，都能成为涌水通道。弯曲下沉带（第Ⅲ带）则保持原有性能，如果这一带是黏土岩，沉降弯曲后仍为良好的隔水层；如果是厚度不大的脆性砂岩层，沉降弯曲后则有轻微的透水现象。

采空区冒落后，形成的垮落带和导水裂隙带是矿坑充水的人为通道，其特点是：

（1）当垮落断裂带发育高度达到顶板充水岩层时，矿坑涌水量将显著增加；当其发育高度未能达到顶板充水岩层时，矿坑涌水无明显变化。

（2）当顶板垮落断裂带发育高度达到地表水体时，矿井涌水量将迅猛增加，同时伴有井下涌砂现象。

2）煤层底板隔水层遭到破坏

当煤层底板以下埋藏有高压含水层时，如果煤层底板至含水层顶面之间因隔水层破坏，或受采煤扰动破坏，就会引起突水。底板隔水层在开采条件下的三带分布如图 4-11 所示。

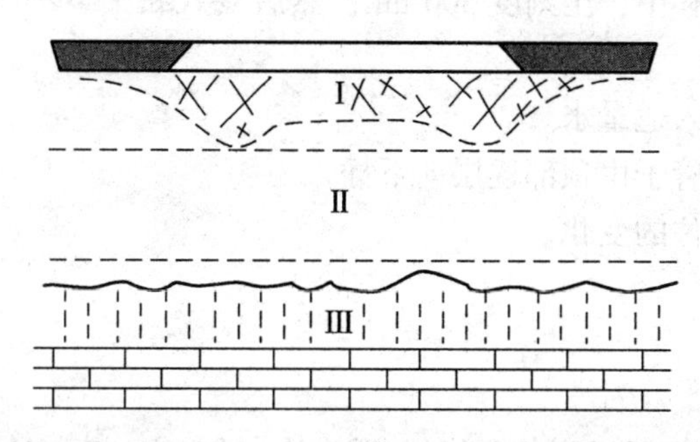

Ⅰ—矿压破坏带；Ⅱ—完整隔水带；Ⅲ—原始导升带

图 4-11 底板隔水层在开采条件下的三带分布示意图

3）地面岩溶疏干塌陷带

我国岩溶充水矿区在矿井大规模排水后，地表产生岩溶塌陷。地表水和大气降水通过岩溶塌陷通道涌入矿井，随着塌陷面积的增大，有时还有大量砂砾石和泥沙与水一起涌入矿井。

4）封闭不良的钻孔

在煤田地质勘探阶段施工的部分钻孔，由于没有按施工要求封闭钻孔，沟通了煤层与含水层，变成了人为导水通道。导通含水层将导致采矿环境遭受破坏，使矿井水文地质条件恶化，影响矿井生产安全，同时将增加额外排水量，提高生产成本。

学习活动2 工作前的准备

【学习目标】

（1）能根据实训课题选择所用工具。

（2）掌握工具的用法。

【工具与材料】

量杯（底部有眼）、粗砂、黏土、煤粉、水、花管。

学习活动3 现 场 施 工

【学习目标】

（1）通过实际操作，观察不同岩石和钻孔的透水性。

(2) 通过操作，掌握实训安全注意事项。

【实训要求】

(1) 分组完成实训任务。

(2) 每组独立完成并提交工作页。

(3) 安全文明作业，妥善使用和维护实训资料及工具。

【实训任务】

了解矿井发生透水事故的导水通道。

实训步骤如下：

(1) 将煤粉装入量杯中，至刻度 300 mL；然后装入黏土至刻度 600 mL，再装入砂子至刻度 900 mL。

(2) 从砂子上部倒入适量水。

(3) 将带有花眼的管子由顶部逐层向下插入。

(4) 观察容器中水位的变化。

(5) 记录现象。

(6) 清理现场。

学习任务五　矿井透水事故

本学习任务是中级工和高级工均应掌握的知识和技能。

【学习目标】

(1) 熟悉矿井透水预兆。

(2) 了解发生透水时应采取的措施。

【建议课时】

2 课时。

【工作情景描述】

矿井发生透水事故，现场作业人员应能够识别透水预兆，明确应采取的措施，能够进行自救与互救。

学习活动 1　明确工作任务

【学习目标】

(1) 熟知矿井透水预兆。

(2) 熟知矿井透水的避灾措施。

【工作任务】

能够识别透水预兆，发现透水预兆时，明确应采取的措施。

一、透水预兆及应对措施

矿井发生透水前，一般来说有以下异常的表现和预兆。

1. 一般预兆

（1）煤壁“挂汗”。积水区的水通过煤岩裂隙而在采掘工作面的煤（岩）壁上聚结成许多水珠的现象叫挂汗。煤壁挂汗与煤自燃时的“挂汗”现象不同，煤自燃时的“挂汗”是因为井下的空气分子遇到低温的煤壁时聚结成水珠，透水预兆中“挂汗”多呈尖形水珠。区别真假“挂汗”时可以剥离一层煤壁面，仔细观察新暴露的煤壁面上是否潮湿，若潮湿则是真的“挂汗”，为透水预兆；若干燥则是煤炭自燃的预兆。

（2）煤壁“挂红”。因老空区积水中含有铁的氧化物，使水色变得暗红，积水通过煤岩裂隙渗到采掘工作面的煤岩表面时，会呈现暗红色水锈，这种现象叫“挂红”。煤壁挂红是老空水透水的主要特点。

（3）煤层发潮、发暗。干燥、光亮的煤层由于水的渗入，就变得潮湿、暗淡。当挖去表面一层，里面仍然潮湿、暗淡，说明附近有积水。

（4）空气变冷，煤壁发凉。采掘工作面接近积水区域时，空气温度会下降，煤壁发凉，人员进入工作面会有凉爽、阴冷的感觉，而且时间越长感觉会越明显。

（5）出现雾气。含煤（岩）层温度较低，当温度较高的风流经过时，从煤壁渗出的积水与工作面风流产生冷热交换被蒸发而形成雾气。

（6）发出水叫声。含水层或积水区内的高压水向煤壁裂隙挤压时，与两壁摩擦会发出“嘶嘶”声，说明采掘工作面距积水区或水源距离不远，透水即将发生，这是透水的危险征兆。

（7）淋水加大，顶板来压，底板鼓起或产生裂隙并出现渗水，这是因为积水区静水压力和矿山压力的共同作用而形成的。

（8）出现压力水流（或称水线）。若出水浑浊，说明已接近水源；若出水清净则说明离水源尚远；已出现压力水流，说明离水源很近。

（9）工作面有害气体增加。一般积水区常常有瓦斯、一氧化碳、硫化氢等有害气体，发生透水时，这些有害气体会随着水进入到工作面。

2. 不同水源透水预兆的特点

1）老空水

老空水是采空区、老窑和已经报废井巷积水的总称。老空水积存于生产开拓水平以上，一般积水时间较长，水量较大，溶解的杂质及有害气体较多，水质较差，呈静储量水，一般称为“死水”。老空水一旦揭露，易突然溃出，且涌水量较大，往往以“有压管道流”的形式突然溃出；有铁锈色水迹，水的酸度大，水味发涩，有臭鸡蛋味，两手间摩擦有发滑感觉。老空水具有很大的冲击力和破坏力，对人身安全危害极大，对井下轨道、金属支架等金属设备有强烈的腐蚀作用，排水能力较小的矿井，还容易造成淹井。

2）断层水

在断层附近岩层较为破碎，补给比较充足，多为“活水”。断层水的特点是来势凶猛，涌水量大，很少见“挂红”，水味不涩而发甜。在岩巷中遇到断层水时，可能在岩缝中见到“游泥”，或在底部出现射流，此时水呈黄色等。

3）冲击层水

一般冲积层中含有较多的水量，当在浅部开凿井筒时或在采煤工作面顶板冒落后，裂隙沟通冲积层，会遇到冲积层水。冲击层水特点是开始时一般涌水量小，水色发黄，时清时混，夹有沙子，随后涌水量逐渐增大。

3. 采掘工作面出现透水预兆时应采取的措施

《煤矿安全规程》第二百八十八条规定：采掘工作面或者其他地点发现有煤层变湿、挂红、挂汗、空气变冷、出现雾气、水叫、顶板来压、片帮、淋水加大、底板鼓起或者裂隙渗水、钻孔喷水、煤壁溃水、水色发浑、有臭味等透水征兆时，应当立即停止作业，撤出所有受水患威胁地点的人员，报告矿调度室，并发出警报。在原因未查清、隐患未排除之前，不得进行任何采掘活动。

二、矿井透水的避灾措施

1. 矿井发生水灾事故时应采取的措施

（1）矿领导接到透水报告后，应按事先编制的应急方案迅速组织抢救，立即通知矿山救护队，同时根据透水地点和可能波及的地区，通知有关人员撤离危险区。

（2）通知泵房人员，将水仓水位降到最低程度，以争取较长时间组织抢救。

（3）水文地质人员应分析判断突水来源和最大突水量，测量涌水量及变化，查看水井及地表水体的水位变化，判断突水量的变化趋势，采取必要的措施防止淹没整个矿井。

（4）在查清人员已经从突水地点撤离的情况下，关闭采区防水闸门，待人员撤至井底车场后再关闭井底车场的防水闸门，以保护水泵房。

（5）如系老空区积水涌出，为防止有害气体威胁未被水淹地区，应保证正常通风，迅速排出有害气体。

（6）透水后，井下排水设备全部启动，并做好排水系统的维护与检查，使其始终处于良好状态，发现问题及时处理。

2. 透水后现场人员撤退时的注意事项

（1）撤退前，应设法将撤退行动目的地通知矿调度室，并迅速撤退到透水点以上水平，尽量避免进入突水附近及透水点下方的独头巷道。

（2）行进中，应靠近巷道的帮侧，抓牢支架或电缆等固定物体，防止被水冲倒及被水中滚动的矸石和木料撞伤。

（3）如透水破坏了巷道中的照明和路标，迷失行进方向，遇险人员应朝着有风流通过的上山巷道方向撤退。在撤退的沿途和巷道交叉处，留有明显标记，以便营救人员追踪营救。

（4）当撤退到竖井，需从梯子间爬上去时，应抓牢扶手，遵守秩序，禁止慌乱和争抢。

（5）如唯一的出口被水封堵而无法撤退时，到独头工作面躲避，等待营救。严禁盲目潜水逃生等冒险行为。

3. 透水后被困时的避灾措施

（1）当现场人员被水围困无法撤退时，应迅速进入预先砌筑好的硐室中，或选择合适地点建造临时避难所，在迫不得已的情况下，可爬到巷道中的高冒空间待救。如是老空透水，则应在避难硐室处建造挡墙或吊挂风帘，防止有毒有害气体侵袭。

（2）在避灾期间，要保持乐观的精神状态，互相鼓励，切忌急躁，在避灾中尽量减小体力消耗。

（3）避灾中，可用敲击的方法有规律、间断地发出求救信号。

（4）节约使用矿灯，在等待救援时，一盏矿灯照明，其余应关闭。在饥饿难忍情况下，要尽量克制，不要嚼食杂物充饥，更不可食用腐烂变质食物。

学习活动2　工作前的准备

【学习目标】

了解采掘工程平面图和矿井避灾路线图。

【相关资料】

（1）采掘工程平面图。

（2）矿井避灾路线图。

一、采掘工程平面图

（1）看清图名、坐标、指北方向和比例尺。

（2）识读全矿井巷道和硐室布置及采掘情况。首先找到井口位置，再按从井口到井底车场，经主要石门、主要运输大巷到采区的顺序，对全矿井各主要巷道和硐室的空间位置及相互关系建立一个整体和系统的空间概念；然后再按采区的划分，分采区了解每个采区的煤层产状和地质构造等；最后了解回采巷道的布置情况、通风系统、运输系统、采煤和掘进工作面的进度等。

二、矿井避灾路线图

井工开采的煤矿，井下自然条件复杂，矿井一旦发生灾害，当矿山专业救护队难以及时达到现场抢救时，井下受灾人员在无法进行抢救和控制事故的情况下，应选择安全路线迅速撤离危险区域，沿着避灾路线从安全出口撤离至地面。避灾是减少井下工作人员伤亡损失的重要环节，井下人员必须熟悉避灾路线。

避灾路线图是当矿井某一地点发生事故，特别是水害、火灾、煤尘与瓦斯爆炸事故后，井下作业人员安全撤离灾区的路线图纸，是安全生产的必备图纸。

井下避灾路线图图示的主要内容包括：

（1）矿井安全出口位置。

（2）矿井通风网络，进风风流、回风风流的方向、路线。

（3）井下发生瓦斯与煤尘爆炸、煤（岩）与瓦斯突出、矿井火灾时井下避灾路线。

（4）井下发生水灾时的布置路线。

（5）矿井巷道名称。

1. 井下避灾路线图的用途

（1）用于井下职工安全生产教育培训，使职工熟悉井下避灾路线。

（2）矿井一旦发生灾害，井下灾区工作人员可根据事故性质、所处位置，按照井下避灾路线图规定的路线，安全而迅速地撤离灾区至地面，减少人员伤亡。

(3) 发生灾害后，作为制定和实施营救被困人员方案的重要依据。

2. 避灾路线图的识读

(1) 识读矿井开拓巷道系统及采掘工作面的布置，对矿井巷道的空间位置及相互连接建立一个系统的框架。当井下巷道系统较复杂或无法看清时，可借助有关图纸或文字资料识读。

(2) 识读矿井进风巷道、回风巷道系统，即新鲜风流、污浊风流流动的方向及路线。

(3) 识读采掘工作面、采区、水平及矿井安全出口的位置及相互联系。

(4) 识读井下采掘工作面发生瓦斯与煤尘爆炸、煤岩与瓦斯突出、矿井火灾时的避灾路线。

(5) 识读井下采掘工作面发生突水事故时的避灾路线。

(6) 识读井下安全设施名称及位置。

学习活动3　现　场　施　工

【学习目标】

当矿井发生透水事故时，能够借助根据采掘工程平面图和矿井避灾路线图进行安全撤离。

【实训步骤（手指口述）】

假设矿井在巷道掘进过程中发生透水事故，依照识读采掘工程平面图和矿井避灾路线图的方法，明确灾区人员撤离至安全地带的路线。

学习任务六　矿井水害防治

【学习目标】

1. 中级工

(1) 了解地面防治水和井下防治水措施。

(2) 了解七项综合防治水措施。

2. 高级工

能编制水害防治措施。

【建议课时】

(1) 中级工：4课时。

(2) 高级工：6课时。

【工作情景描述】

为防止水害事故的发生，必须加强事前预防，掌握防治水的综合措施。

学习活动1　明确工作任务

【学习目标】

(1) 掌握七项综合防治水措施的含义。

（2）了解地面防治水和井下防治水的措施。

【工作任务】

水害防治时，重点是做好预防工作，通过学习掌握井下防治水的方法，清楚探放水钻孔的主要参数及布置方式。

一、煤矿水害治理原则和综合防治措施

随着煤矿向深部开采，矿压和水文地质条件变得越来越复杂，水害隐患也越来越严重。煤矿水害治理要遵循先易后难、先近后远、先地面后井下、先重点后一般、地面与井下相结合、重点与一般相结合的原则，坚持"预测预报，有疑必探，先探后掘，先治后采"的十六字原则。

"预测预报"是指查清水文地质条件，对生产区域的地质情况、水害类型等做出分析判断，提出预防处理措施，排除开采活动的盲目性。预测预报是水害防治的基础。

"有疑必探"是指在预测预报的基础上，对没有把握的可能构成水害威胁的区域或块段，采用钻探、物探等综合技术手段查明，以探明可疑区域。

"先探后掘"是指在综合探查的基础上，确保无水害威胁时，实施采掘和回采作业。

"先治后采"是指对存在水害威胁的区域，必须采取有效措施确保水害威胁消除后，再安排回采。

矿井水害防治应采取"探、防、堵、疏、排、截、监"七项综合防治措施。

"探"即探查技术。采取物探、钻探、化探等手段探查水文地质条件，查明含水层（带、体）、老空水、断层、陷落柱等。

"防"即预防技术。留设各类防隔水煤岩柱、防水闸门及修建防洪水倒灌工程，以隔离含水层、老空水、断层水、松散层水。

"堵"即封堵技术。注浆封堵具有突水威胁的含水层，如导水通道（断层、断裂带、岩溶陷落柱等）注浆、突水点注浆、防渗注浆。

"疏"即疏降技术。探放老空水，对含水层进行疏水降压，如隔水层限压、无隔水层疏干。

"排"即排水技术。完善矿井排水系统，包括防水密闭设施（水闸门、水闸墙、水泵房等）和排水设施（水泵、管路等）。

"截"即截流技术。截堵河流等地表水体及其他充水水源，加强地表水的截流治理，如帷幕截流注浆、底板改造技术。

"监"即监测技术。监测河流等地表水体及其他充水水源，建立地下水与老空积水动态监测、水文地质观测，包括流量、水位、水质、水压、水温等动态监测。

水害防治的关键是在预测预报工作的基础上，分析可能构成水害威胁的区域，采用钻探、物探、化探等综合技术手段，查明水害隐患，提出水文地质分析报告，确保井下采掘安全。

二、地面防治水

地面防治水就是在地面修筑各种防排水工程，防止或减少大气降水和地表水流入工业

广场或通过渗漏流入井下，这是保证矿井安全生产的第一道防线。

地面防治水工作主要包括河床铺底与填堵陷坑、排除积水、建立防水与排水系统。

1. 河床铺底与填堵陷坑

1）河床铺底

当河槽底部局部地段出露有透水很好的充水层或塌陷区时，为减少地表水及第四纪潜水对矿井充水层的补给，可在漏水地段铺筑不透水的人工河床（图 4-12），以防止地表水渗入矿井。

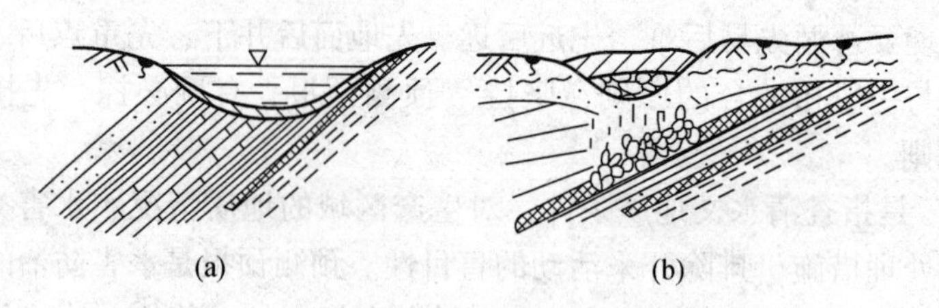

图 4-12　河流铺底和填堵陷坑

2）填堵陷坑

矿区的岩溶洞穴、塌陷裂缝和废弃的小煤窑等，都可能在地面形成塌陷坑和较大的裂隙，极易成为雨水或地表水流入井下的通道。应采取措施防治地面积水，同时应对于面积不大的塌陷裂缝和塌陷坑进行及时填堵。

2. 排除积水

井下开采后可能引起地表沉陷，雨季来临时，易形成积水区。当地表出现威胁矿井生产安全的积水区时，应当修筑泄水沟渠或排水设施，防止积水渗入井下；当矿井受到河流、山洪威胁时，应当修筑堤坝和泄洪渠，防止洪水侵入。

3. 建立防水与排水系统

1）防水系统

根据水文气象资料，确定合适的井口和工业广场内建筑物的地面高程，使其高程高于当地历年最高洪水位。在山区要避开可能发生的泥石流、滑坡等地质灾害危险的地段。

2）排水系统

在矿区易积水的地段设置排洪沟渠，排泄积水、修筑沟渠时，应避开露头、裂缝和透水岩层，特别是低洼地点不能修筑沟渠排水时，应填平压实；如果范围太大无法填平时，可建排洪站排水，防止积水渗入井下。

三、矿井探放水

由于小煤窑在井田浅部无序开采、乱采乱掘，以及超层越界非法进行采掘活动，造成许多采空区积聚大量积水；而这些情况往往又因缺乏相应的地质、开拓图件等资料，造成老窑分布状况及积水情况不明，空间形状不规则且积水量大，易与地表水体或松散层水体发生联系。在生产矿井范围内，常常遇到许多充水的老空区、断层以及含水层。一旦采掘工作面接近含水体，就会造成地下水的突然涌入，引发水害事故。为了消除这些隐患，应建立水害预测、预报制度，开展水害隐患排查，实现超前防范。

1. 探水条件

采掘工作面遇有下列情况之一时，应当立即停止施工，确定探水线，实施超前探放水，经确认无水害威胁后，方可施工：

（1）接近水淹或者可能积水的井巷、老空区或者相邻煤矿时。

（2）接近含水层、导水断层、溶洞和导水陷落柱时。

（3）打开隔离煤柱放水时。

（4）接近可能与河流、湖泊、水库、蓄水池、水井等相通的导水通道时。

（5）接近有出水可能的钻孔时。

（6）接近水文地质条件不清的区域时。

（7）接近有积水的灌浆区时。

（8）接近其他可能突（透）水的区域时。

2. 探水起点的确定

根据调查和勘探（包括物探）获得的小窑、老空的分布资料，经过分析划出3条界线，如图4-13所示。

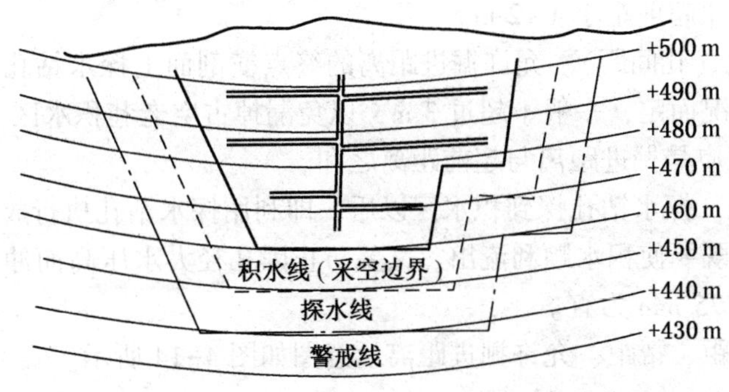

图4-13　积水线、探水线、警戒线示意图

1）积水线

积水线是指经过调查核定积水区的边界，即积水区的范围线，在此线上应标注水位的标高、积水量等数据。

积水边界线的确定方法：调查小窑、老窑分布资料，经物探及钻探核定后，划定积水范围，圈定积水边界，其深部界线应根据小窑或老窑的最深下山划定。

2）探水线

沿积水线向外推一定的距离画一条线即为探水线，此数值的大小视积水线的可靠程度、水头压力、煤的坚硬强度等因素来确定。对开采所造成的老空、老巷、水窝等积水区，其边界位置准确，水压不超过1 MPa，探水线至积水区的最小距离为：在煤层中不得少于30 m，在岩层中不得少于20 m；对有积水区的图纸资料但不能确定积水区边界位置时，探水线至推断的积水区边界的最小距离不得小于60 m；对没有图纸资料可查的老窑，可根据了解到的开采最低水平，作为预测的可疑区，必要时可先进行物探控制可疑区，再由可疑区向外推至少100 m作为探水线。

3）警戒线

沿探水线向外推 50~150 m 所划的一条线即为警戒线，此线一般用红色表示。当巷道进入此线，就应警惕积水的威胁，注意迎头的情况，发现有透水征兆时提前探水。

积水线、探水线、警戒线确定后，应标注在采掘工程平面图上。

四、探水钻孔主要参数及布置方式

1. 主要参数

探水钻孔主要参数有：超前距、允许掘进距离、帮距和密度。

（1）超前距。探水钻孔的终孔位置始终保持超前掘进工作面一段距离，这段距离称为超前距。

当前方老空区、废弃旧巷和硐室等积水区的位置准确且水压不超过 1 MPa 时，超前距离一般在煤层中不得小于 30 m，在岩层中不得小于 20 m。

（2）允许掘进距离。经探水后证实无水害威胁，可以安全掘进的距离。

（3）帮距。巷道两帮与可能存在的老空积水间保持的安全距离，即呈扇形布置的最外侧探水孔（外斜眼）所控制的范围与巷道帮的距离。帮距一般等于超前距，即帮距一般取 20 m，有时帮距可比超前距小 1~2 m。

（4）钻孔密度（孔间距）。允许掘进距离的终点横剖面上探水钻孔之间的间距。孔间距的大小视具体情况而定，一般不超过 3 m，以免漏掉古空老巷积水区。

（5）钻孔深度应是掘进距离与超前距离之和。

（6）钻孔直径。探水钻孔探到积水区以后，即利用探水钻孔执行放水钻孔的任务。因此钻孔直径的大小既要使积水顺利流出，又要防止因孔径大水压高而冲垮岩壁，一般探水钻孔直径以不大于 75 mm 为宜。

探水钻孔超前距、帮距、允许掘进距离示意图如图 4-14 所示。

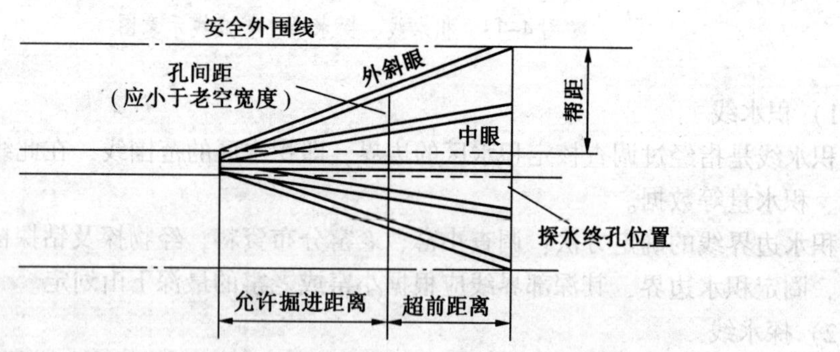

图 4-14　探水钻孔超前距、帮距、允许掘进距离示意图

2. 布置方式

探水钻孔布置应以确保不漏积水区，保证安全生产，探水工作量最小为原则。探水钻孔的布置方式分为扇形布置和半扇形布置。

（1）扇形布置。巷道处于三面受水威胁的地段，要进行搜索性探放老空积水，其探水钻孔多按扇形布置。

（2）半扇形布置。对于积水区肯定是在巷道一侧的探水地区，其探水钻孔可按半扇形布置（图 4-15）。

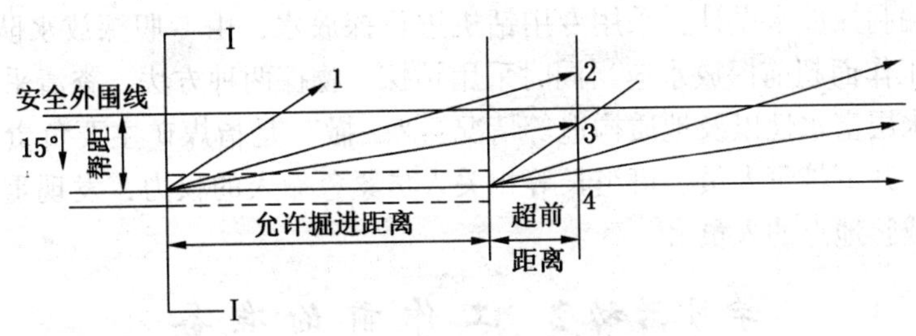

图 4-15　半扇形布置

五、疏放水

1. 疏放老空水

疏放老空水，可采取下列 4 种方法：

（1）直接放水。当水量不大、不超过矿井排水能力时，可利用探水钻孔直接放水。

（2）先堵后放。当老空区与溶洞水或其他巨大水源有联系，动力储量很大，一时排不完或不可能排完，这时应先堵住出水点，然后排放积水。

（3）先放后堵。如老空水或被淹井巷虽有补给水源，但补给量不大，或在某个季节没有补给，在这种情况下，应选择时机先行排水，然后进行堵漏、防漏施工。

（4）用煤柱或构筑物暂先隔离。如果水量过大，或水质很差，腐蚀排水设备，这时应暂先隔离，做好排水准备工作后再排放；如果放水会引起塌陷，影响上部的重要建筑物或设施时，应留设防水煤柱并永久隔离。

2. 疏放含水层水

（1）地面疏放水。适用于埋藏较浅、渗透性良好的含水层。

（2）井下疏水巷道疏水。适用于已摸清水源，并估算出涌出量的情况。如当煤层的直接底板是强充水含水层时，可考虑将巷道布置在底板中，利用巷道直接疏放底板水。

3. 疏放水时的安全注意事项

（1）探到水源后，在水量不大时，一般可用探水钻孔放水；水量很大时，需另打放水钻孔。放水钻孔直径一般为 50~75 mm，孔深不大于 70 m。

（2）放水前应进行放水量、水压及煤层透水性试验，并根据排水设备能力及水仓容量，拟定放水顺序和控制水量，避免盲目性。

（3）放水过程中随时注意水量变化、出水的清浊和杂质以及有无有害气体涌出、有无特殊声响等，发现异状应及时采取措施并报告调度室。

（4）事先定出人员撤退路线，沿途要有良好的照明，保证路线畅通。

（5）为防止高压水和碎石喷射或将钻具压出伤人，在水压过大时，钻进过程应采用反压和防喷装置，并用挡板背紧工作面以防止套管和煤（岩）壁突然鼓出，挡板后面要加设顶柱和木垛，必要时还应在顶、底板坚固地点砌筑防水墙，然后才可放水。

（6）排除井筒和下山的积水前，必须有矿山救护队检查水面上的空气成分，发现有害气体异常涌出应停止钻进，切断电源，撤出人员，采取通风措施冲淡有害气体。

煤矿企业应当根据本单位的水害情况，建立“三专两探一撤”制度。“三专”是指由专业技术人员编制探放水设计，采用专用钻机进行探放水，由专职探放水队伍施工；“两探”是指采掘工作面超前探放水应当同时采用钻探、物探两种方法，查清采掘工作面及周边老空水、含水层富水性以及地质构造等情况；“一撤”是指煤矿主要负责人必须赋予调度员、安检员、井下带班人员、班组长等相关人员紧急撤人的权力，发现重大险情，立即撤出所有受水威胁地点的人员。

学习活动2 工作前的准备

【学习目标】

能根据实训课题选择所用工具和材料。

【工具与材料】

铁锹、瓦刀、锄头、电线、水管、水泵沙袋、人力车、水泥、石块、水桶、砂土、振动泵。

学习活动3 现场施工

【学习目标】

掌握地面上影响矿井安全的塌陷裂隙的填堵方法。

【实训要求】

（1）分组完成实训任务。

（2）每组独立完成并提交工作页。

（3）安全文明作业，妥善使用和维护实训资料和工具。

【实训任务】

塌陷裂隙的填堵。

实训步骤如下：

（1）工具准备。将实训所用工具按便于操作的方式摆放。

（2）考察施工环境。首先对矿井裂缝地点进行考察，根据裂缝大小确定施工方法。

（3）若裂缝较小，则沿裂缝挖沟，深度为0.4~0.8 m，裂缝边缘两侧各宽0.3~0.5 m，用小石块填塞裂缝带。

（4）若出现塌陷坑，首先在导水陷坑底部架起废钢管、废钢轨或废钢丝绳，以此作为铺垫坑底的骨架，将足够的柴把、草束等投入坑内，再连续投入沙包及片石。当陷坑的泄水量明显减少后，再用大量石块进行添堵，最后在石块上部用水泥浆砌片石、填灰土（灰沙比为3∶7）夯实。

（5）按灰土比为3∶7搅拌均匀。

（6）用砂浆灌入裂缝，再用振动泵打紧夯实。

（7）清理现场。

模块五　顶板灾害防治技术

顶板事故是指在地下采煤过程中，顶板意外冒落造成人员伤亡、设备损坏、生产终止等危害的事故。在煤矿五大自然灾害中，顶板事故造成的死亡人数约占30%。近年来，随着综合机械化采煤工作面的大面积推广，顶板事故虽有减少，但是掘进工作面的顶板事故仍然多发，特别是在小型煤矿，由于支护设施的落后，采掘工作面顶板事故仍是造成煤矿人员伤亡的主要原因。因此，加强顶板管理是煤矿安全工作中极其重要的一个方面。

学习任务一　采煤工作面顶板事故防治

本学习任务是中级工和高级工均应掌握的知识和技能。

【学习目标】

（1）了解采煤工作面顶板事故的类别。

（2）熟知顶板事故的危害。

（3）掌握采煤工作面顶板事故的防治措施。

【建议课时】

4课时。

【工作情景描述】

采煤工作面出现响声、掉渣、掉矸、支架插底等现象，须尽快分析原因并采取措施，防止顶板事故的发生。

学习活动1　明确工作任务

【学习目标】

（1）了解顶板的分类和采煤工作面顶板事故的类别。

（2）了解工作面冒顶事故的基本规律和矿井顶板事故的危害。

（3）熟知采煤工作面冒顶事故发生的原因及防治措施。

【工作任务】

采煤工作面发生冒顶事故，能够分析冒顶的原因，制定冒顶事故的防治措施。

一、煤层顶板及其分类

煤层顶板是指位于煤层之上一定范围内的岩层。根据顶板岩层岩性、厚度以及采煤时顶板变形特征和垮落难易程度，将顶板分为伪顶、直接顶、基本顶3种。煤层顶板如图5-1所示。

1. 伪顶

伪顶是直接位于煤层之上较薄的软岩层，通常为泥质页岩、泥岩，富含植物化石，厚度一般为0.3~0.5 m。伪顶在采煤时极易垮落，常随煤炭的采出同时垮落，所以伪顶混杂在原煤中，增加了煤的含矸率，影响煤质。

2. 直接顶

直接顶是直接位于伪顶或煤层（如无伪顶）之上的岩层，多由泥岩、页岩、粉砂岩等较易垮落的岩石组成，厚度一般在1~2 m。直接顶不像伪顶那样容易垮塌，具有一定的稳定性，常随着回撤支架而垮落，垮落后一般充填在采空区内。

3. 基本顶

基本顶又叫老顶，是位于直接顶之上或直接位于煤层之上（如无直接顶和伪顶）的厚而坚硬的岩层。通常由砂岩、砾岩、石灰岩等坚硬岩石的组成，一般厚度较大，强度也大，不易自行垮落，常在采空区上方悬露一段时间，直到达到相当面积之后才能垮落。

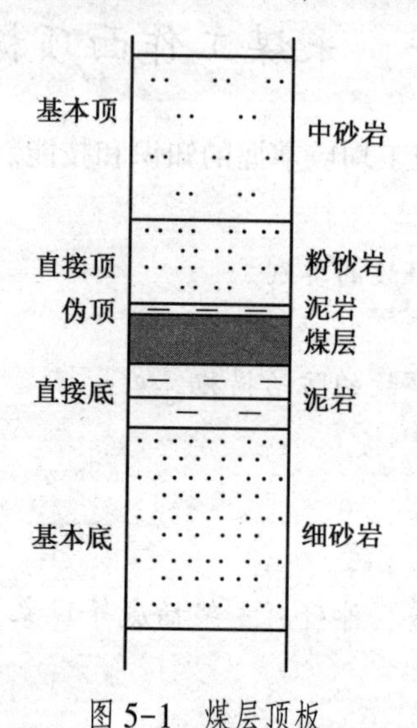

图5-1　煤层顶板

二、采煤工作面顶板事故的分类

1. 按造成冒顶的力源及施力方向分类

1）压垮型冒顶

由于顶板压力大，超出了支架的支护能力，顶板来压时压垮支架而引起的冒落现象。

2）漏垮型冒顶

由于顶板岩石破碎，支护不严而引起顶板岩石冒落的冒顶事故，包括采煤工作面上、下出口的漏顶，煤壁上方的漏顶，地质破碎带漏顶。

3）推垮型冒顶

由于水平移动，使支架受水平推力过大而失稳，大量支架倾斜而造成的冒顶事故，包括分层开采时金属网假顶下的推垮型冒顶，大块游离顶板的推垮型冒顶，采空区冒落矸石冲入工作面推垮型冒顶。

2. 按冒顶的范围分类

1）局部冒顶

冒顶范围较小，小到几块矸石，大到几矿车矸石，经当班处理以后基本不影响正常生产，有时会造成个别伤亡事故。局部冒顶事故的次数远多于大型冒顶事故，约占采场冒顶事故的 70%，总的来说危害比较大。

2）大型冒顶

冒顶范围很大，而且来势凶猛，所以井下人员往往很难撤离，会造成人员伤亡事故，处理起来非常困难。

三、工作面冒顶事故的基本规律

冒顶事故多发生在顶板来压期间，尤其在直接顶和基本顶来压期间的冒顶事故占到顶板事故的 60%～70%。煤层的倾角越大，煤层的厚度越厚，事故发生的频率越高。顶底板起伏不平或大采高很容易造成片帮和推倒支架，在过断层破碎带时，由于措施不得力，可能发生冒顶。一般情况下，随着机械化程度的提高，顶板控制的安全性增大。

四、矿井顶板事故的危害

无论是局部冒顶还是大型冒顶，事故发生后，一般都会推倒支架、埋压设备，造成停电、停风，给安全管理带来困难，对安全生产不利；如果是地质构造带附近的冒顶事故，不仅给生产造成不利影响，而且有时会引起透水事故的发生；在有瓦斯涌出区附近发生冒顶事故将伴有瓦斯的突出，易造成瓦斯事故；如果是采掘工作面发生冒顶事故，一旦人员被堵或被埋，将造成人员伤亡。

五、采煤工作面冒顶事故原因及防治措施

采煤工作面冒顶事故分为局部冒顶事故和大型冒顶事故两类。

（一）采煤工作面局部冒顶事故常发的地点及原因

局部冒顶实质是已破坏的顶板失去依托而造成的顶板事故。发生局部冒顶的原因主要有两个：一是煤层开采后，直接顶发生破坏，失去有效的支护而造成局部冒顶；二是基本顶下沉压迫直接顶，破坏工作面支架造成局部冒顶。采掘工作面或井下其他工作地点的冒顶事故大多属于局部冒顶事故。

采煤工作面顶板事故常发生在靠近两线（煤壁线、放顶线）、两口（工作面两端）及地质破坏带附近。

1. 靠近煤壁附近的局部冒顶

1）冒顶原因

在煤层的直接顶中，存在多组相交裂隙将直接顶分割成许多游离岩块，这些岩块极易发生脱落。在采煤过程中，顶板裸露空顶如果支护不及时，游离岩块可能突然冒落砸人，造成局部冒顶事故。煤壁附近局部冒顶如图 5-2 所示。

2）防治措施

（1）采用能及时支护悬露顶板的支架，严禁空顶作业，如正悬臂交错顶梁支架、倒悬

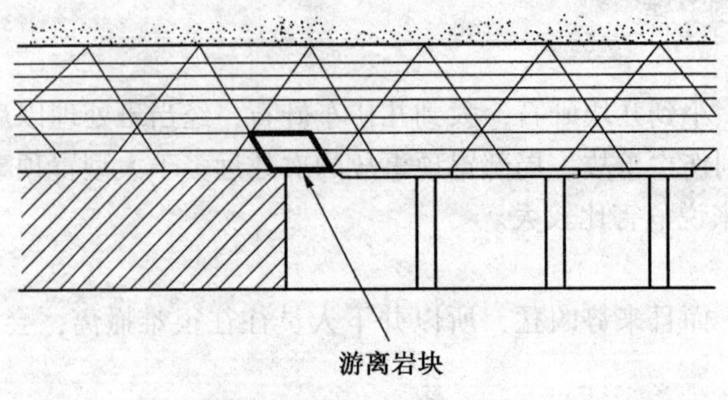

图 5-2　煤壁附近局部冒顶

臂错梁直线柱支架等。

（2）尽量使工作面与煤层的主要节理方向垂直或斜交，避免煤层片帮。煤层一旦片帮，应掏梁窝超前支护，防止冒顶。

（3）采用长侧护板、整体顶梁及内伸缩式前梁支架，增大支架向煤壁方向的水平推力，提高支架的初撑力。

（4）工艺操作上，采煤机过后，及时伸出伸缩梁，及时擦顶带压移架，顶梁的俯视角不超过 7°。

（5）当碎顶范围较大时（比如过断层破碎带等），则应对破碎直接顶注入树脂类黏结剂使其固化，以防止冒顶。

2. 采煤工作面两端出口处的冒顶

1）冒顶原因

上下两出口位于采煤工作面与运输巷道、回风巷的交汇处，此处暴露的空间大，支承压力集中，在掘进巷道时巷道支架的初撑力一般很小，直接顶易下沉、松动和破碎。随着采煤工作面的推进，上下出口处经常进行工作面输送机头、机尾的拆卸、安装和移溜等工作，在拆掉原支柱支设新支柱时，已破碎的顶板可能松动冒落，引起冒顶事故。

2）防治措施

（1）为预防采煤工作面两端发生漏冒，可在机头、机尾处各应用四对一梁三柱的钢梁抬棚支护，每对抬棚随机头机尾的推移迈步前移。在工作面巷道相连处，宜用一对抬棚迈步前移，托住原巷道支架的棚梁。

（2）在超前工作面 10 m 以内，巷道支架应加双中心柱；超前工作面 10～20 m，巷道支架应加单中心柱，以预防冒顶。

（3）综采时，如果工作面两端没有使用端头支架，则在工作面与巷道相连处，需用一对迈步抬棚。此外，超前工作面 20 m 内的巷道支架也应用中心柱加强。

（4）支架必须有足够的强度，不仅能支承松动易冒的直接顶，还能支承住基本顶来压时的部分压力。

3. 放顶线处的局部冒顶

1）冒顶原因

放顶线附近的局部冒顶主要发生在使用单体支柱的工作面。放顶线上每根支柱承担的压力是不均匀的，当人工回拆受压较大的支柱时，往往柱子一倒下顶板就冒落，如果回柱工来不及退到安全地点，就可能造成顶板事故，在分段回柱回拆最后一根支柱时尤其容易发生。

当顶板中存在被断层、裂隙、层理等切割而形成的大块游离岩块时，回柱后游离岩块就会旋转，可能推倒采场支架导致发生局部冒顶。放顶线局部冒顶如图 5-3 所示。

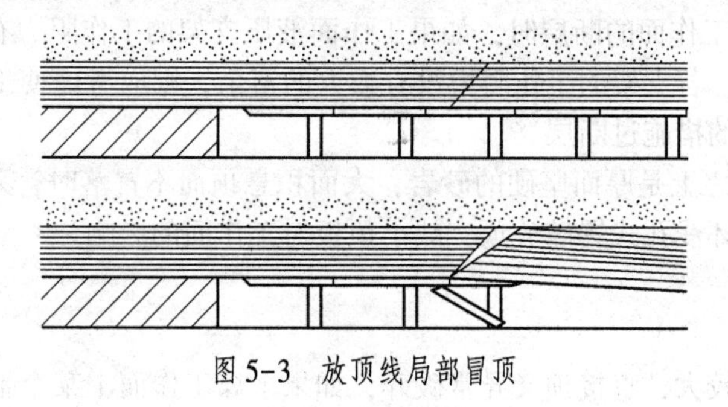

图 5-3　放顶线局部冒顶

2）防治措施

（1）加强对放顶线附近顶板的支护，采用戗柱、戗棚等，以提高支架的稳定性和承载能力。

（2）应采用机械回柱方法，对难回的支柱使用绞车远距离回柱。

（3）对受力最大的最后一至两根支柱可用木支柱作替柱，最后用绞车回木柱。

（4）当大岩块沿工作面推进方向的长度超过一次放顶步距时，在大岩块的范围内要延长控顶距。

4. 地质破坏带附近的局部冒顶

1）冒顶原因

地质破坏带及附近的顶板裂隙发育、破碎，断层带多充以粉状或泥状物，上、下盘岩石无黏结力，在断层带成为导水裂隙带时，彼此分离更加严重。

单体支柱工作面如果遇到垂直或斜交于工作面的断层时，在顶板活动过程中，断层附近破断岩块可能顺断层面下滑，从而推倒工作面支架，造成局部冒顶。

2）防治措施

（1）应在断层两侧加强支护，并迎着岩块可能滑下的方向支设戗棚或戗柱。

（2）当断层处的顶板特别破碎，锚杆锚固效果不佳时，可采用注入法，将较多的树脂注入大量的煤岩裂隙中，进行预加固。

（二）采煤工作面大面积冒顶事故常发的地点及原因

1. 基本顶来压时的压垮型冒顶

1）冒顶原因

（1）由于坚硬直接顶或基本顶运动时，垂直于顶板方向的作用力压断或压弯工作阻力不够、可缩量不足的支架，或使支柱压入抗压强度低的底板，造成大面积切顶垮面事故。

（2）煤层之上的直接顶较薄，厚度小于采高的 2～3 倍，在开采过程中，直接顶垮落不足以填满采空区，引起基本顶的弯曲、下沉、断裂，当基本顶岩块向下运动时，使支架的受力增大，采煤工作面支架一旦被基本顶岩块压坏，就可能导致冒顶事故发生。

2）防治措施

（1）采煤工作面支架的支撑力，应能平衡垮落带直接顶及基本顶岩层的质量；支架的初撑力能保证直接顶与基本顶之间不离层；支架的可缩量，应能满足断裂带基本顶下沉的要求。

（2）遇到平行工作面的断层时，如果工作面液压支架的工作阻力有较大的富余，则工作面可以正常推进；若支架的工作阻力没有太大的富余，则应考虑使工作面与断层斜交或采取在采空区挑顶的措施过断层。

（3）如果煤层之上是厚而坚硬的砂岩，大面积悬顶而不冒落时，采用人工强制放顶或注水软化顶板及循环浅孔式爆破放顶，减小顶板对工作面的影响。

2. 漏垮型冒顶

1）冒顶原因

由于煤层倾角较大，直接顶又异常破碎，如果采煤工作面中某个地点支护失效发生局部漏冒，破碎顶板就有可能从此处开始沿工作面往上全部漏空，造成支架失稳，导致工作面漏垮型冒顶。

2）防治措施

（1）选用合适的支柱，使工作面支护有足够的支撑力和可缩量。

（2）顶板必须背严背实。

3. 金属网下推垮型冒顶

推垮型冒顶是指因水平推力作用使工作面支架大量倾斜而造成的冒顶事故。

1）冒顶原因

回采下分层时，金属网假顶处于下列两种情况时，可能发生推垮型冒顶：

（1）当上、下分层开切眼垂直布置时，在开切眼附近，金属网上的破碎矸石与上部断裂的硬岩大块之间存在空隙。

（2）当下分层开切眼内错布置时，虽然金属网上的破碎矸石与上部断裂的硬岩大块之间不存在空隙，但是一般也难以胶结在一起。

金属网下推垮型冒顶一般在经历了形成网兜和推垮工作面两个阶段后发生。

2）防治措施

（1）回采第二分层及以下分层时用内错式布置开切眼，避免金属网与破碎矸石之上存在空隙。

（2）提高支柱的初撑力及刚度，采用“整体支架”“连锁支架”等稳固措施，以增加支架稳定性。

（3）采用伪俯斜工作面。

（4）初次放顶时要保证把金属网下放到底，必要时应剪断金属网。

4. 复合顶板推垮型冒顶

所谓复合顶板就是由下软上硬岩层构成的顶板。在工作面开采过程中，由于下部软岩下沉，与上部硬岩离层，支架处于失稳状态，一旦遇有外力作用，工作面支架因水平方向的推力而发生倾倒，造成推垮型冒顶事故。

1）冒顶原因

（1）支护质量差。支柱初撑力低，支护刚度不强，稳定性差，切顶支柱切顶能力差，稳定性不强。

（2）炮采工作面爆破崩倒支柱未能及时扶好。

（3）工作面发生局部冒顶，未及时处理。

（4）开采尺寸较小的孤岛煤柱。

（5）大倾角工作面在拆除两巷支架及挪移上下出口抬棚。

2）防治措施

（1）布置伪俯斜工作面并使垂直工作面方向的向下倾角达到4°~6°。

（2）掘进运输巷和回风巷时不破坏复合顶板。

（3）控制采高，使软岩层冒落后矸石能超过采高。

（4）尽量避免运输巷和回风巷与工作面斜交。

（5）正确应用戗柱、戗棚等特殊支架。

（6）采用“整体支架”“十字顶梁”和四对八根长钢梁以及支柱间采用连续装置等，以增强支架的稳定性。

（7）采取有效措施，提高支柱的初撑力及刚度。

学习活动2　工作前的准备

【学习目标】

（1）熟知地质破坏带附近的局部冒顶事故的处理方法。

（2）熟知带帽点柱的架设方法。

【工具与材料】

木支柱、柱鞋、柱帽、木楔。

学习活动3　现　场　施　工

【学习目标】

（1）掌握地质破坏带附近的局部冒顶事故的处理方法。

（2）掌握带帽点柱的架设方法。

【实训要求】

（1）分组完成实训任务。

（2）每组独立完成并提交工作页。

（3）安全文明作业，妥善使用和维护实训工具。

【实训任务】

带帽点柱的架设。

实训步骤如下：

（1）清理柱位，凿柱窝。

（2）将柱粗端朝上，细端插入柱窝，竖立点柱。

(3) 距顶 3 cm，打上木楔，用锤由轻到重打结实，打至柱不移动，敲击点柱发出“当当”响声为止。

注意，点柱顶端无重楔；点柱必须支在实底上，严禁支在浮矸、浮煤上，遇软底时必须穿鞋（鞋板规格 350 mm×200 mm×20 mm）；柱距应根据顶板岩性决定，一般取 0.8~1.0 m。

学习任务二　巷道顶板事故防治

【学习目标】

1. 中级工

(1) 熟知巷道顶板事故常发的地点及原因。

(2) 了解巷道顶板事故的预防措施。

2. 高级工

(1) 掌握巷道顶板事故的预防措施。

(2) 掌握巷道冒顶事故的处理方法。

【建议课时】

2 课时。

【工作情景描述】

某掘进工作面在掘进巷道时发生冒顶事故，须尽快分析事故发生原因，采取措施控制顶板和处理事故。

学习活动1　明确工作任务

【学习目标】

(1) 熟知巷道顶板事故常发的地点及原因。

(2) 了解冒顶的探测方法。

(3) 熟知巷道顶板事故的预防措施。

(4) 了解巷道冒顶事故处理方法。

【工作任务】

熟知巷道顶板事故常发的地点及原因，熟知针对不同顶板事故的预防措施。

一、巷道顶板事故常发的地点及原因

巷道顶板事故多发生在掘进工作面及巷道交叉点，巷道顶板致人死亡事故 80% 以上均发生在这些地点。因此，预防巷道顶板事故，关注事故多发地点是十分必要的。

当巷道围岩应力比较大、围岩本身又比较软弱或破碎、支架的支撑力和可缩量又不够时，在较大应力作用下，可能损坏支架，形成巷道冒顶，导致顶板事故。

巷道顶板事故形式多种多样，发生的条件也各不同，但它们在某些方面存在着共同点。根据这些事故发生的原因与条件，可以制定出防范顶板事故发生的相应措施。

1. 掘进工作面冒顶事故的原因

(1) 掘进破岩后，顶部存在即将与岩体失去联系的岩块，如果支护不及时，该岩块可

能与岩体完全失去联系而冒落。

（2）掘进工作面附近已支护部分的顶部存在与岩体完全失去联系的岩块，一旦支护失效，就会冒落造成事故。

在断层、褶曲等地质构造破碎带掘进巷道时顶部浮石冒落，在层理裂隙发育的岩层中掘进巷道时顶板冒落等，都属于第一类型的冒顶。因爆破不慎崩倒附近支架而导致的冒顶，因接顶不严实而导致岩块砸坏支架的冒顶则属于第二类型的冒顶。此外，上述两种类型的冒顶可能同时发生，如掘进工作面无支护引起部分片帮冒顶推倒附近支架，导致更大范围的冒顶。

2. 巷道交叉处冒顶的原因

巷道交叉处的冒顶事故往往发生在巷道开岔时，因为开岔口需要架设抬棚替换原巷道棚子的棚腿，如果开叉处巷道顶部存在与岩体失去联系的岩块，并且围岩正向巷道挤压，而新支设抬棚的强度或稳定性不够，就可能造成冒顶事故。

3. 压垮型冒顶的原因

当巷道顶板或围岩施加给支架的压力过大并损坏了支架，导致巷道顶部的岩块冒落，即发生压垮型冒顶事故。

巷道支架所受力的大小，与围岩受力后所处的力学状态关系极大。若围岩受力后仍处于弹性状态，本身承载能力大且变形小，则巷道支架未受到较大的压力，当然也不会被损坏；如果围岩受力后处于塑性状态，本身有一定的承载能力但也会向巷道空间伸展，则巷道支架就会受到较大的压力，若巷道支架的支撑力或可缩性不足，就可能被压坏；当围岩受力后呈破碎状态，本身无承载能力，并且大量向巷道空间伸展，这时巷道支架就会受到强大的压力，很容易遭受损坏。

巷道围岩受力后所处的力学状态，由两方面因素决定：一是岩体本身的强度以及受到层理裂隙等构造破坏的情况，另一个是所受力的大小。巷道围岩受力的大小，也由两方面因素影响：一是由巷道所处位置决定的自重应力和构造应力，二是由采掘引起的支撑压力。

4. 漏垮型冒顶的原因

漏垮型冒顶的原因是无支护巷道或支护失效巷道顶部存在游离岩块，这些岩块在重力作用下冒落，从而形成事故。

5. 推垮型冒顶的原因

推垮型冒顶的原因是巷道顶帮破碎后，在其运动过程中存在平行巷道轴线的分力，如果这部分巷道支架的稳定性不够，可能被推倒而发生冒顶，从而形成事故。

预防推垮型冒顶的主要措施是提高支架的稳定性，可以在巷道的支架之间用撑木或拉杆连接固定，增加支架的稳定性，以防推倒。在倾斜巷道中架设支架应有一定的迎山角，以抵抗重力在巷道轴线方向的分力。

二、冒顶的探测方法

1. 观察预兆法

顶板来压的预兆主要有声响、掉渣、片帮、出现裂缝、漏顶、离层等现象。具有一定的经验后，可以通过认真观察工作面围岩及支护的变异情况，直观判断有无冒顶的危险。

2. 木楔探测法

在工作面顶板（围岩）的裂缝中打入小木楔，过一段时间进行一次检查，如发现木楔松动或者掉渣，说明围岩（顶板）裂缝受矿压影响在逐渐增大，预示有冒顶险情。

3. 敲帮问顶法

敲帮问顶是最常用的方法，其中又分锤击听声法和振动探测法两种。前者是用镐或铁棍轻轻敲击顶板和帮壁，若发出“当当”的清脆声，则表明围岩完好，暂无冒落危险；若发出“噗噗”的沉闷声，表明顶板已发生剥离或断裂，是冒顶或片帮的危险征兆。后者是对断裂岩块体积较大或松软岩石（或煤层），难以用听声法判别时采用的探测方法。具体做法是：用一只手的手指扶在顶板下面，另一只手用镐、大锤或铁棍敲打硬板，如果手指感觉到顶板发生轻微振动，则表明此处顶板已经离层或断裂。采用振动探测法时，人员应站在支护完好的安全地点进行。

4. 仪器探测法

对于大面积冒顶，可以用微振仪、地音仪和超声波地层应力仪等进行预测。厚层坚硬岩层的破坏过程，时间长的在冒顶前几十天就出现声响和其他异常现象，时间短的在冒顶前几天甚至几小时也会出现预兆。因此，根据仪器测量的结果，再结合历次冒顶预兆的特征，可以对大面积冒顶进行较准确的预报，避免造成灾害。

三、巷道顶板事故的预防措施

1. 掘进工作面冒顶事故的预防措施

（1）掘进工作面严禁空顶作业，严格控制空顶距。当掘进工作面遇到断层、褶曲等地质构造破坏带或层理裂隙发育的岩层时，棚子支护时应紧靠掘进工作面，并缩小棚距，在工作面附近应采用拉条等把棚子连成一体防止棚子被推垮，必要时还要打中柱。

（2）严格执行敲帮问顶制度，危石必须挑下，无法挑下时应采取临时支撑措施，严禁空顶作业。

（3）掘进工作面冒顶区及破碎带必须背严接实，必要时要挂金属网防止漏空。

（4）掘进工作面炮眼布置及装药量必须与岩石性质、支架与掘进工作面距离相适应，以防止因爆破而崩倒棚子。

（5）采用前探掩护式支架，使工人在顶板有防护的条件下出渣、支棚腿，以防止冒顶伤人。

（6）根据顶板条件变化，采取相应的支护形式，并应保证支护质量。

2. 巷道开叉处冒顶的预防措施

（1）开岔口应避开原来巷道冒顶的范围。

（2）交叉点抬棚的架设应有足够的强度，并与邻近支架连接成一个整体。

（3）必须在开口抬棚支设稳定后再拆除原巷道棚腿，不得过早拆除，切忌先拆棚腿后支护抬棚。

（4）注意选用抬棚的质量与规格，保证抬棚有足够的强度。

（5）当开口处围岩尖角被挤压破坏时，应及时采取措施加强抬棚的稳定性。

（6）交叉点锚喷支护时，使用加长或全锚式锚杆。

（7）全锚支护的采区巷道交叉点应缩小锚杆间距，并使用小孔径锚索补强。

3. 压垮型冒顶的防治措施

（1）巷道应布置在稳定的岩体中，并尽量避免采动的不利影响。采区回采巷道双巷掘进时，护巷煤柱的宽度应视围岩的稳定程度而定：围岩稳定时，护巷煤柱的宽度不得小于15 m；围岩中等稳定时，应不小于20 m；围岩软弱时，应不小于30 m。不用护巷煤柱时，最好是待相邻区段采动稳定后，再沿空掘巷。

（2）巷道支架应有足够的支撑强度，以抵抗围岩压力。

（3）巷道支架所能承受的变形量应与巷道使用期间围岩可能的变形量相适应。

（4）尽可能做到支架与围岩共同承载。支架选型时，尽可能采用具有初撑力的支架。支架施工时，要严格按工程质量要求进行，并特别注意顶与帮的背严背实，杜绝支架与围岩的空顶与空帮现象。

4. 垮落型冒顶的预防措施

（1）掘进工作面爆破后应立即进行临时支护，严禁空顶作业。

（2）凡因支护失效而空顶的地点，重新支护时，应先护顶、再施工。

（3）巷道替换支架时，必须先支新支架，再拆旧支架。

（4）锚杆支护巷道应及时施工，施工前应先清除危石，成巷后要定期检查危石，如有危石及时处理。

5. 支架支护巷道冒顶事故的一般防治措施

（1）巷道应布置在稳定的岩体中，尽量避免采动的不利影响。

（2）巷道支架应有足够的支护强度以抗衡围岩压力。

（3）巷道支架所能承受的变形量，应与巷道使用期间围岩可能的变形量相适应。

（4）尽可能做到支架与围岩共同承载。支架选型时，尽可能采用有初撑力的支架，支架施工时要严格按工程质量要求进行，并特别注意顶与帮的背严背实，杜绝支架与围岩间的空顶与空帮现象。

（5）凡因支护失效而空顶的地点，重新支护时应先护顶、再施工。

（6）巷道替换支架时，必须先支新支架，再拆老支架。

（7）锚喷巷道成巷后要定期检查围岩，若出现危岩应及时处理。

（8）在易发生推垮型冒顶的巷道中要提高巷道支架的稳定性，可以在巷道的架棚之间严格地用拉撑件连接固定，增加架棚的稳定性，以防推倒。倾斜巷道中架棚被推倒的可能性更大，架棚间拉撑件的强度要适当加大。

此外，在掘进工作面10 m内、断层破碎带附近10 m内、巷道交叉点附近10 m内、冒顶处附近10 m内，这些都是容易发生顶板事故的地点，巷道支护必须适当加强。

四、巷道冒顶事故的处理方法

冒落巷道的处理方法有木垛法、搭凉棚法、直接支架法、撞楔法、锚喷法、绕道法。

1. 木垛法

(1)“井”字木垛法。冒顶高度不超过 5 m，冒落范围已基本稳定，可用此法。“井”字木垛法处理垮落巷道如图 5-4 所示。

(2)“井”字木垛和小棚结合法。冒顶高度超过 5 m，冒落后顶板稳定，不再发生新的冒落。为节省坑木和时间可用此法。要求架棚技术高，棚子牢固可靠。“井”字木垛和小棚结合法处理垮落巷道如图 5-5 所示。

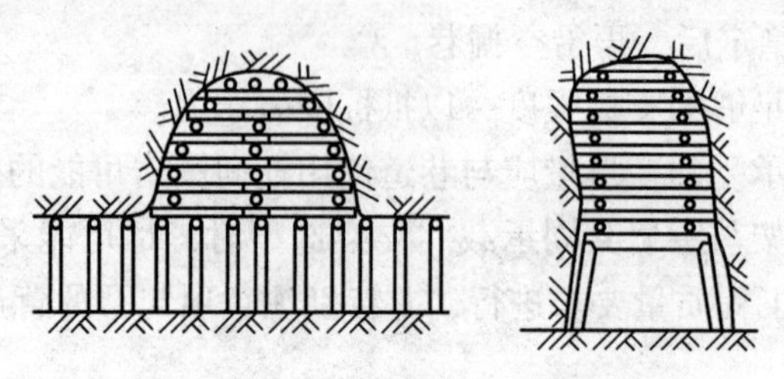

图 5-4 “井”字木垛法处理垮落巷道

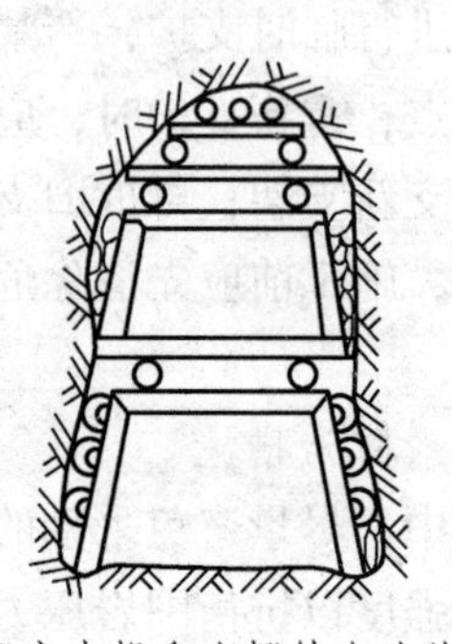

图 5-5 “井”字木垛和小棚结合法处理垮落巷道

2. 搭凉棚法

当冒落高度不超过 1 m，并不再继续冒落，冒落长度也不太大时，可以用适当数量的较长坑木搭在冒落两头完好的支架上，即所谓搭凉棚法。搭好“凉棚”后，在其掩护下迅速出矸、架棚。架好棚子后，再在凉棚上用其他材料把顶板接实。注意此法在高瓦斯矿井不宜采用。搭凉棚法处理垮落巷道如图 5-6 所示。

图 5-6 搭凉棚法处理垮落巷道

3. 直接支架法

在巷道围岩已经稳定，冒落矸石又不多，冒顶范围约为 2~3 架时，可采用直接支架法。首先扒掉碍事的矸石，在两帮掏出柱窝，然后立好柱腿，紧接着架设顶梁，并插背好，最后清理底部煤矸。再往前依次按照上述程序操作，直至处理完毕为止。

4. 撞楔法

当巷道冒落矸石很碎，可采用撞楔法处理。在冒顶处先用撞楔向冒落碎矸深处打入，在撞楔的保护下，清理冒落的煤矸，重新架设支架。撞楔法处理巷道冒顶如图 5-7 所示。

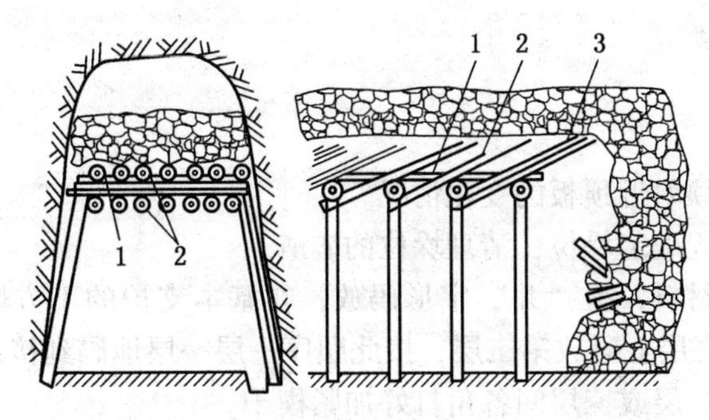

1—木板；2—圆木撞楔；3—荆芭

图 5-7　撞楔法处理巷道冒顶

5. 锚喷法

锚喷法适用于冒顶范围较大，具备锚喷支护设备的岩巷。首先处理冒顶区域内顶板及两帮的活矸，人员站在安全侧，向冒顶区域顶部喷射一层 30～50 mm 厚的混凝土封固顶板，然后再封两帮。当初喷层凝固后再打锚杆，并及时挂网和复喷一次，复喷厚度不宜超过 200 mm。冒顶处理完后，按要求立模砌暄，也可架设金属支架。

6. 绕道法

当冒落长度大，不易处理，为了营救遇难人员，首先要设法为遇难人员供给新鲜空气、水和食物，然后打绕道迅速营救人员。

学习活动 2　作业前的准备

【学习目标】

（1）熟知巷道冒顶的处理方法。

（2）熟知木垛处理巷道冒顶的方法。

（3）准备好维修巷道的工具材料。

【工具与材料】

方木、锤子、楔子、铁锹等。

学习活动 3　现　场　施　工

【学习目标】

（1）能正确选择木垛设置的最佳位置。

（2）掌握木垛处理巷道冒顶的方法。

（3）学会观察巷道冒顶附近顶板的变化情况。

【实训要求】

(1) 分组完成实训任务。

(2) 每组独立完成并提交工作页。

(3) 安全文明作业，妥善使用和维护实训资料及工具。

【实训任务】

木垛处理巷道冒顶。

一、施工步骤

(1) 观察巷道冒顶附近顶板的变化情况。

(2) 根据作业规程确定垛位，清理垛位的矿渣。

(3) 选用合格的材料，呈“井”字形码放，在基本支护的下方顺巷码放底层，然后再垂直于巷道方向在底层上码放第二层，按此顺序一层一层地码到接近顶板为止。

(4) 在靠顶板的二层或三层间各角打好加紧楔子。

二、注意事项

(1) 支设木垛时，必须保证木垛层层稳固对齐，底板不平处及木垛接顶处必须用板梁、木楔刹紧、背实、背稳，保证木垛接顶牢固、可靠、有效。

(2) 支设木垛时至少有三人配合作业，一人负责观察顶板，一人递料，一人支设木垛。

(3) 木垛应选用规格一致的方形木料。

(4) 木垛层面变形和原有支护倾斜面一致，迎山角应与原有支护的迎山角一致。

(5) 木垛层间用木楔楔紧，使木垛各层接触点上下在一条直线上。

(6) 木垛搭接后，伸出的长度应不小于0.15 m，而且木垛间互成90°。

(7) 在断层或裂缝处码放木垛时，木垛必须分别架设在断层或裂缝的两边，不准在其正下方仅打一个木垛。

(8) 如支设木垛需拆除中排柱时，必须先检查该处的顶板情况，在确认安全的情况下，方可拆除支柱，严禁将支柱围在木垛内。

学习任务三　冒顶的预兆、处理方法及避灾自救

本学习任务是中级工和高级工均应掌握的知识和技能。

【学习目标】

(1) 熟知工作面冒顶预兆和处理方法。

(2) 熟知冒顶处理的一般原则。

(3) 熟知顶板事故的应急处置。

(4) 掌握冒顶后被困人员的自救措施。

【建议课时】

2课时。

【工作情景描述】

某工作面顶板裂隙张开、裂隙增多，敲帮问顶时声音不正常，顶板裂隙内卡有活矸，并有掉渣、掉矸现象，之后发生局部冒顶事故，现场工作人员应能进行应急处置，被困人员应能进行避灾自救。

学习活动1　明确工作任务

【学习目标】

（1）熟知工作面冒顶预兆。

（2）了解冒顶处理的一般原则。

（3）熟知顶板事故的应急处置。

（4）熟知冒顶后被困人员的自救措施。

【工作任务】

熟知工作面冒顶的预兆，掌握冒顶事故的处理方法，熟知冒顶后被困人员的自救措施。

一、工作面冒顶预兆及处理方法

根据冒顶事故发生的影响范围不同，冒顶事故可以分为局部冒顶事故和大型冒顶事故两类。局部冒顶和大型冒顶一般都会有相关的征兆。

1. 局部冒顶的预兆

（1）工作面遇有小地质构造，由于构造破坏了岩层的完整性，容易发生局部冒顶。

（2）顶板裂隙张开、裂隙增多，敲帮问顶时，声音不正常。

（3）顶板裂隙内卡有活矸，并有掉渣、掉矸现象。掉大块前，往往先落小块矸石。

（4）煤层与顶板接触面上，极薄的矸石片不断掉落，这说明劈理（即顶板的节理、裂隙和摩擦滑动面）张开，有冒顶的可能。

（5）淋头水分离顶板劈理，常由于支护不及时而发生冒顶。

2. 局部冒顶事故的处理方法

处理采煤工作面冒顶时，应根据工作面的采煤方法、冒落高度、冒落块度、冒顶位置及影响范围决定采用何种方法。

1）探板法

当采煤工作面发生局部冒顶的范围小，顶板没有冒严，顶板岩层已暂时稳定时，应采取掏梁窝、探大板木梁或挂金属顶梁的措施，即用探板法来处理。

2）撞楔法

当顶板冒落矸石块度小，冒顶区顶板碎矸停止下落或一动就下落时，应采取撞楔法处理。具体操作是：处理冒顶时先在冒顶区架设撞楔棚子，棚子方向应与撞楔方向垂直；把撞楔放在棚架上，尖端指向顶板冒落处，末端垫一方木块，然后用大锤击打撞楔末端，使其逐渐深入冒顶区将破碎矸石托住，使顶板碎矸不再下落；之后，立即在接楔保护下架设支架。

3）小巷法

如果局部冒顶区已将工作面冒严堵死，但冒顶范围不超过15 m，垮落矸石块度不大且可以搬运时，可以在保证支架可靠及后路畅通的情况下，从工作面冒顶区由外向里、从下而上，采用“人”字形掩护支架沿煤壁机道整理出一条小巷道。小巷道整通后，开动输送机，再放矸，按原来的采高架棚。

4）绕道法

当冒顶范围较大、顶板冒严、工作面堵死，用以上 3 种方法处理均有困难时，可沿煤壁重新开切眼或部分开切眼，绕过冒顶区。

3. 大型冒顶的预兆

1）响声

顶板连续发生断裂声。这是由于直接顶和基本顶发生离层，或顶板切断下沉断裂而产生的声响。有时采空区顶板断裂发出像闷雷一样的声音（俗称“板炮”），这是基本顶和上方岩层产生离层或断裂的声音。

2）掉渣

顶板岩层破碎下落，掉大块前往往先落小块矸石，一般由少变多，由稀变密，掉渣越多，说明顶板压力越大。在人工假顶下，掉下的碎矸石和煤渣更多（俗称“煤雨”），这是发生冒顶的危险信号。

3）裂缝

顶板裂缝增加或裂隙张开。顶板的裂隙，一种是地质构造产生的自然裂隙，另一种是由于顶板下沉产生的采动裂隙。可在顶板裂缝中插入木楔，通过观察其是否松动或掉下来，判断裂缝是否扩大，以便做出预报。

4）脱层

顶板即将冒落时，往往出现脱层现象。检查是否脱层可用“问顶”的方法，如果声音清脆，表明顶板完好；如果顶板发出“空空”的声响，说明上下岩层之间已经脱离。

5）煤壁

由于冒顶前压力增加，煤壁受压后，煤质变软，片帮增多，使用电钻打眼时更加省力，使用采煤机割煤时负荷减少。

6）支架

使用木支架时，支架折断、压劈并发出声音；使用单体液压支柱时，大量支柱的安全阀自动放液，损坏的支柱比平时大量增加；工作面使用铰接顶梁时，损坏的顶梁比平时大量增加，大量的扁销子被挤出。底板松软或底板留有底矸石，丢底煤时，支柱会被大量压入底板。

7）其他

含有瓦斯的煤层，冒顶前瓦斯涌出量突然增大。有淋水的顶板，冒顶前淋水量增加。

4. 大型冒顶的处理方法

对于缓倾斜薄煤层和中厚煤层工作面，处理大冒顶的方法基本有两种：一种是恢复冒顶区工作面的方法，另一种是另掘开切眼或局部另掘开切眼绕过冒顶区的方法。冒顶的影响范围不大，冒落下来的矸石块度不大，用人工或采取一定措施后能够搬动时，一般采取恢复工作面的方法处理冒顶。

1）恢复冒顶区工作面

（1）从冒顶地点的两端，由外向里进行，先用双腿套棚维护好顶板，保护退路畅通。

棚梁上用小木板刹紧背严，防止顶板继续错动、垮落。

（2）边清理冒落矸石边架设工作面支架，把冒落的矸石清理后倒入采空区，每清理一架棚的距离，工作面架一棚。

（3）清理过程中遇到大块矸石不易破碎时，可用风钻打眼放小炮的方法进行破碎。

（4）如顶板冒落的矸石很破碎，一次整修巷道不易通过时，可先沿煤壁输送机道整修一条小巷。

2）另开巷道绕过冒顶区

当冒顶范围大，采用恢复冒顶区工作面的方法不易处理时，可另开巷道绕过冒顶区，即采用重新掘开切眼的方法。

二、顶板事故的应急处置

1. 冒顶处理的一般原则

处理冒顶时，首先必须注意防止冒顶范围继续扩大，确保抢救人员自身安全，做到“五先五后”。

1）先外后里

先检查垮落带以外 5 m 范围内支架的完整性，有问题先处理。如巷道一段范围冒顶，坚持先处理外面的，再逐渐向里处理。

2）先支后拆

更换巷道支护时，先加打临时支护或架设新支架，再拆除原有支架。

3）先上后下

处理倾斜巷道冒顶事故时，应该由上端向下端进行，以防矸石、物料滚落和支架歪倒砸人。

4）先近后远

一条巷道内存在多处冒顶时，必须先处理距离安全出口较近的一处，再向外处理距离安全出口较远的一处。

5）先顶后帮

在处理顺序上，必须注意先维护、支撑好顶板，再维护好两帮，确保抢救人员的安全。

2. 冒顶事故的现场抢救方法

抢险救灾人员首先要设法直接与遇险人员联络（呼叫、敲打等），确定遇险人员的位置，如果遇险人员所在位置通风不好，必须设法通风。如果遇险人员被堵在里面，应利用压风管、水管和开掘巷道、打钻等方法，向遇险人员送入新鲜空气、水和食物。在抢救中必须注意抢险救灾人员的安全，应由有经验的人员专门观察顶板，加强支护，保证后路畅通，发现有二次冒顶危险要立即撤人。现场抢救时可根据不同情况采用以下方法：

（1）工作面冒落范围比较小，矸石块度比较破碎且继续下落，矸石扒一点、漏一点时，可用撞楔法处理；如果冒顶以后能够暂时处于平衡状态，不再冒落，可以用架设木垛的方法处理。

（2）如果遇险人员在金属网下，底板是岩石且掏不动时，可以沿煤壁掏小洞接近被埋人员。

(3) 如果工作面两头冒落将人员堵在中间时，采用掏小洞和撞楔法穿不过去时，可以采用另开掘巷道的方法，接近被埋人员。

(4) 顶板冒落范围不大，如果遇险人员被大块矸石压住时，可用千斤顶顶开岩石再用小木柱替代，逐步接近被埋人员。

(5) 如果遇险人员靠近采空区，可以由放顶区向里掏小洞、架设梯形棚，边掏小洞边支护，接近被埋人员。

(6) 工作面冒顶范围很大，遇险人员的位置在冒落区中间，采用掏小洞和撞楔法处理时间长且不安全时，可以沿煤层重新开切眼接近被埋人员。

(7) 顶板沿煤壁冒落，矸石块度比较破碎，遇险人员又靠近煤壁时，可采用沿煤壁向里掏小洞的方法接近被埋人员。

三、冒顶后被困人员的自救措施

1. 采煤工作面冒顶时的避灾自救

(1) 迅速撤退到安全地点。当发现工作地点有即将发生冒顶的征兆而当时又难以采取措施防止顶板冒落时，应迅速离开危险区，撤到安全地点。

(2) 遇险时要靠煤帮贴身站立。从采煤工作面发生冒顶的实际情况看，顶板沿煤壁冒落很少见，因此当发生冒顶来不及撤退到安全地点时，应靠近煤帮贴身站立避灾，但要注意煤壁片帮伤人。

(3) 遇险后发出呼救信号。冒顶对人员的伤害是砸伤、掩埋或隔堵。冒落基本稳定后，遇险人员应立即采用呼救、敲打等方法发出有规律、不间断的呼救信号，以便救护人员组织力量进行抢救。

2. 独头巷道迎头冒顶时的避灾自救

(1) 事故发生后，遇险人员要听从班组长和有经验的老工人的指挥，在保证安全的前提下，积极开展自救和互救。

(2) 如被困地点有电话，应立即用电话汇报灾情、遇险人数、人员状况、采取的自救措施等；否则应采用敲打钢轨、管道或岩石等方法，发出呼救信号。

(3) 若被困地点有压风管，应立即打开输送新鲜空气，并稀释被堵空间的瓦斯浓度，但应注意保暖。

学习活动2 作业前的准备

【学习目标】

熟知顶板安全检查和敲帮问顶方法及所需的工具材料。

【工具与材料】

撬棍、金属支柱、木支柱、方木、木板。

学习活动3 现 场 施 工

【学习目标】

(1) 掌握顶板安全检查方法。

（2）掌握敲帮问顶方法。

（3）掌握顶板事故的避灾自救措施。

【实训要求】

（1）分组完成实训任务。

（2）每组独立完成并提交工作页。

（3）安全文明作业，妥善使用和维护实训资料和工具。

一、顶板安全检查

（1）看顶帮稳定情况。顶板和两帮有无裂缝变形，有无松岩危石，有无掉渣、漏矸，是否处在构造地带。

（2）敲帮问顶。听顶板有无离层。

（3）看梁柱（或围岩）的受力情况。梁柱（或围岩）有无变形、断裂。

（4）看支护质量。看支架的密度是否符合要求，支架是否架设牢固，支架是否与顶帮接实，是否需要加抬棚。

（5）看是否空顶作业。

（6）听有无顶板或梁柱断裂的声音。

二、敲帮问顶

1. 操作方法

（1）专用工具长度必须保证作业人员能够安全操作，根据巷道高低，可用 1.8 m 以上撬棍。

（2）敲帮问顶执行两人作业，一人操作，一人监护和警戒，找顶人员站在有支护的安全地点，留好安全退路，并保证退路畅通。

（3）找帮顶浮石人员严禁站在岩块下方或岩块下滑滚动方向，监护人应站在找帮顶浮石人员的侧后面，发现危险及时提醒。

（4）敲帮问顶应由外向里、由上山向下山方向、先顶部后两帮依次进行。使用长工具敲帮问顶时，应防止煤矸顺杆而下伤人。

（5）用撬棍敲帮问顶，听敲击声音，判断岩体有无松动或离层，如果声音清脆，则表示没有脱层；如果发出空声，则说明顶板已脱层，应立即加固支护。

（6）对负责检查区域要仔细观察，对有疑点的帮顶认真用撬棍进行点击，排除隐患。

2. 注意事项

（1）在运输大巷、石门找顶作业，有机车、行人通过时，禁止找顶，作业者应躲到宽敞处，避免被车辆挤伤。

（2）在刮板机道找顶作业时，应在刮板机停运状态下进行。

（3）落石地点有机电设备、电缆、管路，所找的浮石块体较大，应提前对机电设备、电缆、管路做好维护，必要时可向上级主管部门请示停电、停风（水、瓦斯），避免砸坏电缆造成漏电或砸坏管路造成跑水（风）以及影响抽采瓦斯。

(4) 上下山有泥水时，要注意防滑。

(5) 有大面积顶板冒落预兆时，禁止作业人员进入该区域，及时向上级汇报，并在危险区域两侧设好警戒。

(6) 找落下来的浮石要及时归堆，不得影响运输和行人。

三、发生冒顶事故时的应急避险

1. 遇险人员要积极开展自救和互救

事故发生后，遇险人员要听从灾区班组长和有经验的老工人的指挥，在保证安全的前提下，积极开展自救和互救。被煤、矸石、物料等埋压的人员，在条件不允许时切忌采用猛烈挣扎办法脱险，以免造成事故扩大。遇险人员要正视已发生的灾害，不要惊慌失措，注意保存体力，等待救援。未受伤和受轻伤人员，要采取切实可行的措施设法营救被掩埋人员，并尽可能脱离危险区或转移到较安全地点等待救援。对于被营救出的受伤人员，应立即在现场进行止血、包扎等急救处理。

2. 被隔堵人员要积极配合外部营救工作

人员被冒顶事故隔堵后，应在遇险地点利用各种条件有组织地开展自救，以配合外部的营救工作。

学习任务四　冲击地压及其防治

【学习目标】

1. 中级工

(1) 了解冲击地压及其危害。

(2) 了解冲击地压的特征和破坏形式。

(3) 熟知冲击地压发生的条件与影响因素。

2. 高级工

(1) 了解冲击地压危险性的预测预报。

(2) 熟知在掘进和回采工作中冲击地压的防治措施。

【建议课时】

2课时。

【工作情景描述】

在采煤活动中煤岩体突然破裂，伴随着各种声响从中飞出大小岩石碎片，造成支架折损、片帮冒顶、巷道堵塞。

学习活动1　明确工作任务

【学习目标】

(1) 了解冲击地压及其危害。

(2) 了解冲击地压的特征和破坏形式。

(3) 熟知冲击地压发生的条件与影响因素。

【工作任务】

熟知冲击地压的基本知识，为制定冲击地压防治措施做准备。

一、冲击地压及其危害

冲击地压是煤矿井工开采过程中常见的一种自然灾害，是围岩失稳现象中最强烈的一种，是在采矿活动中煤岩体突然破裂并伴随着各种声响从中飞出大小岩石碎片的现象。近年来，随着矿井转入深部开采，冲击地压发生的频率和强度不断增加，防治冲击地压是煤矿顶板控制的一项不可忽视的工作。

冲击地压可造成支架折损、片帮冒顶、巷道堵塞、人员伤亡，对安全生产威胁巨大。冲击地压除了破坏巷道、支架和设备外还会引发其他矿井灾害，尤其是瓦斯与煤尘爆炸、火灾以及水灾，还将干扰通风系统，严重时会造成地面震动和建筑物破坏等。因此，冲击地压是煤矿重大灾害之一。

二、冲击地压的特征

1. 突发性

冲击地压发生前一般无明显前兆，冲击过程短暂，持续时间为几秒到几十秒，难于准确预报发生时间、地点和强度。一般表现为煤爆（煤壁爆裂、小块抛射）、浅部冲击（发生在煤壁 2~6 m 范围内，破坏性大）和深部冲击（发生在煤体深处，声如闷雷，破坏程度不同）。冲击地压最常见的形式是煤层冲击，也有顶板冲击和底板冲击，少数矿井还可能发生岩爆。在煤层冲击中，大多表现为煤块抛出，还可表现为数十立方米煤体的整体移动，并伴有巨大声响、岩体震动和冲击波。

2. 巨大破坏性

冲击地压将导致大量煤体突然抛出，顶板下沉、底鼓，支架折损，堵塞巷道，造成惨重的人员伤亡和巨大的生产损失。

3. 瞬时震动性

冲击地压发生时，像爆炸一样强烈震动，导致重型设备被移动，人员被弹起摔倒，震动波及范围可达几公里甚至几十公里，地面有地震感觉。

4. 复杂性

各种条件和采煤方法均可能发生冲击地压。

三、冲击地压的破坏形式

1. 煤的抛射

煤块抛出，煤尘飞扬。

2. 煤的整体位移

在顶板能看出擦痕，巷道空间缩小。

3. 底鼓

底煤鼓起伤人，将刮板输送机等设备鼓起或弹起。

4. 震动

造成棚子倾倒，机械和设备移动。

5. 伴随有飓风的发生

当冲击地压较强时，产生的冲击波可能造成人员伤亡。

四、冲击地压发生的条件与影响因素

1. 冲击地压发生的条件

冲击地压是一种特殊的矿山压力现象，也是煤矿井下复杂的动力现象之一。冲击地压发生必须具备以下条件：

1）煤层及围岩具有冲击倾向性

煤岩脆性越大、湿度越小、抗压强度越高、越硬，受力后越易发生冲击地压。

2）采煤工作面附近存在较大的能量集中

冲击地压多发生在采煤工作面前方 15~50 m 处，属于采煤工作面超前支撑压力区，此处煤层积聚了巨大的弹性应变能，当其超过煤层极限强度时，便产生冲击地压。掘进工作面引起冲击地压的能量来源有：掘进工作面处于构造应力集中区，原岩构造应力巨大，以及掘进工作面处于煤柱或采场前方支撑压力高峰区，引起弹性变性能的突然释放，均易形成冲击地压。

3）采场存在释放能量的空间

采场前方煤体之中存在着巨大的弹性变形能，其附近又存在一定的空间（巷道或工作面），当煤体达到极限强度以上即可爆发冲击地压。若没有释放能量的空间，弹性能将随着采场的移动和受力条件的改变，可能逐渐缓解甚至恢复到常压状态。

2. 冲击地压的影响因素

1）开采深度

随着开采深度的增加，煤岩体内蕴藏的弹性能也越大，当其超过煤层的极限强度，应力达到临界破坏条件时，就可能发生冲击地压，并且发生的频率和强度随着开采深度的增加而增大。

2）煤层及顶板物理力学性质

煤质中硬、脆性和弹性较强的煤层易发生冲击地压；反之，软煤和塑性变形大的煤层不易发生冲击地压。顶板坚硬致密、脆性大，不易冒落的岩层条件下易发生冲击地压。

3）支承压力

煤层开采后，在工作面煤体和围岩中产生应力集中，形成支承压力。在两顺槽超前范围内，承受较高的支承压力，在临近采空区的煤体内，还要受到侧向固定支承压力的作用，尤其是两侧采空的煤岩体内，多种压力叠加使煤体内的应力集中程度更高，易于发生冲击地压。

4）地质构造

在工作面接近断层和在向斜轴部开采时，冲击地压发生频繁，破坏强度也较大。

5）采掘顺序及开采方法

开采过程中不可避免地留设各种煤柱，在采掘中形成支承压力的叠加，易于发生冲击地压。另外，过多地留设煤柱和在高应力集中区开掘巷道，也易发生冲击地压。

3. 冲击地压发生规律

（1）随开采深度的增加，冲击地压发生的次数增多，震级增高。大断层附近，冲击强度大，震级高。

（2）在构造带附近，有时震级不高，但影响范围较大，破坏能力较强。这一现象的原因是在断层附近由于人为的采动影响，使地质历史时期形成的断层被激活形成活断层，应力重新分配，使原来的应力平衡被打破，从而形成冲击地压。

（3）初次来压。来压前冲击地压频繁发生，往往初次来压时导致冲击地压的发生。

五、冲击地压的防治措施

冲击地压防治措施的基本原理有两方面：一是降低应力的集中程度；二是改变煤岩体的物理力学性能，以减弱弹性能的积聚能力和释放速率。

1. 降低应力的集中程度

减弱煤层区域内矿山压力的方法有：

（1）超前开采保护层。

（2）无煤柱开采，在采区内不留煤柱，禁止在邻近层煤柱的影响范围内开采。

（3）合理安排开采顺序，避免形成三面采空状态的回采区段或条带。

2. 采用合理的开拓布置和开采方式

实践表明，合理的开拓布置和开采方式有利于避免应力集中和叠加，防止冲击地压发生。大量实例证明，多数冲击地压是由于开采技术不合理造成的。不正确的开拓开采方式一经形成就难于改变，临到煤层开采时，只能采取局部措施防治冲击地压，而且耗费很大，效果有限。所以，采取合理的开拓布置和开采方式是防治冲击地压的根本性措施。

3. 改变煤层的物理力学性能

改变煤层物理力学性能的措施主要有：高压注水、放松动炮和钻孔槽卸压等。

（1）高压注水是指通过注水人为地在煤岩内部造成一系列的弱面并使其软化，以降低煤的强度和增加其塑性变形量。注水后，煤的湿度平均增加 1.0%～2.2%时，可使其单向受压的塑性变形量增加 13.3%～14.5%。

（2）放松动炮是指通过爆破人为地释放煤体内部集中应力区积聚的能量。在采煤工作面中使用时，一般是在工作面沿走向施工 4～6 m 深的炮眼，进行松动爆破。松动爆破的作用是可以诱发冲击地压和在煤壁前方经常保持一个破碎保护带，使最大支撑压力转入煤体深处，随后即便发生冲击地压，对采煤工作面的威胁也大为降低。

（3）钻孔槽卸压是指用大直径钻孔或切割沟槽使煤体松动，以达到卸压效果。卸载钻孔的深度一般应穿过应力增高带，在掘进石门揭开有冲击危险的煤层时，应在距煤层 5～8 m 处停止掘进，使钻孔穿透煤层，进行卸压。

学习活动 2　作业前的准备

【学习目标】

（1）了解冲击地压危险性的预测预报。

（2）熟知在掘进和回采工作中冲击地压的防治措施。

【相关资料】

具有冲击地压的掘进或回采作业规程。

学习活动3　现　场　施　工

【学习目标】

通过实训掌握冲击地压的防治措施。

【实训要求】

（1）分组完成实训任务。

（2）每组独立完成并提交工作页。

【实训任务】

冲击地压的防治措施（手指口述）。

模块六　矿山救护与应急救援技术

煤矿发生事故后，会造成井下现场人员的伤亡。事实证明，事故现场人员如能及时、准确采取措施，积极开展自救互救，可降低事故的危害程度，减少人员伤亡。《煤矿安全规程》规定：煤矿作业人员必须熟悉应急救援预案和避灾路线，具有自救互救和安全避险知识。井下作业人员必须熟练掌握自救器和紧急避险设施的使用方法。

学习任务一　事故应急处置

本学习任务是中级工和高级工均应掌握的知识和技能。

【学习目标】

(1) 根据事故发生发展情况，能正确观察和分析事故性质、发生地点、灾害程度。

(2) 煤矿井下发生事故时，现场人员能按照事故应急处置办法、避灾行动准则对灾害事故进行应急处置。

【建议课时】

(1) 中级工：3课时。

(2) 高级工：4课时。

【工作情景描述】

某煤矿井下由于电缆材料老化，短路后引发附近的材料燃烧，引起矿井火灾。附近工作人员发现后，按照井下灾害事故应急处置办法，开展避灾工作。

学习活动1　明确工作任务

【学习目标】

(1) 能初步判断灾害事故（火灾）的性质、发生地点以及危害程度。

(2) 能按照事故应急处置办法、避灾行动准则对灾害事故进行应急处置。

【工作任务】

在发现矿井发生火灾事故后，现场人员根据事故发生发展情况，正确观察和分析事故性质、发生地点、灾害程度，能遵循行动原则，根据不同灾害事故情况、灾害事故级别，按照避灾原则妥善处理。

自救就是井下发生意外灾变事故时，在灾区或受灾变影响区域内的工作人员进行避灾和自我保护；互救就是在有效地进行自救的前提下，妥善地救护灾区内的受伤人员。

一、发生灾害事故的行动原则

(1) 及时报告灾情。井下发现有烟气或明火等火灾灾情，应立即通知附近的工作人员。现场人员应立即组织起来，判明事故性质、发生地点和灾害程度、蔓延方向等情况，迅速向矿调度室汇报。

（2）积极抢救。根据现场灾情和条件，现场人员及时利用现场的设备材料在保证自身安全条件下，全力抢险。如火灾现场尚未停电，应设法切断电源，切断电源时要注意方法得当，防止发生触电事故。

（3）安全撤离。当灾害发展迅猛，无法进行现场抢救，或灾区条件急剧恶化，可能危及现场人员安全，以及接到命令要求撤离时，现场人员应有组织地撤离灾区。

二、撤离灾区时的行动准则

（1）沉着冷静，科学组织，团结互助。

（2）选择正确的避灾路线，尽量选择安全条件好、距离短的路线。位于火源进风侧的人员，应迎新鲜风流撤退；位于火源回风侧的人员或是在撤退途中遇到烟气有中毒危险时，应迅速佩戴好自救器尽快通过捷径绕到新鲜风流中去，或是在烟气没有到达之前顺着风流尽快从回风出口撤到安全地点。

（3）加强安全防护。撤退前，所有人员要使用好必备的防护用品和器具（自救器和湿毛巾），行动途中不得狂奔乱跑。如果在自救器有效作用时间内不能安全撤出时，应在设有存储备用自救器的硐室换用自救器再行撤退。

（4）撤退中时刻注意风向及风量的变化，注意是否出现火烟或爆炸征兆。

三、避灾注意事项

无论是顺风或逆风撤退都无法躲避着火巷道或火灾烟气造成的危害，则应迅速进入避难硐室；没有避难硐室时应在烟气到来之前选择合适的地点就地利用现场条件快速构筑临时避难硐室，进行避灾自救。避灾时的注意事项有：

（1）在室外留有明显标志，室内只留一盏矿灯。

（2）发出求救信号。

（3）团结互助，坚定信心，互相安慰。

（4）时刻注意避难地点气体和顶板情况。遇到烟气侵袭等情况时，应采取安全措施或设法安全撤离。

四、发生灾害时的自救方法

1. 井下电器设备灭火

（1）如火灾现场尚未停电，应设法切断电源，切断电源时要注意方法得当，防止发生触电事故。

（2）不得用泡沫灭火器带电灭火，带电灭火应采用干粉、二氧化碳、1211 等灭火器。

（3）携带的工具与带电体之间保持足够的安全距离。

（4）充油设备外部着火时，可用干粉等灭火器及时灭火。

2. 矿井发生瓦斯、煤尘爆炸事故

瓦斯、煤尘爆炸时可产生巨大的声响、高温、有毒气体、炽热火焰和强烈冲击波。因此，在避难自救时应特别注意以下6个要点：

（1）当灾害发生时一定要镇静清醒，不要惊慌失措、乱喊乱跑。当听到或感觉到爆炸声响和空气冲击波时，应立即背朝声响和气浪传来的方向，脸朝下，双手置于身体下面，闭上眼睛迅速卧倒。头部要尽量低，有水沟的地方最好趴在水沟边上或坚固的障碍物后面。

（2）立即屏住呼吸，用湿毛巾捂住口鼻，防止吸入有毒的高温气体，避免中毒或灼伤气管和内脏。

（3）用衣服将身体的裸露部分尽量盖严，以防火焰和高温气体灼伤身体。

（4）迅速取下自救器，按照使用方法戴好，以防止吸入有毒气体。

（5）高温气浪和冲击波过后应立即辨别方向，以最短的距离进入新鲜风流中，并按照避灾路线尽快逃离灾区。

（6）已无法逃离灾区时，应立即选择避难硐室，充分利用现场的一切器材和设备来保护人员和自身安全。进入避难硐室后要注意安全，最好找到离水源近的地方；设法堵好硐口，防止有害气体进入；注意节约矿灯用电和食品；室外要做好标记，有规律地敲打连接外部的管子、轨道等，发出求救信号。

3. 矿井发生冒顶事故

（1）迅速撤至安全地点，立即发出呼救信号。

（2）遇险时要靠煤帮贴身站立或到木垛处避灾。

（3）被隔堵人员要积极配合外部营救工作，遇险人员要积极开展自救和互救。

根据现场灾情和条件，现场人员及时利用现场的设备材料在保证自身安全条件下，全力抢险。发生冒顶后，立即利用现场材料、设备在冒顶处做好临时支护，如有可能，在保证自身安全的情况下对被砸伤、埋压或隔堵人员进行施救。

4. 矿井发生透水事故

矿井发生透水事故时，要根据灾情迅速采取有效措施，进行紧急避险。

（1）在突水迅猛、水流急速的情况下，现场人员应立即避开出水口和泄水流，躲避到硐室内、拐弯巷道或其他安全地点。如情况紧急来不及转移躲避时，可抓牢棚梁、棚腿或其他固定物体，防止被涌水打倒和冲走。

（2）当老空水涌出，使所在地点有毒有害气体浓度增高时，现场人员应立即佩戴好隔离式自救器。在未确定所在地点空气成分能否保证人员生命安全时，禁止随意摘掉自救器的口具和鼻夹，以免中毒窒息事故发生。

（3）井下发生突水事故后，绝不允许任何人以任何借口在不佩戴防护器具的情况下冒险进入灾区。否则，不仅达不到抢险救灾的目的，反而会造成自身伤亡、事故扩大。

（4）水害事故发生后，现场及附近地点的工作人员在脱离危险后，应在可能情况下迅速观察和判断突水的地点、涌水的程度、现场被困人员的情况等并立即报告矿井调度室。同时，应利用电话或其他联络方式及时向下部水平和其他可能受到威胁区域的人员发出警报通知。

学习活动2 工作前的准备

【学习目标】

(1) 根据事故性质、特点，掌握科学的避灾原则和方法。

(2) 熟知矿井布局与巷道布置情况以及井下避灾路线。

(3) 熟知遇险撤退注意事项。

【设备和工具】

模拟巷道，电话。

【相关资料】

矿井避灾路线图。

学习活动3 现场施工

【学习目标】

(1) 能根据不同灾害事故情况、灾害事故级别，按照避灾原则妥善处理。

(2) 通过进行事故演练，提高发生事故后的应急能力和心理素质。

【实训要求】

(1) 分组完成实训任务。

(2) 每组独立完成并提交工作页。

(3) 安全文明作业，妥善使用和维护实训资料及工具。

【实训任务】

模拟井下火灾，行动原则，撤退路线，以及撤退过程中的注意事项。

一、现场施工准备

(1) 在进入救援地点前应做好准备工作和安全防护措施。

(2) 熟悉救援实操顺序，明确在现场救援中的注意事项。

(3) 检查设备、救援工具及材料的准备情况。

二、现场施工

在发现由于电缆老化短路引发的火灾后，现场人员在保证自身安全的情况下，观察和分析事故性质、地点、灾害程度，尽快向矿调度室汇报。同时现场人员利用现场的灭火设备全力抢险，若火势发展迅猛，或灾区条件恶化时，应组织撤离灾区；若撤退中遇到通道堵塞或其他情况无法继续撤退时，应撤至永久避难硐室或临时避难硐室待救。

学习任务二 自救设施与设备的使用

本学习任务是中级工和高级工均应掌握的知识和技能。

【学习目标】

(1) 通过阅读井下自救设备的说明，掌握自救设备的种类、特征、作用。

（2）能正确认识自救设备的各种组成部分及其功能。

（3）熟练操作自救设备。

【建议课时】

（1）中级工：3课时。

（2）高级工：4课时。

【工作情景描述】

某煤矿井下发生煤与瓦斯突出，附近工作人员在管理人员的带领下，佩戴好自救设备后按照井下避灾路线进行撤离；仍有部分人员由于无法安全撤退，在避难硐室内等待救援。

学习活动1　明确工作任务

【学习目标】

（1）能正确使用或操作自救器、压风自救装置以及井下避难硐室等救护设备、设施。

（2）佩戴好自救器后，能按照避灾路线安全有序撤离。

【工作任务】

在发现矿井发生煤与瓦斯突出后，现场人员应在保证自身安全的情况下，观察和分析事故性质、地点、灾害程度，尽快向矿调度室汇报。现场人员应佩戴好自救器组织撤离灾区，若撤退中遇到通道堵塞或其他情况无法继续撤退时，应能正确使用压风自救设备，撤至永久避难硐室或临时避难硐室待救。

一、避难硐室

避难硐室是供井下工作人员在遇到事故无法撤退时躲避待救的一种设施。避难硐室有两种，一种是永久避难硐室；另一种是临时避难硐室。永久避难硐室应满足如下要求：

（1）设在采掘工作面附近和发爆器启动地点，距采掘工作面的距离应根据具体条件确定。

（2）室内净高不得小于2 m，长度和宽度应根据同时避难的最多人数确定，每人占用面积不得小于0.5 m^2。

（3）室内支护必须良好，并设有矿井调度室直通电话。

（4）室内必须设有供给空气的设施，每人供风量不少于0.3 m^3/min；室内应配备足够数量的隔离式自救器。

（5）避难硐室在使用时必须用正压通风。

二、压风自救装备

压风自救装备系统由空气压缩机、井下压风管路及固定式永久性自救装备组成，一般安装在硐室、工作场所附近、人员流动的井巷等地点。当发生煤与瓦斯突出或出现突出前预兆时，避灾人员应立即跑至压风自救装备处，解开披肩防护袋，打开球阀开关，迅速钻进披肩防护袋。披肩防护袋压力达0.09 MPa左右，对袋外空气形成正压，袋外有害空气因压力低而不能进入防护袋，从而使避灾人员不受侵害。披肩防护袋材料具有不漏气、阻燃和抗静电特点。

三、自救器

自救器是一种轻便、体积小、便于携带、作用时间短的个人呼吸保护装备。当井下发生火灾、爆炸、煤与瓦斯突出等事故时，佩戴自救器可有效防止中毒和窒息。《煤矿安全规程》规定：入井人员必须随身携带自救器。

自救器分为过滤式和隔离式两类，见表6-1。

表6-1　自救器的分类

种类	名称	防护的气体	防护特点
隔离式	化学氧自救器	不限	氧气由自救器本身提供，与外界空气成分无关
	压缩氧自救器	不限	
过滤式	一氧化碳过滤式自救器	一氧化碳	氧气由外界空气提供

1. 过滤式自救器

过滤式自救器是利用装有化学氧化剂的滤毒装置将有毒空气氧化成无毒空气供佩戴者呼吸用的呼吸保护器。其防护特点是仅能将一氧化碳氧化成二氧化碳，对其他毒气不起防护作用；不能提供人呼吸所需的氧气，要求逃生路线中氧气浓度不小于18%、一氧化碳浓度不大于1.5%。

2. 隔离式自救器

1）化学氧自救器

化学氧自救器是隔离式自救器的一种，它利用化学生氧物质产生氧气，供遇险人员从火灾、爆炸、煤与瓦斯突出灾区撤退脱险使用。它提供人员逃生时所需氧气，整个呼吸在人体与自救器之间循环进行，与外界空气成分无关，能防护各种毒气。化学氧自救器实物如图6-1所示。

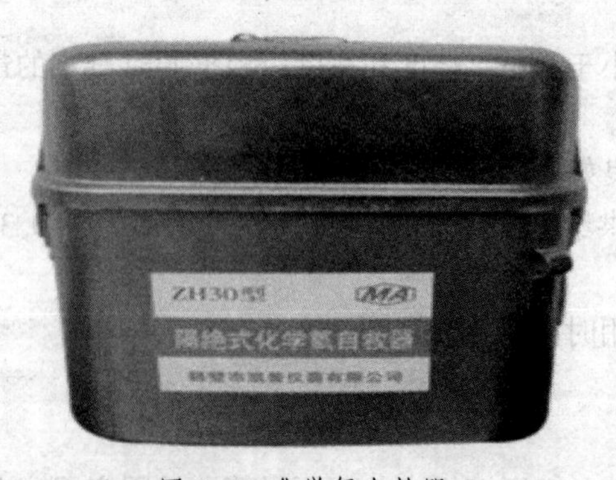

图6-1　化学氧自救器

化学氧自救器使用时的注意事项：

(1) 携带待用时，任何场所不准随意打开自救器上壳；如果自救器外壳已意外开启，应立即停止携带，作报废处理。

(2) 在井下工作时，一旦发现事故征兆，就应立即佩戴自救器，马上撤离现场。佩戴自救器要求操作准确迅速，因此，使用者事前必须经过专门培训和考试。

(3) 佩戴自救器撤离火区时，要冷静、沉着，最好匀速行走。

(4) 在整个逃生过程中，要注意把口具、鼻夹戴好，保持不漏气，绝不可以从嘴中取下口具说话。万一碰掉鼻夹时，要控制不用鼻孔吸气，迅速再次夹上鼻夹。

(5) 吸气时，比吸外界正常大气干热一点，这表明自救器在正常工作，对人无害，千万不可取下自救器。有时在佩戴时，感到呼吸气体中有轻微的盐味或碱味，也不要取下口具，这是由于少量药粉被呼吸气流从药层中带来而产生的，没有危害。

(6) 当发现呼气时，气囊瘪而不鼓，并渐渐缩小时，表明自救器的使用时间已接近终点。

(7) 化学氧自救器属一次性佩戴使用产品。

(8) 在佩戴过程中，万一启动装置失灵，同样可以使用，只需向气囊深呼一口气，仪器可照常工作。

(9) 携带自救器应避免碰撞、跌落，不许当坐垫用，不允许用尖锐的器具猛砸外壳和药罐，不能接触带电体或浸泡水中。

2) 压缩氧自救器

压缩氧自救器是利用装在氧气瓶中的压缩氧气供氧的隔离式呼吸保护器，是一种可反复多次使用的自救器。每次使用后，只需更换吸收二氧化碳的氢氧化钙吸收剂和重新充装氧气，即可重复使用。压缩氧自救器提供人员逃生时所需的氧气，能防护各种毒气，可用于有毒气或缺氧的环境条件下，也可作为压风自救系统的配套装备。压缩氧自救器实物如图 6-2 所示。

图 6-2　压缩氧自救器

压缩氧自救器的使用方法：

(1) 将专用腰带穿入自救器腰带内卡与外卡之间，固定在背部右侧腰间。

(2) 开启扳手，使用时先将自救器沿腰带转到右侧腹前，左手托底，右手拉护罩胶片，使护罩挂钩脱离壳体扔掉。

（3）用右手掰锁口带扳手至封印条断开后，丢开锁口带。

（4）左手抓住下外壳，右手将上外壳用力拔下扔掉。

（5）取出自救器扔掉下外壳。

（6）套上挎带将挎带组套在脖子上。

（7）提起口具并立即戴好拔出启动针，使气囊逐渐鼓起。

（8）拔掉口具塞同时将口具塞入口中。

（9）口具片置于唇齿之间，牙齿紧紧咬住牙垫，紧闭嘴唇。

（10）两手同时抓住两个鼻夹垫的圆柱形把柄，将弹簧拉开，憋住一口气，使鼻夹垫准确地夹住鼻子。

（11）调整挎带长度。

（12）佩戴完毕，戴好自救器匀速撤离灾区。

上述操作完成后，开始退离火区。途中感到吸气不足时不要惊慌，应放慢脚步，做深长呼吸，待气量充足时再快步行走。

压缩氧自救器使用时的注意事项：

（1）携带自救器下井前，应观察压力表的示值不得低于 18 MPa。使用过程中应随时观看压力表，以便随时掌握耗氧情况及确定撤出灾区的时间。

（2）高压气瓶装有 20 MPa 的氧气，携带过程中防止撞击、磕碰或当坐垫用。使用中要防止利器刮破气囊。

（3）在灾区使用时，严禁通过口具或摘掉口具讲话，在未到达安全地点时严禁摘掉口具。

（4）使用时要保持沉着冷静，在呼气和吸气时要慢而深。如使用到后期，清净罐的温度会上升，这是正常的，不必紧张。

（5）在未达到安全地点时不要摘下自救器。

3. 自救器的选用原则

对于流动性较大，可能会遇到各种灾害威胁的人员，应选用隔离式自救器；在有煤与瓦斯突出矿井或有突出危险区域的采掘工作面，应选用隔离式自救器；有条件的煤矿最好选用压缩氧自救器。

学习活动2　工作前的准备

【学习目标】

（1）能正确使用井下的自救器。

（2）了解自救器的结构。

【设备和工具】

自救器，瓦斯检测仪，模拟巷道。

学习活动3　现　场　施　工

【学习目标】

（1）能正确使用自救工具和设备。

（2）进行事故演练，提高现场人员的防灾抗灾能力。

【实训要求】

（1）分组完成实训任务。

（2）每组独立完成并提交工作页。

（3）安全文明作业，妥善使用和维护实训资料及工具。

【实训任务】

在井下发生事故时，正确佩戴自救器，按照避灾路线安全撤离。

一、现场施工准备

（1）在进入救援地点前做好准备工作和安全防护措施。

（2）熟知救援实操顺序，明确在现场救援中的注意事项。

（3）检查设备、救援工具及材料的准备情况。

二、现场施工

ZY45 型压缩氧自救器的使用步骤：

（1）将腰间佩戴好的自救器移到身体正前面，把自救器的带子戴在脖子上。

（2）拔掉自救器上两侧的销子，或者捏开自救器上两侧塑料卡子，或者取掉自救器上的金属保险锁条，并取下上盖。

（3）展开气囊，注意气囊不要扭折。

（4）取出口具中的塞子，把口具放入口中，口具片应放在唇和下齿之间，牙齿紧紧咬住牙垫，紧闭嘴唇，使嘴与口具具有可靠的气密性。

（5）逆时针转动氧气瓶开关，打开氧气瓶，然后用手指按动补气压板，使气囊迅速鼓起。

（6）把鼻夹弹簧打开，用鼻垫准确地夹住鼻孔，用嘴呼吸。

学习任务三　现　场　急　救

本学习任务是中级工和高级工均应掌握的知识和技能。

【学习目标】

（1）事故发生后，能够迅速判断事故现场情况，在保证自身安全的情况下积极抢险，同时对伤员进行科学施救。

（2）掌握现场急救的原则、方法与关键技术。

（3）能根据伤员伤情采取不同的急救方法，进行现场急救。

【建议课时】

（1）中级工：3 课时。

（2）高级工：4 课时。

【工作情景描述】

某煤矿井下工作面由于支护不当，引起矿井局部冒顶。冒顶对当班人员造成不同程度的损伤，附近工作人员发现后按井下避灾要求与急救原则、方法展开相关工作。

学习活动1 明确工作任务

【学习目标】

（1）能迅速判断灾害事故（顶板）的性质、发生地点以及危害程度。

（2）能按照急救原则对受伤人员进行处理。

【工作任务】

在发现由于工作面支护不当发生冒顶事故后，现场人员应在保证自身安全的情况下，观察和分析事故性质、发生地点、灾害程度，尽快向矿调度室汇报。现场人员及时利用现场设备全力抢险，同时对受伤人员进行现场急救，尽可能地减轻伤员痛苦，防止伤情恶化，减少并发症的发生，挽救伤员生命。

现场创伤急救的关键在于“及时”，人员受到伤害后，2 min 内进行急救的成功率可达 70%，4~5 min 内进行急救的成功率可达 43%，15 min 以后进行急救的成功率则较低。据统计，做好现场创伤急救，能够使伤员的死亡减少 20%。

一、现场急救的基本原则

井下工作人员互救必须遵守“三先三后”的原则：

（1）对窒息（呼吸道完全堵塞）或心跳呼吸骤停的伤员，必须先进行人工呼吸或心脏复苏后再搬运。

（2）对出血的伤员，先止血、后搬运。

（3）对骨折的伤员，先固定、后搬运。

二、现场急救方法

现场创伤急救的方法包括人工呼吸、心脏复苏、止血、创伤包扎、骨折临时固定和伤员搬运。

1. 人工呼吸

人工呼吸适用于触电休克、溺水、有害气体中毒、窒息或外伤窒息等引起的呼吸停止、假死状态者。在实施人工呼吸前，先将伤员运送到安全、通风良好的地点，将伤员领口解开，放松腰带，注意保持体温，腰背部要垫上松软的衣服等。清除口中污物，把舌头拉出或压住，防止堵住喉咙，妨碍呼吸。各种有效的人工呼吸必须在呼吸道畅通的前提下进行。常用的人工呼吸方法有口对口吹气法、仰卧压胸法和俯卧压背法 3 种。

1）口对口吹气法

口对口吹气法是效果最好、操作最简单的一种方法。操作前使伤员仰卧，救护者在其头部的一侧，一手托住伤员下颌，并尽量使其头部后仰，另一只手将其鼻孔捏住，以免吹气时从鼻孔漏气；救护者深吸一口气，紧对伤员的口部将气吹入，造成伤员吸气；然后，松开捏鼻的手，并用一手压其胸部以帮助伤员呼气。如此有节律地、均匀地反复进行，每分钟应吹气 14~16 次。注意吹气时切勿过猛、过短，也不宜过长，以占一次呼吸周期的 1/3 为宜。口对口吹气法如图 6-3 所示。

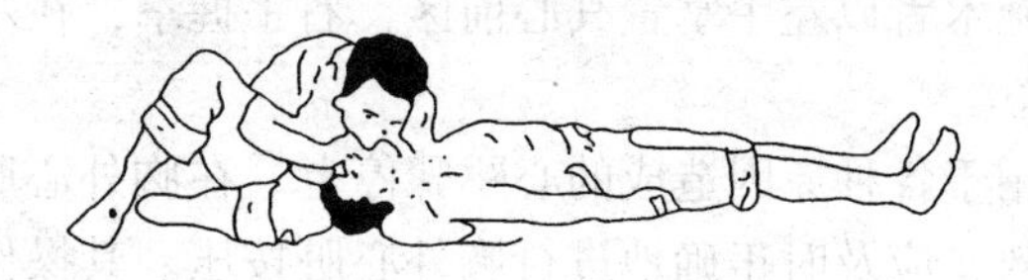

图 6-3　口对口吹气法

2）仰卧压胸法

使伤员仰卧，救护者跨跪在伤员大腿两侧，两手拇指向内，其余四指向外伸开，平放在伤员胸部两侧乳头之下，借半身重力压伤员胸部，挤出伤员肺内空气；然后，救护者身体后仰，除去压力，伤员胸部依其弹性自然扩张，使空气吸入肺内。如此有节律地进行，要求每分钟压胸 16~20 次。此法不适用于胸部外伤或二氧化硫、二氧化氮中毒者，也不能与胸外心脏按压法同时进行。仰卧压胸人工呼吸法如图 6-4 所示。

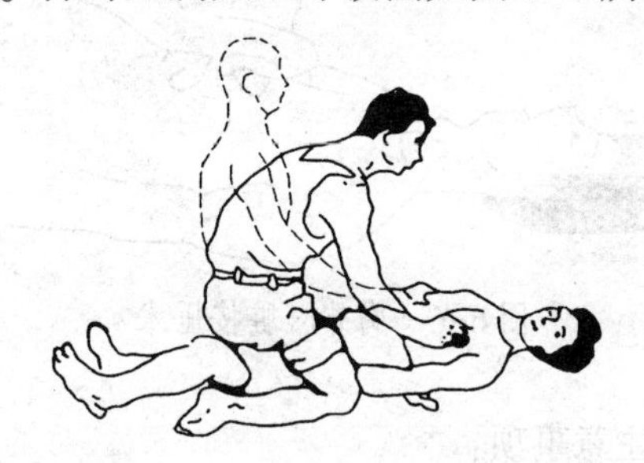

图 6-4　仰卧压胸人工呼吸法

3）俯卧压背法

俯卧压背法与仰卧压胸法操作大致相同，只是伤员俯卧，救护者跨跪在伤员大腿两侧。因为这种方法便于排出肺内水分，因而此法对溺水急救较为适合。俯卧压背人工呼吸法如图 6-5 所示。

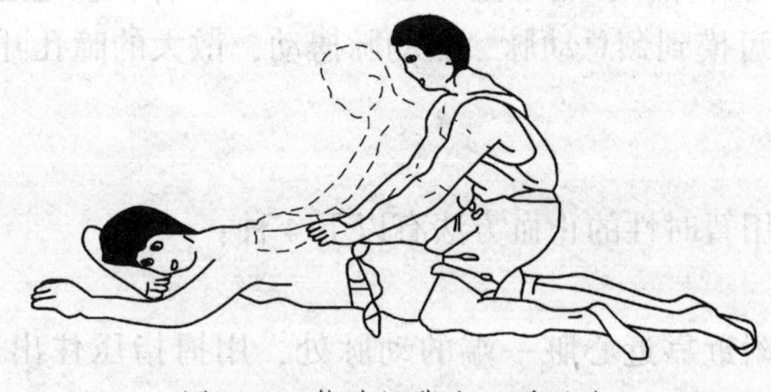

图 6-5　俯卧压背人工呼吸法

2. 心脏复苏

心脏复苏操作主要有心前区叩击术和胸外心脏按压术两种方法。

1）心前区叩击术

心脏骤停后应立即叩击心前区，叩击力度中等，一般可连续叩击 3~5 次，并观察脉搏、心音。若恢复心跳则表示复苏成功；反之，应立即放弃，改用胸外心脏按压术。操作时，使伤员头低脚高，施术者以左手掌置其心前区，右手握拳，在左手背上轻叩。

2）胸外心脏按压术

胸外心脏按压术适用于各种原因造成的心跳骤停者。在胸外心脏按压前，应先做心前区叩击术，如果叩击无效，应及时正确地进行胸外心脏按压。其操作方法是：

首先使伤员仰卧在木板上或地上，解开其上衣和腰带，脱掉鞋子。救护者位于伤员左侧，手掌面与前臂垂直，一手掌面压在另一手掌面上，使双手重叠，置于伤员胸骨1/3处（其下方为心脏）；以双肘和臂肩之力有节奏地、冲击式地向脊柱方向用力按压，使胸骨压下3~4 cm（有胸骨下陷的感觉即可）；按压后，迅速抬手使胸骨复位，以利于心脏的舒张。按压次数，以每分钟60~80次为宜。按压过快，心脏舒张不够充分，心室内血液不能完全充盈；按压过慢，动脉压力低，效果也不好。胸外心脏按压术如图6-6所示。

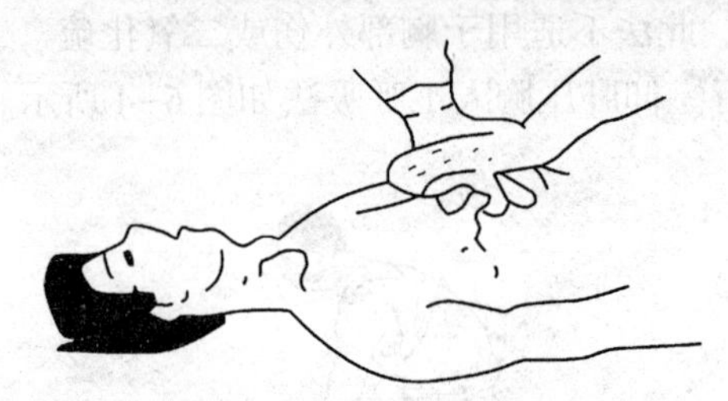

图6-6　胸外心脏按压术

使用胸外心脏按压时的注意事项：

（1）按压的力量应因人而异：对身强力壮的伤员，按压力量可大些；对年老体弱的伤员，按压力量宜小些。按压的力量要稳健有力，均匀规则，重力应放在手掌根部，着力仅在胸骨处，切勿在心尖部按压；同时注意用力不能过猛，否则可致肋骨骨折、心包积血或引起气胸等。

（2）胸外心脏按压与口对口吹气应同时施行，一般每按压心脏4次，做口对口吹气一次，如一人同时兼做此两种操作，则每按压心脏10~15次，较快地连续吹气2次。

（3）按压显效时，可摸到颈总动脉、股动脉搏动，散大的瞳孔开始缩小，口唇、皮肤转为红润。

3. 止血

止血方法很多，常用暂时性的止血方法有以下4种：

1）指压止血法

指压止血即在伤口附近靠近心脏一端的动脉处，用拇指压住出血的血管，以阻断血流。此法是用于四肢大出血的暂时性止血措施，在指压止血的同时，应立即寻找材料，准备换用其他止血方法。

2）加垫屈肢止血法

当前臂和小腿动脉出血不能制止时，如果没有骨折和关节脱位，这时可采用加垫屈肢止血法止血。在肘窝处或膝窝处放入叠好的毛巾或布卷，然后屈肘关节或屈膝关节，再用绷带或宽布条等将前臂与上臂或小腿与大腿固定。

3）止血带止血法

当上肢或下肢大出血时，在井下可就地取材，使用软胶管或衣服、布条等作为止血带，压迫出血伤口的近心端进行止血。止血带的使用方法：

（1）先在伤口近心端上方加垫。

（2）急救者左手拿止血带，上端留 5 寸（约 16.67 cm），紧贴加垫处。

（3）右手拿止血带长端，拉紧环绕伤肢伤口近心端上方两周，然后将止血带交左手中、食指夹紧。

（4）左手中、食指夹紧止血带，顺着肢体下拉成环。

（5）将上端一头插入环中拉紧固定。

（6）在上肢应扎在上臂的上 1/3 处，在下肢应扎在大腿的中下 1/3 处。

止血带使用时的注意事项：

（1）扎止血带前，应先将伤肢抬高，防止肢体远端因瘀血而增加失血量。

（2）扎止血带时要有衬垫，不能直接扎在皮肤上，以免损伤皮下神经。

（3）前臂和小腿不适于扎止血带，因其均有两根平行的骨干，骨间可通血流，所以止血效果差。但在肢体离断后的残端可使用止血带，应尽量扎在靠近残端处。

（4）禁止扎在上臂的中段，以免压伤桡神经，引起腕下垂。

（5）止血带的压力要适中，即达到阻断血流又不损伤周围组织为度。

（6）止血带止血持续时间一般不超过 1 h，时间太长可导致肢体坏死，时间太短会使出血、休克进一步恶化。因此使用止血带的伤员必须配有明显标志，并准确记录开始扎止血带的时间，每 0.5~1 h 缓慢放松一次止血带，放松时间为 1~3 min；此时可抬高伤肢压迫局部止血，再扎止血带时应在稍高的平面上绑扎，不可在同一部位反复绑扎。使用止血带以不超过 2 h 为宜，应尽快将伤员送到医院救治。

4）加压包扎止血法

加压包扎止血法主要适用于静脉出血的止血。其方法是：将干净的纱布、毛巾或布料等盖在伤口处，然后用绷带或布条适当加压包扎，即可止血。压力的松紧度以能达到止血而不影响伤肢血液循环为宜。

4. 创伤包扎

包扎的目的是止血，保护伤口和创面，减少感染，减轻痛苦。包扎时使用的材料主要有绷带、三角巾、四头巾等，现场进行创伤包扎可就地取材，用毛巾、手帕、衣服撕成的布条等进行。常用的包扎方法主要有 2 种。

1）布条包扎法

（1）环形包扎法。该法适用于头部、颈部、腕部及胸部、腹部等处。将布条做环形重叠缠绕肢体数圈后即成。

（2）螺旋包扎法。该法用于前臂、下肢和手指等部位的包扎。先用环形包扎法固定起始端，把布条渐渐地斜旋上缠或下缠呈螺旋形，每圈压前圈的一半或 1/3，尾部在原位上缠 2 圈后予以固定。

（3）螺旋反折包扎法。该法多用于粗细不等的四肢包扎。开始先做螺旋包扎，待到渐粗处，以一手拇指按住布条上面，另一手将布条自该点反折向下，并遮盖前圈的一半或 1/3。各圈反折须排列整齐，反折头不宜在伤口和骨头突出部分。

(4)"8"字包扎法。该法多用于关节处的包扎。先在关节中部环形包扎两圈，然后以关节为中心，从中心向两边缠，一圈向上、一圈向下，两圈在关节屈侧交叉，并压住前圈的1/2。

2）毛巾包扎法

(1) 头顶部包扎法。毛巾横盖于头顶部，包住前额，两前角拉向头后打结，两后角拉向下颌打结；或者将毛巾横盖于头顶部，包住前额，两前角拉向头后打结，然后两后角向前折叠，左右交叉绕到前额打结。如果毛巾太短可接带子。

(2) 面部包扎法。将毛巾横置，盖住面部，向后拉紧毛巾的两端，在耳后将两端的上、下角交叉后分别打结，眼、鼻、嘴处剪洞。

(3) 下颌包扎法。将毛巾纵向折叠成四指宽的条状，在一端扎一小带，毛巾中间部分包住下颌，两端上提，小带经头顶部在另一侧耳前与毛巾交叉，然后小带绕前额及枕部与毛巾另一端打结。

(4) 肩部包扎法。单肩包扎时，毛巾斜折放在受伤侧肩部，腰边穿带子在上臂固定，叠角向上折，一角盖住肩的前部，从胸前拉向对侧腋下，另一角向上包住肩部，从后背拉向对侧腋下打结。

(5) 胸部包扎法。全胸包扎时，毛巾对折，腰边中间穿带子，由胸部绕到背后打结固定。胸前的两片毛巾折成三角形，分别将角上提至肩部，包住双侧胸，两角各加带过肩到背后与横带相遇打结。背部包扎与胸部包扎法相同。

(6) 腹部包扎法。将毛巾斜对折，中间穿小带，小带的两部拉向后方，在腰部打结，使毛巾盖住腹部。将上、下两片毛巾的前角各扎一小带，分别绕过大腿根部与毛巾的后角在大腿外侧打结。臂部包扎与腹部包扎法相同。

包扎时的注意事项：

(1) 包扎时，应做到动作迅速敏捷，不可触碰伤口，以免引起出血、疼痛和感染。

(2) 不能用井下的污水冲洗伤口。伤口表面的异物（如煤块、矸石等）应去除，但深部的异物需运至医院取出，防止重复感染。

(3) 包扎动作要轻柔，松紧度要适宜，不可过松或过紧，以达到止血目的为准；结头不要打在伤口上，应使伤员体位舒适，包扎部位应维持在功能位置。

(4) 脱出的内脏不可纳回伤口，以免造成体腔内感染。

(5) 包扎范围应超出伤口边缘5~10 cm。

5. 骨折固定

骨折固定可减轻伤员的疼痛，防止因骨折端移位而刺伤邻近组织、血管、神经，也是防止创伤休克的有效急救措施。操作要点如下：

(1) 应使用夹板、绷带、三角巾、棉垫等物品进行骨折固定。

(2) 骨折固定应包括上、下两个关节，在肩、肘、腕、股、膝、踝等关节处应垫棉花或衣物，以免压破关节处皮肤，固定应以伤肢不能活动为度，不可过松或过紧。

(3) 搬运时要做到轻、快、稳。

采用夹板固定骨折的肢体时需要包扎，以减少继发损伤，便于将伤员运送至医院。

6. 伤员搬运

搬运时应尽量做到不增加伤员的痛苦，避免造成新的损伤及并发症。现场常用的搬运方法有担架搬运法、单人或双人徒手搬运法等。

1）担架搬运法。

(1) 担架可用特制的担架，也可用绳索、衣服、毛毯等做成简易担架。

(2) 由 3~4 人合成一组，小心谨慎地将伤员移上担架。

(3) 伤员头部在后，以便后面抬担架的救护者随时观察伤员的变化。

(4) 抬担架时应尽量做到轻、稳、快。

(5) 向高处抬时（如走上坡)，前面的人要放低，后面的人要抬高，以保持担架水平状；走下坡时相反。

2）单人徒手搬运法

单人搬运法适用于伤势比较轻的伤病员，采取背、抱或扶持等方法。

3）双人徒手搬运法

一人搬托双下肢，一人搬托腰部。在不影响病伤的情况下，还可用椅式、轿式和拉车式等方法搬运。

三、对不同伤员的现场急救

1. 对中毒或窒息人员的急救

(1) 立即将伤员从危险区抢运到新风中，取平卧位。

(2) 立即将伤员口、鼻内的黏液、血块、泥土、碎煤等除去，解开上衣和腰带，脱掉胶鞋。

(3) 用衣服覆盖在伤员身上保暖。

(4) 根据心跳、呼吸、瞳孔等特征和伤员的神志情况，初步判定伤情的轻重。

(5) 当伤员出现眼红肿、流泪、畏光、喉痛、咳嗽、胸闷现象时，说明是二氧化硫中毒。当伤员出现眼红肿、流泪、喉痛及手指、头发呈黄褐色现象时，说明是二氧化氮中毒。当伤员嘴唇呈桃红色、两颊有红斑点，说明是一氧化碳中毒。对二氧化硫、二氧化氮的中毒者只能进行口对口的人工呼吸，不能进行压胸或压背法的人工呼吸。

(6) 人工呼吸持续的时间以恢复自主性呼吸或到伤员真正死亡为止。当救护队来到后，转由救护人员用苏生器苏生。

2. 对外伤人员的急救

对外伤人员的急救，包括对烧伤人员的急救、对出血人员的急救和对骨折人员的急救，应分别采用包扎创面、止血和骨折临时固定等急救方法，然后迅速移至地面，送医院救治。

3. 对溺水者的急救

突水中，人员溺水时，可能造成呼吸困难而窒息死亡。应采取如下措施急救：

1）转送

把溺水者从水中救出后，立即送到温暖和空气流动处，松开腰带，脱掉湿衣服，盖上干衣服保温。

2）检查

检查溺水者的口鼻，如有浑水和污物堵塞，应迅速清除，擦洗干净，以保持呼吸道通畅。

3）控水

将溺水者取俯卧位，用木料、衣服等垫在肚子下面，施救者左腿跪下，把溺水者的腹部放在右侧大腿上，使其头朝下，并压其背部，迫使水从体内流出。

上述控水效果不理想时，应立即做俯卧压背法人工呼吸或口对口吹气，或实施胸外心脏按压。

4. 对触电者的急救

（1）立即切断电源，或使触电者脱离电源。

（2）迅速观察伤员有无呼吸和心跳。如发现已停止呼吸或心音微弱，应立即进行人工呼吸或胸外心脏按压。

（3）若呼吸和心跳都已停止，应同时进行人工呼吸和胸外心脏按压。

（4）对遭受电击者，如有其他损伤如跌伤、出血等，应做相应的急救处理。

5. 对冒顶埋压人员的急救

（1）扒掘伤员时须注意不要损伤人体。靠近伤员身体时，扒掘动作要轻巧稳重，以免对伤员造成伤害。

（2）如果确知伤员头部位置，应先扒去其头部煤岩块，以使头部尽早露出外面。头部扒出后，要立即清除口腔、鼻腔的污物，随后再扒掘身体其他部位。

（3）此类伤员常常发生骨折，因此在扒掘与抬离时必须十分小心。严禁用手去拖拉伤员四肢，以免增加伤势。

（4）当伤员呼吸困难或停止呼吸，可进行口对口吹气。对于心跳衰弱的伤员同时要做心脏复苏。

（5）有大出血者，应立即采用止血方法对伤员止血，并对伤口处进行简单包扎。

（6）有骨折者，应用夹板固定。如怀疑有脊柱骨折，应用硬板担架转运，不得由人扶持或抬运。

（7）转运时须有医务人员护送，以便对发生的危险情况给予急救。

6. 对长期被困在井下的人员急救

（1）严禁用矿灯照射遇险者的眼睛，应用毛巾、衣服、纸张等蒙住其眼睛。

（2）用棉花或纸张等堵住双耳。

（3）注意保温。

（4）不能立即升井，应将其放在安全地点逐渐适应环境和稳定情绪。待情绪稳定，体温、脉搏、呼吸及血压等稍有好转后，方可升井送至医院救治。

（5）搬运时要轻抬轻放、缓慢行走，注意伤情变化。

（6）升井后和治疗初期，劝阻亲属探视，以免伤员过度兴奋发生意外。

（7）禁止被困人员吃过量或过硬的食物，可限量吃一些稀软易消化的食物，使肠胃功能逐渐恢复。

学习活动2　工作前的准备

【学习目标】

(1) 掌握基本的急救技术。

(2) 熟知急救设备的操作方法。

【工具与材料】

止血带、担架、绷带、三角巾、夹板等。

学习活动3　现　场　施　工

【学习目标】

(1) 能正确使用急救工具和设备。

(2) 能正确对伤员进行现场急救，挽救伤员的生命。

【实训要求】

(1) 分组完成实训任务。

(2) 每组独立完成并提交工作页。

(3) 安全文明作业，妥善使用和维护实训资料及工具。

【实训任务】

(1) 口对口吹气法。

(2) 伤员搬运。

一、现场施工准备

(1) 在进入救援地点前做好准备工作和安全防护措施。

(2) 熟知救援实操顺序，明确在现场救援中的注意事项。

(3) 检查设备、救援工具及材料的准备情况。

二、现场施工

(1) 口对口吹气法。

(2) 伤员搬运。

学习任务四　矿井灾害应急救援

【学习目标】

(1) 提升学生的灾害分析能力和应急处理能力。

(2) 引导学生牢固树立"安全第一"的工作理念。

(3) 掌握扎实的灾害处理和自救互救技能。

【建议课时】

10课时。

【工作情景描述】

某矿井回风大巷 1100 m 处发生透水事故，目前有 2 名工作人员未能及时升井，情况不明。作为闻警出动的救护队员，在队长的带领下，和其他救护队员一起进行煤矿井下救援。

学习活动 1　明确工作任务

【学习目标】

(1) 能根据煤矿安全类专业人才培养方案实施要求，掌握关于通风、瓦斯、煤尘、防火等相关知识。

(2) 能根据国家相关安全规程和技术规范，制定救援行动计划。

(3) 能根据自救互救知识与技能开展及时的、正确的、迅速的矿井灾害应急救援。

【工作任务】

接到矿井灾害事故报警电话后，根据事故概述，编写救援行动计划，明确任务分工并侦查路线，完成闻警出动、救援准备、灾区侦查、事故技术处理与伤员抢救，最后安全撤离灾区。

一、HYZ4 正压氧气呼吸器

HYZ4 正压氧气呼吸器是矿山救护队员、消防特勤指战员、特种工程技术人员在严重污染、毒气类型不明确或缺氧的恶劣环境下从事抢险救援工作必不可少的人体防护装备。HYZ4 正压氧气呼吸器实物如图 6-7 所示。

图 6-7　HYZ4 正压氧气呼吸器

1. 工作原理

工作时，打开气瓶开关，氧气经减压后，连续供给呼吸舱。当使用者吸气时，氧气从呼吸舱经冷却罐、吸气软管、吸气阀进入面罩；呼气时，气体经呼气阀、呼气软管进入呼吸舱与定量孔供给的氧气混合后，通过清净罐吸收掉呼气中的二氧化碳与多余水汽，然后进入呼吸舱，完成一次循环。使用过程中，依次反复循环。

当使用者从事重体力劳动时，呼吸量大，耗氧量高，流量不能满足呼吸需求。呼吸舱内气体压强会不断降低，正压弹簧推动膜片开启自动补给阀，补充氧气；反之，定量供给的氧气用不完，呼吸舱内气体压强会不断升高，推动膜片开启排气阀，排出多余气体。

正压弹簧、自动补给阀和排气阀的共同运作，使整个呼吸过程中系统内气体压强始终保持一定范围的正压值，这一系统称之为正压系统。

2. 佩戴

队长发出口令，全体队员进行氧气呼吸器的佩戴，直接连接好面罩并戴入头部，打开气瓶，收紧系带。

3. 自检

检查内容和程序：检查外壳—检查呼吸两阀灵活性—检查呼气阀—检查吸气阀—检查整机气密—检查整机排气—连接并佩戴面罩—打开气瓶—收紧面罩系带—检查面罩气密性—检查自动补气—检查手动补气—观看压力表—检查附件。

4. 互检

目检及触摸压力表、面罩、头带、呼吸软管、呼吸器盖、安全帽、矿灯和人员状态。

二、矿井空气中有害气体检测

矿井空气中的主要有害气体有一氧化碳、硫化氢、二氧化碳、二氧化氮和甲烷等。检测矿井空气成分及其浓度的目的是为了确定其是否符合《煤矿安全规程》规定，以采取及时的措施进行处理。

1. 检定管和采样器

矿井空气中一氧化碳、硫化氢等气体的检测方法有人工检测和自动监测两种，常用的人工检测方法是检定管检测。检定管和采样器实物如图 6-8 所示，气体采样器结构示意图如图 6-9 所示。

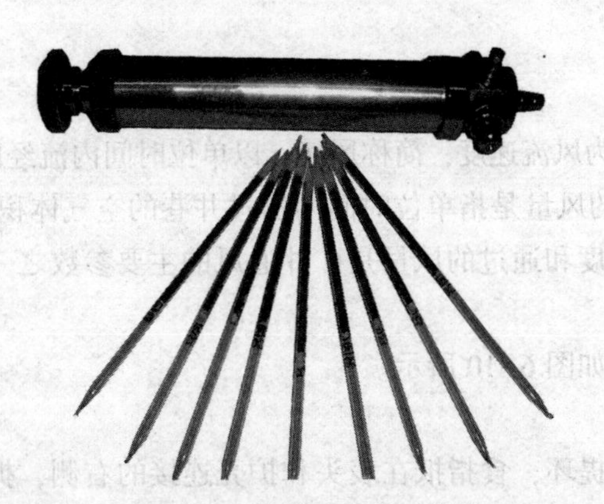

图6-8　检定管和气体采样器

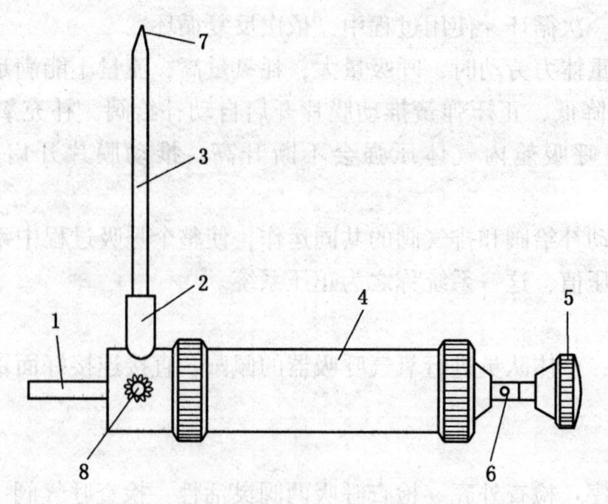

1—气嘴；2—胶管接头；3—检定管；4—活塞筒；5—手柄；6—拉杆；7—检定管末端；8—变换阀

图 6-9　气体采样器结构示意图

1）工作原理

当含有被测气体的空气以一定速度通过检定管时，被测气体与指示胶发生化学反应，根据指示胶变色的程度或变色的长度可确定其浓度，前者称为比色式，后者称为比长式。

2）测定方法

(1) 取气。在测定地点放平检定管，把三通开关打到水平位置；将活塞往复推拉 3~4 次，最后一次缓慢均匀拉出并拉到底；迅速关闭三通开关至 45°。

(2) 送气。活塞杆刻度向上，刻度面向操作者，箭头向上；送气时要背风（防止气体过量引起人员中毒），速度均匀，边送气边观察变色环上升情况。

2. 光学瓦斯检查仪

光学瓦检仪在全国各类煤矿应用十分广泛，是每个煤矿必备的安全仪器之一，是检测井下瓦斯、二氧化碳等有害气体的基本工具。光学瓦斯检查仪的使用方法已在模块一中详细介绍。

三、风量测定

空气流动的速度称为风流速度，简称风速，以单位时间内流经的距离表示，常用单位为 m/s。井巷中实际通过的风量是指单位时间内通过井巷的空气体积，常用单位为 m^3/min 或 m^3/s。井巷中的风流速度和通过的风量是矿井通风的主要参数之一。

1. 测风仪表

机械翼式风表实物如图 6-10 所示。

2. 执表方法

中指由下至上钩住提环，食指抵在表头和护壳连接的右侧，拇指顶在护壳左侧，小指伸直在下部抵住护壳，无名指弯曲。食指用以打开离合闸，拇指推顶回零杆和制动离合闸。

图 6-10　机械翼式风表

3. 读数方法

先读小表盘指针读数，乘以 100 后，再加上大表盘长针指示数值。

4. 测风方法

根据风表的移动路线不同，测风方法可分为分格定点测风法和线路测风法。线路测风法中风表沿预定路线均匀移动，1 min 内走完全部路程，常用的有“四线法”和“六线法”。分隔定点测风法是将整个井巷断面分为若干大致相等的方格，使风表在每格内停留相等的时间，1 min 内测完全部方格。

根据测风员的站姿不同，测风方法可分为迎面法和侧身法。迎面法是测风员面向风流方向，手持风表，将手臂向正前方伸直进行测风。此时因测风人员立于巷道中间，阻挡了风流前进，降低了风表测得的风速。为消除测风时人体对风流影响，将测算的真实风速乘以校正系数（$K=1.14$）才能得出实际风速。侧身法是测风员背向巷道壁站立，手持风表，将手臂向风流垂直方向伸直，然后测风。此时测风人员站立于巷道的测风断面中，会使巷道风速增大，需要乘以校准系数校准，校准系数 $k=$(测风点断面 $S-0.4)/S$。

5. 数据处理

同一测风地点测风次数不少于 3 次，3 次测量结果间的误差不超过 5% 时，取其平均值作为测量结果，即 n；再根据读数值查所用风表的校准曲线，得出真风速值 $v_{真}$；再根据测风时采用的测风方法，进行校准，得到 $v_{均}$，即为井巷内的实际风速；再根据风量计算公式：$Q=v_{均}$（测风点断面 $S-0.4$），计算井巷风量。

四、局部瓦斯排放

根据《煤矿安全规程》第一百七十三条规定：采掘工作面及其他巷道内，体积大于 0.5 m^3 的空间内积聚的甲烷浓度达到 2.0% 时，附近 20 m 范围内必须停止工作，撤出人员，切断电源，进行处理。一般将“采掘工作面及其他巷道内，体积大于 0.5 m^3 的空间内积聚的甲烷浓度达到 2.0%”定义为局部瓦斯积聚。局部瓦斯积聚时，可利用局部通风机风筒吹散积聚瓦斯，井下常将风筒采用双反边接法连接进行局部瓦斯排放。

在两节风筒的相邻一端分别套上铁环 1 和铁环 2，各留 200~300 mm 的反边，如图 6-

11a 所示；按风流方向将套有铁环 1 的风筒插入套有铁环 2 的风筒中，拉紧风筒，使两节风筒的铁环紧扣在一起，风筒不歪斜、不褶皱，如图 6-11b 所示；将套有铁环 1 的风筒的反边翻压到套有铁环 2 的风筒上，再将两节风筒的反边一同翻压到套有铁环 1 的风筒上，如图 6-11c 所示。

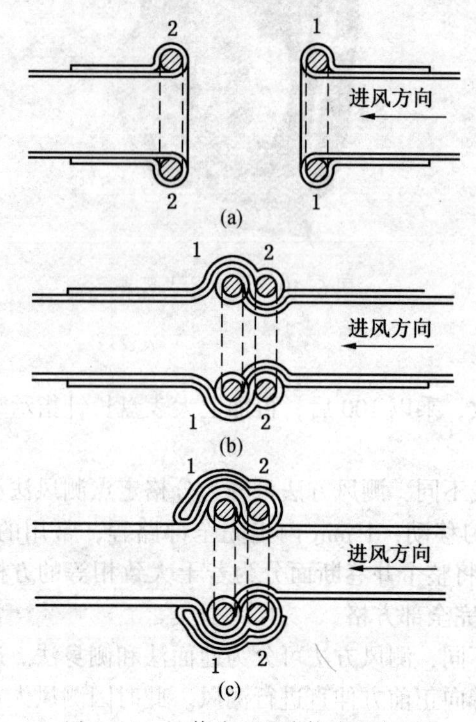

图 6-11　风筒的双反边接法示意图

五、矿图标记

在矿井设计、施工和安全生产管理工作中绘制的一系列图纸统称为矿图。正确地进行开采设计、科学地管理和指挥生产、合理地安排生产计划、及时可靠地制定灾害预防措施和处理方案等工作，都需要借助于矿图来完成。模拟救灾矿图图例见表 6-2。

表 6-2　模拟救灾矿图图例

名称	图例	名称	图例
斜井	⅄	新鲜风流	
立井	◐	泛风流	⟶
平硐	╤	漏风流	- - →
采空区	▨	风筒	├┼┼┤
巷道	═	局部通风机	Ⓕ
井下变电所	Ⓝ	双向风门	⊕
井下基地	⊞	风门	⊅

表6-2（续）

名称	图例	名称	图例
避险硐室	险	水泵	P
通信电话		电器开关	开
爆炸点	爆	带式输送机	
突水点	水	调节风门	
消防材料库	非	风桥	
传感器	传	风障	
瓦斯突出点	瓦	永久密闭	
火源	火	风帘	
高泡灭火机		活人	
惰气发生器		尸体	
水管		垮落区	
电缆		支护损坏点	
支护材料		新支护	
扩张钳剪		链锯	

学习活动2　工作前的准备

【学习目标】

（1）正压氧呼吸器的佩戴、自检、互检。

（2）灾区气体浓度测定、风量测算以及矿图标记。

（3）遇险人员的正确抢救。

（4）井下局部通风（排放瓦斯）技术处理。

【设备和工具】

所需工具、仪表及器材见表6-3。

表6-3　应急救援所需用设备

序号	装备名称	型号或规格	数量
1	正压氧气呼吸器	HYZ4CII	4
2	压缩氧自救器	ZYX45	4
3	光干涉式甲烷测定仪	CJG-10	1
4	多种气体检测仪	CD5	1
5	多种气体检测器	DQJ-50	1
6	矿用本安型激光测距仪	YHJ-200J	1
7	便携式甲烷检测报警仪	JCB4W	1
8	矿用机械风表	CFJ5	1

表 6-3 (续)

序号	装备名称	型号或规格	数量
9	秒表	ZS44-803	1
10	空盒气压表	DYM3	1
11	计算器		1
12	医疗急救箱	绷带、止血带、固定夹板等	1
13	模拟假人	CPR580	1
14	担架	92.5 cm×50 cm×10 cm（折叠尺寸）	1
15	保温毯	150 cm×200 cm	1
16	救生索	长度 30 m，直径 12.5 mm	1
17	电工工具	手钳、螺丝刀、剥线钳等	1

【相关资料】

《煤矿安全规程》（2016）、《矿山救护队质量标准化考核规范》（AQ 1009—2007）、《矿山救护规程》（AQ 1008—2007）等相关技术规范。

学习活动 3　现　场　施　工

【学习目标】

（1）能及时、正确、迅速地进行矿井灾害应急救援。

（2）熟知相关救援装备、仪器的检查、佩戴与使用。

（3）熟知矿图标记图例。

（4）熟知局部瓦斯排放措施。

（5）掌握各类伤员抢救方法。

【实训要求】

（1）分组完成实训任务。

（2）每组独立完成并提交工作页。

（3）安全文明作业，妥善使用和维护实训资料和工具。

【实训任务】

接到矿井灾害事故报警电话后，根据事故概述，编写救援行动计划，明确任务分工并侦查路线，完成救援准备、灾区侦查、事故技术处理与伤员抢救，最后安全撤离灾区。

一、现场施工准备

（1）在进入救援地点前做好准备工作和安全防护措施。

（2）熟知救援实操顺序，明确在现场救援中的注意事项。

（3）检查设备、救援工具及材料的准备情况。

二、现场施工

（1）正压氧呼吸器的佩戴、自检、互检。

（2）矿图标记。

（3）心肺复苏。

（4）止血包扎，骨折固定。

（5）三人平托搬运。

（6）一氧化碳气体浓度检测。

（7）瓦斯及二氧化碳气体浓度检测。

（8）矿井风量测算。

参 考 文 献

[1] 中国煤炭工业劳动保护科学技术协会．矿井水害防治技术［M］．北京：煤炭工业出版社，2013
[2] 中国煤炭教育协会职业教育教材编审委员会．矿井通风与安全［M］．北京：煤炭工业出版社，2007
[3] 张长喜．矿山安全技术［M］．北京：煤炭工业出版社，2014
[4] 张大伟，张伟民．煤矿安全［M］．北京：煤炭工业出版社，2019
[5] 国家安全生产监督总局，国家煤矿安全监察局．煤矿安全规程［M］．北京：煤炭工业出版社，2016

煤矿安全技术工作页

目 录

模块一 矿井瓦斯防治技术 …… 175

学习任务一 矿井瓦斯基本知识 …… 175
学习活动1 明确工作任务 …… 175
学习活动2 工作前的准备 …… 176
学习活动3 现场施工 …… 176
学习活动4 总结与评价 …… 177
学习任务二 瓦斯爆炸及其防治 …… 178
学习活动1 明确工作任务 …… 178
学习活动2 工作前的准备 …… 178
学习活动3 现场施工 …… 179
学习活动4 总结与评价 …… 180
学习任务三 煤与瓦斯突出及其防治 …… 181
学习活动1 明确工作任务 …… 181
学习活动2 工作前的准备 …… 182
学习活动3 现场施工 …… 182
学习活动4 总结与评价 …… 184
学习任务四 矿井瓦斯抽采 …… 185
学习活动1 明确工作任务 …… 185
学习活动2 工作前的准备 …… 186
学习活动3 现场施工 …… 186
学习活动4 总结与评价 …… 187
学习任务五 矿井瓦斯检查 …… 188
学习活动1 明确工作任务 …… 188
学习活动2 工作前的准备 …… 189
学习活动3 现场施工 …… 189
学习活动4 总结与评价 …… 191

模块二 矿尘防治技术 …… 192

学习任务一 矿尘及其检测 …… 192
学习活动1 明确工作任务 …… 192
学习活动2 工作前的准备 …… 193

学习活动3 现场施工 …… 193
学习活动4 总结与评价 …… 195
学习任务二 煤尘爆炸及其预防 …… 196
学习活动1 明确工作任务 …… 196
学习活动2 工作前的准备 …… 196
学习活动3 现场施工 …… 197
学习活动4 总结与评价 …… 199
学习任务三 矿井综合防尘 …… 199
学习活动1 明确工作任务 …… 200
学习活动2 工作前的准备 …… 200
学习活动3 现场施工 …… 200
学习活动4 总结与评价 …… 201
学习任务四 尘肺病 …… 202
学习活动1 明确工作任务 …… 202
学习活动2 工作前的准备 …… 203
学习活动3 现场施工 …… 203
学习活动4 总结与评价 …… 204

模块三 矿井火灾防治技术 …… 205

学习任务一 矿井火灾的类型及危害 …… 205
学习活动1 明确工作任务与施工现场勘察 …… 205
学习活动2 工作前的准备 …… 206
学习活动3 现场施工 …… 206
学习活动4 总结与评价 …… 207
学习任务二 内因火灾防治技术 …… 208
学习活动1 明确工作任务与施工现场勘察 …… 209
学习活动2 工作前的准备 …… 209
学习活动3 现场施工 …… 209
学习活动4 总结与评价 …… 211
学习任务三 外因火灾防灭火技术 …… 211
学习活动1 明确工作任务与施工现场勘察 …… 212
学习活动2 工作前的准备 …… 212
学习活动3 现场施工 …… 213
学习活动4 总结与评价 …… 214
学习任务四 火区的启封 …… 214
学习活动1 明确工作任务与施工现场勘察 …… 215
学习活动2 工作前的准备 …… 215
学习活动3 现场施工 …… 216

学习活动 4　总结与评价 …… 217

模块四　矿井水害防治技术 …… 218

学习任务一　地下水基本知识 …… 218
学习任务二　地下水的类型 …… 219
学习任务三　含水层与隔水层 …… 219
学习活动 1　明确工作任务 …… 220
学习活动 2　工作前的准备 …… 220
学习活动 3　现场施工 …… 221
学习活动 4　总结与评价 …… 221
学习任务四　矿井充水条件 …… 222
学习活动 1　明确工作任务 …… 222
学习活动 2　工作前的准备 …… 223
学习活动 3　现场施工 …… 223
学习活动 4　总结与评价 …… 224
学习任务五　矿井透水事故 …… 225
学习活动 1　明确工作任务 …… 225
学习活动 2　工作前的准备 …… 226
学习活动 3　现场施工（手指口述） …… 226
学习活动 4　总结与评价 …… 227
学习任务六　矿井水害防治 …… 227
学习活动 1　明确工作任务 …… 228
学习活动 2　工作前的准备 …… 228
学习活动 3　现场施工 …… 229
学习活动 4　总结与评价 …… 230

模块五　顶板灾害防治技术 …… 231

学习任务一　采煤工作面顶板事故防治 …… 231
学习活动 1　明确工作任务 …… 231
学习活动 2　工作前的准备 …… 231
学习活动 3　现场施工 …… 232
学习活动 4　总结与评价 …… 233
学习任务二　巷道顶板事故防治 …… 234
学习活动 1　明确工作任务与施工现场勘察 …… 234
学习活动 2　工作前的准备 …… 235
学习活动 3　现场施工 …… 235
学习活动 4　总结与评价 …… 237
学习任务三　冒顶的预兆、处理方法及避灾自救 …… 237

学习活动1　明确工作任务 …… 238
学习活动2　工作前的准备 …… 238
学习活动3　现场施工 …… 239
学习活动4　总结与评价 …… 240
学习任务四　冲击地压及其防治 …… 240
学习活动1　明确工作任务 …… 241
学习活动2　工作前的准备 …… 241
学习活动3　现场施工 …… 242
学习活动4　总结与评价 …… 243

模块六　矿山救护与应急救援技术 …… 244

学习任务一　事故应急处置 …… 244
学习活动1　明确工作任务 …… 244
学习活动2　工作前的准备 …… 244
学习活动3　现场施工 …… 245
学习活动4　总结与评价 …… 246
学习任务二　自救设施与设备的使用 …… 247
学习活动1　明确工作任务 …… 247
学习活动2　工作前的准备 …… 248
学习活动3　现场施工 …… 248
学习活动4　总结与评价 …… 249
学习任务三　现场急救 …… 250
学习活动1　明确工作任务 …… 250
学习活动2　工作前的准备 …… 250
学习活动3　现场施工 …… 251
学习活动4　总结与评价 …… 252
学习任务四　矿井灾害应急救援 …… 253
学习活动1　明确工作任务 …… 253
学习活动2　工作前的准备 …… 254
学习活动3　现场施工 …… 254
学习活动4　总结与评价 …… 257

模块一 矿井瓦斯防治技术

学习任务一 矿井瓦斯基本知识

【学习目标】

1. 中级工

(1) 了解瓦斯的概念及主要成分。

(2) 了解瓦斯的危害。

(3) 了解矿井瓦斯涌出量的有关知识。

(4) 了解瓦斯矿井等级划分。

2. 高级工

(1) 了解影响瓦斯涌出量的因素。

(2) 熟知瓦斯赋存状态。

【建议课时】

(1) 中级工：2 课时。

(2) 高级工：3 课时。

【工作情景描述】

为了做好矿井瓦斯的防治工作，作业人员首先要了解矿井瓦斯的基本概念，知道影响瓦斯涌出量的因素，加深对瓦斯危害性的认识。

【工作流程与活动】

学习活动 1 明确工作任务。

学习活动 2 工作前的准备。

学习活动 3 现场施工。

学习活动 4 总结与评价。

学习活动 1 明确工作任务

【学习目标】

(1) 能叙述瓦斯的概念、性质及危害。

(2) 能叙述瓦斯涌出的形式和瓦斯涌出量的概念。

(3) 了解影响瓦斯涌出量的因素。

(4) 能叙述矿井瓦斯等级划分标准。

【工作任务】

认识瓦斯及其危害，分析矿井瓦斯涌出规律、影响因素及危险性，划分矿井瓦斯等级。

学习活动2 工作前的准备

【学习目标】

(1) 能收集煤矿瓦斯防治相关资料。

(2) 能查阅资料中有关瓦斯危害、矿井瓦斯等级、瓦斯涌出量及其影响因素等内容。

【相关资料】

收集《煤矿安全规程》(2016)、《××煤矿瓦斯管理技术标准》《××煤矿瓦斯治理技术方案及安全技术措施》《强化煤矿瓦斯防治十条规定》《煤矿瓦斯等级鉴定办法》《矿井瓦斯涌出量预测方法》(AQ 1018—2006) 等煤矿瓦斯防治相关资料。

学习活动3 现 场 施 工

【学习目标】

(1) 通过阅读训练，认识瓦斯及其危害，熟知矿井瓦斯涌出形式和瓦斯涌出量的概念及矿井瓦斯等级划分。

(2) 通过阅读训练，能够分析影响瓦斯涌出量的因素和划分矿井瓦斯等级。

一、应知任务

仔细阅读教材，查阅相关资料并回答下列问题：

(1) 简述瓦斯的概念、性质及危害。

(2) 矿井瓦斯涌出的形式有哪几种？

(3) 什么是矿井绝对瓦斯涌出量，什么是矿井相对瓦斯涌出量？

(4) 影响瓦斯涌出量的因素有哪些？

（5）如何划分矿井瓦斯等级？

二、应会任务

分析某矿的矿井瓦斯涌出规律及危险性，确定该矿的防治瓦斯重点区域。

（1）矿井瓦斯涌出规律及危险性分析。

（2）防治瓦斯重点区域。

学习活动4　总 结 与 评 价

【学习目标】

（1）以小组形式，对学习过程和实训成果进行汇报总结。

（2）完成对学习过程的综合评价。

一、工作总结

（1）以小组为单位，汇报学习成果、遇到问题及解决办法。

（2）学生讨论，教师点评。

二、综合评价

学生姓名　　　　　教师　　　　　班级　　　　　学号

序号	考评项目	分值	考 核 办 法	教师评价（权重60%）	组长评价（权重20%）	学生互评（权重20%）
1	学习态度	10	出勤率、听课态度、实训表现等			
2	学习能力	30	回答问题、完成工作页质量等			
3	操作能力	40	实训成果质量			
4	团结协作精神	20	以所在小组完成工作的质量、速度等进行综合评价			
合计		100				

学习任务二　瓦斯爆炸及其防治

【学习目标】

1. 中级工

(1) 熟知瓦斯爆炸的基本条件。

(2) 了解影响瓦斯爆炸的因素。

(3) 了解防止瓦斯爆炸的措施。

2. 高级工

掌握防止瓦斯爆炸的技术措施。

【建议课时】

(1) 中级工：3课时。

(2) 高级工：4课时。

【工作情景描述】

为了保证安全生产，防止涌入工作面的有毒、有害气体超限，引起瓦斯爆炸，必须采取措施，阻止瓦斯爆炸事故的发生。

【工作流程与活动】

学习活动1　明确工作任务。

学习活动2　工作前的准备。

学习活动3　现场施工。

学习活动4　总结与评价。

学习活动1　明确工作任务

【学习目标】

(1) 能叙述瓦斯爆炸的基本条件。

(2) 了解影响瓦斯爆炸界限的因素。

(3) 能说明预防瓦斯爆炸的措施。

【工作任务】

观看瓦斯爆炸演示视频和瓦斯爆炸事故案例视频，讨论分析瓦斯爆炸的原因、条件和影响因素；根据现场实际情况，制定防治瓦斯爆炸措施。

学习活动2　工作前的准备

【学习目标】

(1) 能收集防治煤矿瓦斯爆炸和瓦斯爆炸事故案例相关资料。

(2) 能整理资料中有关瓦斯爆炸的条件、影响因素、事故原因及防治措施等内容。

【相关资料】

收集《煤矿安全规程》(2016)、《××煤矿瓦斯管理技术标准》《××煤矿瓦斯治理技术方案及安全技术措施》《××煤矿预防瓦斯爆炸的安全技术措施》、瓦斯爆炸演示及事故案例视频等瓦斯爆炸及防治的相关资料。

学习活动3　现　场　施　工

【学习目标】

（1）通过阅读资料，熟知瓦斯爆炸的发生条件、影响因素、事故原因及防治措施。

（2）通过观看视频，能够分析瓦斯爆炸的事故原因并制定预防瓦斯爆炸的技术措施。

一、应知任务

仔细阅读教材，查阅相关资料，回答下列问题：

（1）瓦斯爆炸必备的3个条件是什么？

（2）瓦斯爆炸界限的主要影响因素有哪些，影响机理是什么？

（3）简述矿井瓦斯爆炸的危害。

（4）什么是瓦斯积聚，如何防止瓦斯积聚？

（5）采煤工作面上隅角局部瓦斯积聚的处理方法有哪些？

(6) 掘进巷道局部冒落空洞内积聚瓦斯的处理方法有哪些?

(7) 如何防止瓦斯爆炸事故的扩大?

二、应会任务

观看瓦斯爆炸演示和事故案例视频资料，讨论分析瓦斯爆炸的发生条件、影响因素和原因；并根据案例中的实际情况，制定防止瓦斯爆炸措施。

事故原因：

防范措施：

学习活动4　总 结 与 评 价

【学习目标】

(1) 以小组形式，对学习过程和实训成果进行汇报总结。

(2) 完成对学习过程的综合评价。

一、工作总结

(1) 以小组为单位，汇报学习成果、遇到的问题及解决办法。

(2) 学生讨论，教师点评。

二、综合评价

学生姓名　　　　　教师　　　　　班级　　　　　学号

序号	考评项目	分值	考 核 办 法	教师评价（权重60%）	组长评价（权重20%）	学生互评（权重20%）
1	学习态度	10	出勤率、听课态度、实训表现等			
2	学习能力	30	回答问题、完成工作页质量等			
3	操作能力	40	实训成果质量			
4	团结协作精神	20	以所在小组完成工作的质量、速度等进行综合评价			
合计		100				

学习任务三　煤与瓦斯突出及其防治

【学习目标】

1. 中级工

（1）了解煤与瓦斯突出的概念及其危害。

（2）熟知瓦斯突出的预兆和一般规律。

2. 高级工

（1）了解发生煤与瓦斯突出的机理。

（2）熟知“四位一体”综合防突措施。

【建议课时】

（1）中级工：3课时。

（2）高级工：4课时。

【工作情景描述】

随着煤炭生产规模日益扩大，矿井开采水平不断延深，煤与瓦斯突出的危险性在增大。这就要求煤矿工作人员不断加强对煤与瓦斯突出的认识，提高煤矿安全水平。

【工作流程与活动】

学习活动1　明确工作任务。

学习活动2　工作前的准备。

学习活动3　现场施工。

学习活动4　总结与评价。

学习活动1　明确工作任务

【学习目标】

（1）能叙述煤与瓦斯突出的危害。

(2) 能识别煤与瓦斯突出的预兆。

(3) 能叙述煤与瓦斯突出的一般规律。

(4) 能说明区域防突措施。

(5) 能说明工作面防突措施。

【工作任务】

阅读煤与瓦斯突出事故案例资料，讨论分析煤与瓦斯突出的预兆、一般规律、事故原因和危害；根据现场实际情况，制定防突措施；熟悉防突钻孔施工安全操作和防突预测常用指标测定安全操作流程。

学习活动2 工作前的准备

【学习目标】

(1) 能收集矿井防突相关资料。

(2) 能整理资料中有关煤与瓦斯突出的危害、预兆、一般规律及防突措施等内容。

一、资料准备

收集《煤矿安全规程》(2016)、《防治煤与瓦斯突出细则》《××煤矿防突管理规定》《煤矿防突工安全技术操作规程》《煤矿防突作业安全技术实际操作考试标准》、煤与瓦斯突出事故案例等防治煤与瓦斯突出的相关资料。

二、设备工具准备

序号	设备、工具名称	单位	数量	备注

三、人员分工

序号	姓名	任务分工	主要职责	备注

学习活动3 现　场　施　工

【学习目标】

(1) 通过阅读训练，了解煤与瓦斯突出的危害、预兆、一般规律及防突措施。

(2) 通过实操训练，熟悉防突钻孔施工安全操作和突出危险性预测常用指标测定安全操作流程。

一、应知任务

仔细阅读教材，查阅相关资料回答下列问题：

(1) 简述煤与瓦斯突出的概念、分类及危害。

(2) 煤与瓦斯突出的预兆有哪些？

(3) 简述煤与瓦斯突出的一般规律。

(4) 什么是“四位一体”综合防突措施？

(5) 区域防突的主要措施有哪些？

(6) 井巷揭煤工作面的防突措施有哪些？

(7) 采掘工作面的防突措施有哪些？

二、应会任务

(1) 观看煤与瓦斯突出事故案例视频资料，进行案例分析。

事故原因：

防范措施：

(2) 按照《煤矿防突作业安全技术实际操作考试标准》，操作煤矿防突作业虚拟仿真考试装置，进行实操训练。

实操步骤：

学习活动4 总 结 与 评 价

【学习目标】

(1) 以小组形式，对学习过程和实训成果进行汇报总结。

(2) 完成对学习过程的综合评价。

一、工作总结

(1) 以小组为单位，汇报学习成果、遇到问题及解决办法。

(2) 学生讨论，教师点评。

二、综合评价

学生姓名　　　　教师　　　　班级　　　　学号

序号	考评项目	分值	考 核 办 法	教师评价（权重60%）	组长评价（权重20%）	学生互评（权重20%）
1	学习态度	10	出勤率、听课态度、实训表现等			
2	学习能力	30	回答问题、完成工作页质量等			
3	操作能力	40	实训成果质量			

（续）

序号	考评项目	分值	考 核 办 法	教师评价（权重 60%）	组长评价（权重 20%）	学生互评（权重 20%）
4	团结协作精神	20	以所在小组完成工作的质量、速度等进行综合评价			
合计		100				

学习任务四　矿井瓦斯抽采

【学习目标】

1. 中级工

（1）了解瓦斯抽采的目的和条件。

（2）了解瓦斯抽采的方法。

2. 高级工

熟知瓦斯抽采的方法及使用场合。

【建议课时】

（1）中级工：3 课时。

（2）高级工：4 课时。

【工作情景描述】

为做好矿井瓦斯防治及利用工作，减少和消除瓦斯威胁，保证煤矿生产安全，如果利用通风的方法不能够将涌出的瓦斯稀释到《煤矿安全规程》允许的浓度以下，就必须考虑进行瓦斯抽采。

【工作流程与活动】

学习活动 1　明确工作任务。

学习活动 2　工作前的准备。

学习活动 3　现场施工。

学习活动 4　总结与评价。

学习活动 1　明确工作任务

【学习目标】

（1）能叙述瓦斯抽采的目的和条件。

（2）能描述瓦斯抽采的方法。

【工作任务】

合理选择瓦斯抽采的方法。熟悉瓦斯抽采泵安全操作流程和瓦斯抽采钻孔施工安全操作流程。

学习活动2 工作前的准备

【学习目标】

(1) 能收集矿井瓦斯抽采相关资料。

(2) 能整理资料中有关瓦斯抽采的目的、条件、方法及相关规定等内容。

一、资料准备

收集《煤矿安全规程》(2016)、《煤矿瓦斯抽采达标暂行规定》《煤矿瓦斯抽采作业安全技术实际操作考试标准》《煤矿瓦斯抽放规范》(AQ 1027—2006) 等瓦斯抽采的相关资料。

二、设备工具准备

序号	设备、工具名称	单位	数量	备注

三、人员分工

序号	姓名	任务分工	主要职责	备注

学习活动3 现场施工

【学习目标】

(1) 通过阅读训练，了解瓦斯抽采的目的、条件及方法。

(2) 通过实操训练，熟悉瓦斯抽采泵安全操作流程和瓦斯抽采钻孔施工安全操作流程。

一、应知任务

仔细阅读教材，查阅相关资料并回答下列问题：

(1) 瓦斯抽采的目的是什么？

（2）瓦斯抽采的条件是什么？

（3）简述瓦斯抽采的方法分类。

（4）本煤层瓦斯抽采的方法有哪些？

（5）采空区瓦斯抽采的方法有哪些？

二、应会任务

按照《煤矿瓦斯抽采作业安全技术实际操作考试标准》，操作“煤矿瓦斯抽采作业虚拟仿真考试装置”进行实操训练。

实操步骤：

学习活动4　总结与评价

【学习目标】

（1）以小组形式，对学习过程和实训成果进行汇报总结。

（2）完成对学习过程的综合评价。

一、工作总结

（1）以小组为单位，汇报学习成果、遇到问题及解决办法。

（2）学生讨论，教师点评。

二、综合评价

学生姓名　　　　　　教师　　　　　班级　　　　　　学号

序号	考评项目	分值	考核办法	教师评价（权重60%）	组长评价（权重20%）	学生互评（权重20%）
1	学习态度	10	出勤率、听课态度、实训表现等			
2	学习能力	30	回答问题、完成工作页质量等			
3	操作能力	40	实训成果质量			
4	团结协作精神	20	以所在小组完成工作的质量、速度等进行综合评价			
合计		100				

学习任务五　矿井瓦斯检查

本学习任务是中级工和高级工均应掌握的知识和技能。

【学习目标】

（1）掌握正确使用光学甲烷检测仪的方法。

（2）掌握采掘工作面瓦斯及二氧化碳浓度的检查方法。

（3）了解瓦斯检查工的技术操作规程。

【建议课时】

（1）中级工：4课时。

（2）高级工：6课时。

【工作情景描述】

为了保证安全生产，及时发现瓦斯超限或积聚等隐患，要按规定在采掘工作面检测瓦斯及二氧化碳的浓度，以便有针对性地采取有效防治措施，妥善处理，防止瓦斯事故的发生。

【工作流程与活动】

学习活动1　明确工作任务。

学习活动2　工作前的准备。

学习活动3　现场施工。

学习活动4　总结与评价。

学习活动1　明确工作任务

【学习目标】

（1）能手指口述光学甲烷检测仪的结构。

（2）能叙述光学甲烷检测仪的工作原理。

(3) 能手指口述光学甲烷检测仪的使用方法。

(4) 能手指口述采掘工作面瓦斯检查流程。

【工作任务】

正确操作光学甲烷检测仪，完成采掘工作面瓦斯及二氧化碳浓度的检查工作。

学习活动2　工作前的准备

【学习目标】

(1) 能收集矿井瓦斯浓度检查相关资料。

(2) 通过查阅资料，熟知瓦斯浓度检测仪器的使用方法和采掘工作面瓦斯浓度检查的流程和方法。

一、资料准备

收集并查阅光学甲烷检测仪使用说明书，采掘工作面瓦斯和二氧化碳浓度的检查流程和方法、瓦斯检查工操作规程等相关资料。

二、工具材料准备

序号	工具、材料名称	单位	数量	备注

三、人员分工

序号	姓名	任务分工	主要职责	备注

四、安全防护措施

模拟掘进工作面安全检查，确保实训场地安全。

学习活动3　现　场　施　工

【学习目标】

(1) 通过实操训练，能够熟练掌握光学甲烷检测仪的使用方法。

(2) 通过实操训练，能够掌握掘进工作面瓦斯和二氧化碳浓度的检查方法。

一、应知任务

仔细阅读教材，查阅相关资料并回答下列问题：

（1）简述光学甲烷检测仪的构造。

（2）使用光学甲烷检测仪之前需做哪些准备工作？

（3）如何使用光学甲烷检测仪检查瓦斯浓度？

（4）如何使用光学甲烷检测仪检查二氧化碳浓度？

（5）简述矿井总回风巷、一翼回风巷及采区回风巷中瓦斯和二氧化碳浓度的检查方法。

（6）简述采掘工作面瓦斯和二氧化碳浓度的检查方法。

二、应会任务

（1）在模拟巷道，正确操作光学甲烷检测仪，完成掘进工作面瓦斯和二氧化碳浓度的检查工作。

（2）通过小组讨论写出实训步骤，进行操作训练。

学习活动4　总结与评价

【学习目标】

（1）以小组形式，对学习过程和实训成果进行汇报总结。

（2）完成对学习过程的综合评价。

一、工作总结

（1）以小组为单位，汇报学习成果、遇到问题及解决办法。

（2）学生讨论，教师点评。

二、综合评价

学生姓名　　　　教师　　　　班级　　　　学号

序号	考评项目	分值	考核办法	教师评价（权重60%）	组长评价（权重20%）	学生互评（权重20%）
1	学习态度	10	出勤率、听课态度、实训表现等			
2	学习能力	30	回答问题、完成工作页质量等			
3	操作能力	40	实训成果质量			
4	团结协作精神	20	以所在小组完成工作的质量、速度等进行综合评价			
合计		100				

模块二　矿尘防治技术

学习任务一　矿尘及其检测

本学习任务是中级工和高级工均应掌握的知识和技能。

【学习目标】

（1）了解矿尘的概念和分类。

（2）熟知矿尘的产生和分布情况。

（3）熟知影响矿尘量的主要因素。

（4）了解矿尘的危害。

（5）掌握使用粉尘浓度测定仪测定指定地点的粉尘浓度的方法。

【建议课时】

（1）中级工：3课时。

（2）高级工：4课时。

【工作情景描述】

为做好矿尘灾害的防治和个体防护，井下工作人员首先要清楚矿尘的产生和分布情况、影响矿尘量的主要因素、矿尘的危害，并能测定粉尘浓度，以便于针对性地进行矿尘防治。

【工作流程与活动】

学习活动1　明确工作任务。

学习活动2　工作前的准备。

学习活动3　现场施工。

学习活动4　总结与评价。

学习活动1　明确工作任务

【学习目标】

（1）能叙述矿尘的概念和分类。

（2）能描述矿尘的产生和分布情况。

（3）能叙述矿尘产生量的主要影响因素。

（4）能叙述矿尘的危害。

（5）认识粉尘浓度测定仪。

（6）能叙述井下粉尘测定的相关规定。

【工作任务】

认识矿尘及其危害，分析影响矿尘量的主要因素，正确使用粉尘浓度测定仪测定指定地点的粉尘浓度。

学习活动2 工作前的准备

【学习目标】

(1) 能收集粉尘浓度测定的相关资料。

(2) 准备粉尘采样器等实训必备的仪器、设备及材料。

(3) 仔细阅读粉尘浓度测定仪器的使用说明书，掌握粉尘浓度测定方法。

一、资料准备

收集《煤矿安全规程》(2016)、《工作场所空气中粉尘测定》(GBZ/T 192.1～GBZ/T 192.6)、《粉尘采样器》(GB/T 20964—2007)、AKFC-92A 型矿用粉尘采样器使用说明书等粉尘浓度测定的相关资料。

二、设备工具准备

序号	设备、工具名称	单位	数量	备注

三、人员分工

序号	姓名	任务分工	主要职责	备注

学习活动3 现 场 施 工

【学习目标】

(1) 能合理选择采样点。

(2) 通过实操训练，掌握正确使用粉尘浓度测定仪测定粉尘浓度的方法。

一、应知任务

仔细阅读教材，查阅相关资料并回答下列问题：

（1）简述矿尘的概念与分类。

（2）简述矿尘的产生和分布情况。

（3）影响矿尘量的主要因素有哪些？

（4）简述矿尘的危害。

（5）矿尘的测定项目包括哪几项？

（6）粉尘浓度测定方法有哪些？

（7）简述滤膜质量称重测尘法的测定原理、程序和所需器材。

（8）简述直读式测尘仪测尘法的测定原理及程序。

二、应会任务

（1）正确使用粉尘浓度测定仪进行指定地点的总粉尘浓度测定。

（2）通过小组讨论写出实训步骤，进行操作训练。

实操步骤：

学习活动4　总结与评价

【学习目标】

（1）以小组形式，对学习过程和实训成果进行汇报总结。

（2）完成对学习过程的综合评价。

一、工作总结

（1）以小组为单位，汇报学习成果、遇到问题及解决办法。

（2）学生讨论，教师点评。

二、综合评价

学生姓名　　　　　　教师　　　　　　班级　　　　　　学号

序号	考评项目	分值	考核办法	教师评价（权重60%）	组长评价（权重20%）	学生互评（权重20%）
1	学习态度	10	出勤率、听课态度、实训表现等			
2	学习能力	30	回答问题、完成工作页质量等			
3	操作能力	40	实训成果质量			
4	团结协作精神	20	以所在小组完成工作的质量、速度等进行综合评价			
合计		100				

学习任务二　煤尘爆炸及其预防

本学习任务是中级工和高级工均应掌握的知识和技能。

【学习目标】

（1）熟知煤尘爆炸的条件及特征。

（2）了解煤尘爆炸的影响因素，能进行煤尘爆炸事故的原因分析。

（3）熟知预防煤尘爆炸和爆炸传播的主要措施。

（4）熟知隔爆设施的设置位置、作用、隔爆机理、规格质量标准。

【建议课时】

（1）中级工：3课时。

（2）高级工：4课时。

【工作情景描述】

为保证煤矿安全生产，防止工作面悬浮煤尘浓度超限，引起煤尘爆炸，必须采取防止煤尘爆炸和隔绝煤尘爆炸传播的技术措施，阻止煤尘爆炸事故的发生和扩大。

【工作流程与活动】

学习活动1　明确工作任务。

学习活动2　工作前的准备。

学习活动3　现场施工。

学习活动4　总结与评价。

学习活动1　明确工作任务

【学习目标】

（1）能叙述煤尘爆炸的条件及特征。

（2）能分析煤尘爆炸的影响因素。

（3）能熟知预防煤尘爆炸和爆炸传播的主要措施。

【工作任务】

（1）采取有效措施预防煤尘爆炸和隔绝爆炸传播。

（2）隔爆水袋棚的安装方法。

学习活动2　工作前的准备

【学习目标】

（1）能收集煤矿瓦斯爆炸防治和瓦斯爆炸事故案例相关资料。

（2）准备实训所需设备及工具。

（3）熟悉隔爆水袋棚的安装方法。

一、资料准备

收集《煤矿安全规程》（2016）、《矿井粉尘监测管理规定》、煤尘爆炸演示及事故案例视频等煤尘爆炸及防治的相关资料。

二、工具材料准备

序号	工具、材料名称	单位	数量	备注

三、人员分工

序号	姓名	任务分工	主要职责	备注

四、安全防护措施

学习活动3 现 场 施 工

【学习目标】

(1) 通过阅读训练，熟知煤尘爆炸的条件、影响因素、事故原因及防治措施。

(2) 通过观看视频，能够分析煤尘爆炸事故原因并制定预防煤尘爆炸技术措施。

(3) 通过实操训练，能够设置、安装隔爆水袋棚。

一、应知任务

仔细阅读教材，查阅相关资料并回答下列问题：

(1) 煤尘爆炸必备的条件是什么？

(2) 简述煤尘爆炸的特征。

(3) 煤尘爆炸的影响因素有哪些?

(4) 预防煤尘爆炸的技术措施有哪些?

(5) 限制煤尘爆炸范围的措施有哪些?

二、应会任务

(1) 观看煤尘爆炸演示和事故案例视频资料，讨论分析煤尘爆炸的条件、影响因素、事故原因；根据案例中的实际情况，制定防治煤尘爆炸的技术措施。

事故原因:

防范措施:

(2) 设置、安装隔爆水袋棚。通过小组讨论写出实训步骤，进行操作训练。

实操步骤:

学习活动4 总结与评价

【学习目标】

(1) 能以小组形式，对学习过程和实训成果进行汇报总结。

(2) 完成对学习过程的综合评价。

一、工作总结

(1) 以小组为单位，汇报学习成果、遇到问题及解决办法。

(2) 学生讨论，教师点评。

二、综合评价

学生姓名　　　　教师　　　　班级　　　　学号

序号	考评项目	分值	考核办法	教师评价（权重60%）	组长评价（权重20%）	学生互评（权重20%）
1	学习态度	10	出勤率、听课态度、实训表现等			
2	学习能力	30	回答问题、完成工作页质量等			
3	操作能力	40	实训成果质量			
4	团结协作精神	20	以所在小组完成工作的质量、速度等进行综合评价			
合计		100				

学习任务三 矿井综合防尘

本学习任务是中级工和高级工均应掌握的知识和技能。

【学习目标】

(1) 了解采掘工作面尘源的分布。

(2) 熟知采掘工作面综合防尘措施。

(3) 了解各种防尘措施的优缺点。

【建议课时】

(1) 中级工：3课时。

(2) 高级工：4课时。

【工作情景描述】

为保证煤矿安全生产，必须制定矿井综合防尘措施，采用各种技术手段减少矿井粉尘的产生量、降低空气中的粉尘浓度，以防止粉尘对人体、设备等产生危害。

【工作流程与活动】

学习活动1 明确工作任务。

学习活动 2　工作前的准备。

学习活动 3　现场施工。

学习活动 4　总结与评价。

学习活动 1　明确工作任务

【学习目标】

(1) 能叙述采掘工作面尘源的分布。

(2) 能叙述矿井综合防尘措施。

【工作任务】

分析掘进、采煤工作面及转载运输系统的尘源，合理选择矿井综合防尘措施。

学习活动 2　工作前的准备

【学习目标】

(1) 能收集矿井综合防尘相关资料。

(2) 能查阅资料中各种减尘、降尘、除尘、排尘和个体防护等防尘技术措施相关内容。

【资料准备】

收集《煤矿安全规程》(2016)、《煤矿井下粉尘综合防治技术规范》(AQ 1020—2006)、矿井防尘设备布置图、矿井防尘洒水系统图等有关矿井综合防尘的资料。

学习活动 3　现场施工

【学习目标】

通过阅读和手指口述训练，熟知掘进、采煤工作面及转载运输系统的综合防尘措施。

一、应知任务

仔细阅读教材，查阅相关资料并回答下列问题：

(1) 矿井综合防尘技术措施主要有哪些方面？

(2) 湿式作业的防尘技术措施有哪些？

（3）什么是水炮泥？

（4）个体防护的用品主要有哪些？

二、应会任务

分析某矿掘进、采煤工作面及转载运输系统的尘源，合理选择综合防尘措施。

通过小组讨论，叙述掘进、采煤工作面及转载运输系统的综合防尘措施。

（1）采煤工作面综合防尘措施。

（2）掘进工作面综合防尘措施。

（3）转载运输系统防尘措施。

学习活动4　总结与评价

【学习目标】

（1）以小组形式，对学习过程和实训成果进行汇报总结。

（2）完成对学习过程的综合评价。

一、工作总结

（1）以小组为单位，汇报学习成果、遇到问题及解决办法。

（2）学生讨论，教师点评。

二、综合评价

学生姓名　　　　　　教师　　　　　　班级　　　　　　学号

序号	考评项目	分值	考核办法	教师评价（权重60%）	组长评价（权重20%）	学生互评（权重20%）
1	学习态度	10	出勤率、听课态度、实训表现等			
2	学习能力	30	回答问题、完成工作页质量等			
3	操作能力	40	实训成果质量			
4	团结协作精神	20	以所在小组完成工作的质量、速度等进行综合评价			
合计		100				

学习任务四　尘　肺　病

【学习目标】

1. 中级工

（1）了解尘肺病的分类和分期。

（2）了解尘肺病发病的影响因素，能进行尘肺病的预防。

2. 高级工

了解尘肺病的发病机理。

【建议课时】

2课时。

【工作情景描述】

井下采煤、掘进等各生产环节，常常产生大量的生产性矿尘，如果不采取有效的防尘措施，作业人员长期吸入矿尘将引起肺部纤维增生性疾病——尘肺病。所以，煤矿工作人员须强化综合防尘意识，正确使用个体防护用品，采取有效技术措施预防尘肺病。

【工作流程与活动】

学习活动1　明确工作任务。

学习活动2　工作前的准备。

学习活动3　现场施工。

学习活动4　总结与评价。

学习活动1　明确工作任务

【学习目标】

（1）能叙述尘肺病的发病原因和分类。

（2）了解尘肺病发病的影响因素。

(3) 能叙述尘肺病的预防措施。

【工作任务】

强化综合防尘意识，正确使用个体防护用品，采取有效技术措施预防尘肺病。

学习活动2 工作前的准备

【学习目标】

收集尘肺病与个体防护用品相关资料。

【相关资料】

收集《煤矿安全规程》(2016)、《矽尘作业工人医疗预防措施实施办法》、尘肺病相关视频资料、尘肺病案例资料等。

学习活动3 现 场 施 工

【学习目标】

能分析尘肺病的发病原因，掌握尘肺病的预防措施。

一、应知任务

仔细阅读教材，查阅相关资料并回答下列问题：

(1) 什么是尘肺病，尘肺病如何分类？

(2) 影响尘肺病发病的因素有哪些？

(3) 如何预防尘肺病？

二、应会任务

观看尘肺病相关视频资料，分析案例中煤矿工人尘肺病的发病原因，讨论如何预防尘肺病。

案例分析：

学习活动4 总结与评价

【学习目标】

（1）以小组形式，对学习过程和实训成果进行汇报总结。

（2）完成对学习过程的综合评价。

一、工作总结

（1）以小组为单位，汇报学习成果、遇到问题及解决办法。

（2）学生讨论，教师点评。

二、综合评价

学生姓名　　　　教师　　　　班级　　　　学号

序号	考评项目	分值	考核办法	教师评价（权重60%）	组长评价（权重20%）	学生互评（权重20%）
1	学习态度	10	出勤率、听课态度、实训表现等			
2	学习能力	30	回答问题、完成工作页质量等			
3	操作能力	40	实训成果质量			
4	团结协作精神	20	以所在小组完成工作的质量、速度等进行综合评价			
合计		100				

模块三　矿井火灾防治技术

学习任务一　矿井火灾的类型及危害

【学习目标】

1. 中级工

(1) 能描述矿井火灾常发生的地点、火灾的类型。

(2) 能叙述矿井火灾的构成要素，了解矿井火灾分类方法。

(3) 了解矿井火灾的危害。

2. 高级工

能根据发火地点和对矿井通风的影响对矿井火灾进行分类。

【建议课时】

(1) 中级工：6课时。

(2) 高级工：8课时。

【工作过程描述】

在空旷地带模拟矿井火灾场景，利用棉纱或木材燃烧，现场作业人员采取有效措施应对。

【工作流程与活动】

学习活动1　明确工作任务和施工现场勘察。

学习活动2　工作前的准备。

学习活动3　现场施工。

学习活动4　总结与评价。

学习活动1　明确工作任务与施工现场勘察

【学习目标】

(1) 根据工作任务，明确工作内容。

(2) 能对工作场地的安全性进行判断。

(3) 能准确描述施工现场特征。

【工作任务】

通过实际操作，掌握火灾构成的三要素，了解火灾的危害，能够撰写实训报告。识别工作场景是否满足训练要求，判断周围有无危险物品。

学习活动2　工作前的准备

【学习目标】

(1) 能根据施工作业指导书，列举所需工具和材料清单。
(2) 熟悉设备操作方法。

一、工具材料准备

序号	工具或材料名称	单位	数量	备注

二、人员分工

序号	姓名	任务分工	主要职责	备注

三、安全防护措施

学习活动3　现　场　施　工

【学习目标】

(1) 能正确操作设备。
(2) 能按照施工指导书进行操作。
(3) 能对照要求检查工作质量和进行施工评价。
(4) 在施工完毕后能按要求清点、整理工具。

一、应知任务

查阅资料，回答下列问题：
(1) 火灾按发生地点如何分类？

（2）火灾构成要素有哪些？

（3）简述火灾的危害。

二、应会任务

模拟外因火灾，写出操作步骤。

学习活动4　总 结 与 评 价

【学习目标】

（1）以小组形式，对学习过程和实训成果进行汇报总结。

（2）完成对学习过程的综合评价。

一、工作总结

（1）以小组为单位，汇报学习成果、遇到问题及解决办法。

（2）学生讨论，教师点评。

二、综合评价

学生姓名　　　　　教师　　　　班级　　　　学号

序号	考评项目	分值	考 核 办 法	教师评价（权重60%）	组长评价（权重20%）	学生互评（权重20%）
1	学习态度	10	出勤率、听课态度、实训表现等			
2	学习能力	30	回答问题、完成工作页质量等			
3	操作能力	40	实训成果质量			
4	团结协作精神	20	以所在小组完成工作的质量、速度等进行综合评价			
合计		100				

学习任务二　内因火灾防治技术

【学习目标】

1. 中级工

(1) 能叙述煤炭自燃的一般规律。

(2) 能叙述影响煤炭自燃的因素。

(3) 能叙述煤炭自燃的条件。

(4) 能叙述煤炭的自燃征兆。

(5) 能描述在煤矿生产中，预防矿井内因火灾的主要措施。

(6) 能操作注氮设备。

2. 高级工

(1) 能根据任务要求和实际情况，合理选择防灭火技术。

(2) 能描述煤炭自燃的过程。

【建议课时】

(1) 中级工：6 课时。

(2) 高级工：8 课时。

【工作情景描述】

1. 采煤工作面简介

综采工作面长度 240 m，推进长度为 2450 m，采高为 3.6 m，回采煤量为 2.35 Mt，回采率为 86%，一次采全高，顶板控制方式为全部垮落法，运回顺槽均为双巷，技术装备先进，生产能力大，推进速度快，工作面日平均推进长度约为 25 m。

2. 综采工作面自然发火简介

综采工作面在推进约 60 m 后，即发现工作面上隅角和回风巷有一氧化碳超标，其中一氧化碳为 26 mL/m^3，氧气浓度为 19.2%，温度为 15.2 ℃，气样分析后为发现乙烯气体。经检查采空区的井下联巷密闭和地表塌陷裂隙，发现有漏风通道，故判断采空区内有遗煤低温氧化煤炭自热现象。

3. 初步采取的措施

(1) 进一步严格联巷密闭和地表回填补漏的施工质量。

(2) 要求定期对该处气体进行检测分析。

经过 1 个多月的具体实施，发现一氧化碳仍有上升趋势，之后，依据采空区煤自燃的“三带”划分，同时结合工作面日推进度在 25 m 左右的特点，决定对工作面后方 200 m 的采空区范围内进行跟进注氮防灭火。

【工作流程与活动】

学习活动 1　明确工作任务和施工现场勘察。

学习活动 2　工作前的准备。

学习活动 3　现场施工。

学习活动 4　总结与评价。

学习活动1　明确工作任务与施工现场勘察

【学习目标】

(1) 根据工作任务单，明确工时、工作内容等要求。

(2) 能读懂井下巷道系统图，能准确描述预防内因火灾的方法和技术措施，能分析井下发生的是内因火灾还是外因火灾。

(3) 能准确描述施工现场特征。

(4) 能根据火灾现场情况选择施工方法。

【工作任务】

正确操作注氮设备，掌握其使用方法；撰写内因火灾的防治技术报告；勘察现场时，按照本工作任务内容和要求记录要点信息。

学习活动2　工作前的准备

【学习目标】

(1) 能根据施工作业指导书，列举所需工具和材料清单。

(2) 熟悉设备操作方法。

一、工具材料准备

序号	工具或材料名称	单位	数量	备注

二、人员分工

序号	姓名	任务分工	主要职责	备注

三、安全防护措施

学习活动3　现场施工

【学习目标】

(1) 能正确操作注氮设备。

(2) 能按照施工指导书进行操作。
(3) 能对照要求进行工作质量检查和施工评价。
(4) 在施工完毕后能按要求清点、整理工具。

一、应知任务

识读采煤工作面巷道布置图，查阅相关资料，回答问题。
(1) 通过查阅资料，了解氮气的特点。

(2) 根据采空区的位置，确定灭火设备的放置位置。

(3) 小组讨论注氮法灭火的优点。

二、应会任务

(1) 勘察现场时，按照本工作任务的内容和要求，记录要点信息。

(2) 根据施工现场的勘察结果，确定施工方案。

(3) 写出注氮灭火施工步骤并按照步骤进行操作。

学习活动4　总结与评价

【学习目标】

（1）以小组形式，对学习过程和实训成果进行汇报总结。

（2）完成对学习过程的综合评价。

一、工作总结

（1）以小组为单位，汇报学习成果、遇到问题及解决办法。

（2）学生讨论，教师点评。

二、综合评价

学生姓名　　　　　教师　　　　　班级　　　　　学号

序号	考评项目	分值	考核办法	教师评价（权重60%）	组长评价（权重20%）	学生互评（权重20%）
1	学习态度	10	出勤率、听课态度、实训表现等			
2	学习能力	30	回答问题、完成工作页质量等			
3	操作能力	40	实训成果质量			
4	团结协作精神	20	以所在小组完成工作的质量、速度等进行综合评价			
合计		100				

学习任务三　外因火灾防灭火技术

【学习目标】

1. 中级工

（1）能描述外因火灾的基本条件。

（2）了解外因火灾经常发生的地点。

（3）能叙述外因火灾的预防措施。

2. 高级工

（1）熟知外因火灾防治方法。

（2）了解灭火救灾组织和安全保障。

（3）掌握灭火救灾的原理。

（4）了解矿井外因火灾预测与预警技术。

【建议课时】

6课时。

【工作过程描述】

某矿采煤工作面运输巷使用非阻燃带式输送机，输送机司机班中睡觉，未发现带式输送机过负荷打滑，造成井下运输皮带摩擦起火事故。为防止火灾扩大，引起瓦斯和煤尘爆炸，需要及时灭火。

【工作流程与活动】

学习活动1　明确工作任务和施工现场勘察。

学习活动2　工作前的准备。

学习活动3　现场施工。

学习活动4　总结与评价。

学习活动1　明确工作任务与施工现场勘察

【学习目标】

(1) 明确学习任务、课时等要求。

(2) 能根据火灾的性质正确选择灭火方法。

(3) 能读懂井下巷道系统图，能准确描述预防外因火灾的方法和技术措施。

(4) 能准确描述施工现场特征。

【工作任务】

阅读矿井采掘工程平面图、矿井通风设施布置图，分析和确定产生火灾的原因，根据火灾现场情况选择施工方法。能够编制施工作业指导书。勘察施工现场，描述现场特征，并绘出施工图。

学习活动2　工作前的准备

【学习目标】

(1) 根据施工作业指导书，列举所需工具和材料清单。

(2) 能操作灭火设备。

一、工具材料准备

序号	工具或材料名称	单位	数量	备注

二、人员分工

序号	姓名	任务分工	主要职责	备注

三、安全防护措施

学习活动3　现　场　施　工

【学习目标】

（1）能按照施工指导书正确操作灭火设备。

（2）能对照要求进行工作质量检查和施工评价。

（3）在施工完毕后能按要求清点、整理工具。

一、应知任务

通过识读采煤工作面巷道布置图，了解事故基本情况，回答下列问题：

（1）通过查阅资料，了解灭火方法。

（2）初步分析着火原因。

（3）小组讨论，外因火灾的危害及灭火方法，不同灭火方法的优缺点及适用条件。

二、应会任务

（1）勘察现场时，按照本工作任务的内容和要求，记录要点信息。

（2）根据施工现场的勘察结果，编制施工作业指导书。

（3）简述直接灭火方法及步骤。

学习活动4 总结与评价

【学习目标】

（1）以小组形式，对学习过程和实训成果进行汇报总结。

（2）完成对学习过程的综合评价。

一、工作总结

（1）以小组为单位，汇报学习成果、遇到问题及解决办法。

（2）学生讨论，教师点评。

二、综合评价

学生姓名　　　　教师　　　　班级　　　　学号

序号	考评项目	分值	考核办法	教师评价（权重60%）	组长评价（权重20%）	学生互评（权重20%）
1	学习态度	10	出勤率、听课态度、实训表现等			
2	学习能力	30	回答问题、完成工作页质量等			
3	操作能力	40	实训成果质量			
4	团结协作精神	20	以所在小组完成工作的质量、速度等进行综合评价			
合计		100				

学习任务四 火区的启封

本学习任务是中级工和高级工均应掌握的知识和技能。

【学习目标】

（1）熟悉火区启封的条件。

（2）能叙述火区启封的方法。

【建议课时】

6课时。

【工作情景描述】

某矿井下发生火灾事故后，采取了隔绝灭火法将火灾扑灭，通过瓦斯检查员检测，有毒、有害气体的含量控制在允许范围之内，已达到了启封火区的条件。

【工作流程与活动】

学习活动 1　明确工作任务和施工现场勘察。

学习活动 2　工作前的准备。

学习活动 3　现场施工。

学习活动 4　总结与评价。

学习活动 1　明确工作任务与施工现场勘察

【学习目标】

（1）明确工时、工作内容等要求。

（2）能读懂井下巷道布置系统图。

（3）能准确描述施工现场特征。

（4）能根据现场火灾情况选择施工方法，查看瓦斯检查员对火区周围有毒、有害气体的检测结果，初步确定火区的启封方法。

【应会任务】

（1）通过实际操作，掌握火区启封的条件，能够编制火区启封作业指导书。

（2）通过勘察现场，按照本工作任务的内容和要求，记录要点信息。

学习活动 2　工作前的准备

【学习目标】

（1）能根据施工作业指导书，列举所需工具和材料清单。

（2）能够操作启封火区设备。

一、工具材料准备

序号	工具或材料名称	单位	数量	备注

二、人员分工

序号	姓名	任务分工	主要职责	备注

三、安全防护措施

学习活动3 现 场 施 工

【学习目标】

(1) 能正确操作灭火设备。

(2) 能按照施工指导书进行操作。

(3) 能够对照要求进行工作质量检查和施工评价。

(4) 在施工完毕后能按照要求清点、整理工具。

一、应知任务

(1) 通过查阅资料，明确火区启封的条件。

(2) 初步分析在火区启封时可能遇到的意外现象。

(3) 小组讨论，火区启封的方法，各自启封方法的优缺点及适用条件。

二、应会任务

（1）勘察现场，按照本工作任务的内容和要求，记录要点信息。

（2）根据施工现场的勘察结果绘出施工图，编制施工作业指导书。

（3）写出现场施工步骤。

学习活动4　总结与评价

【学习目标】

（1）以小组形式，对学习过程和实训成果进行汇报总结。
（2）完成对学习过程的综合评价。

一、工作总结

（1）以小组为单位，汇报学习成果、遇到问题及解决办法。
（2）学生讨论，教师点评。

二、综合评价

学生姓名　　　　教师　　　　班级　　　　学号

序号	考评项目	分值	考核办法	教师评价（权重60%）	组长评价（权重20%）	学生互评（权重20%）
1	学习态度	10	出勤率、听课态度、实训表现等			
2	学习能力	30	回答问题、完成工作页质量等			
3	操作能力	40	实训成果质量			
4	团结协作精神	20	以所在小组完成工作的质量、速度等进行综合评价			
合计		100				

模块四　矿井水害防治技术

学习任务一　地下水基本知识

本学习任务是中级工和高级工均应掌握的知识和技能。

【学习目标】

了解地下水的分类。

【建议课时】

1课时。

【工作情景描述】

在煤矿生产过程中，矿井发生透水事故，必须明确地下水在岩石中的赋存特征和岩石空隙性质，这对掌握地下水的分布与运动条件具有十分重要意义。

一、应知任务

仔细阅读教材，查阅相关资料并回答下列问题：

（1）根据空隙的成因和结构不同，地下水可分为哪几类？

（2）喀斯特溶洞是如何形成的？

（3）裂隙水、岩溶水、孔隙水的特征有哪些？

学习任务二　地下水的类型

【学习目标】

1. 中级工

（1）掌握上层滞水、潜水、承压水的特征。

（2）熟悉承压水的形成条件。

2. 高级工

（1）能根据地下水的埋藏条件不同，分析上层滞水、潜水和层间水（承压水）对环境的影响。

（2）能分析岩溶发育的条件。

【建议课时】

1 课时。

【工作情景描述】

矿井发生水灾事故，能根据地形地质图等图纸，分析水的来源，为矿井水防治工作提供依据。

阅读教材、查阅资料并回答下列问题：

（1）根据埋藏条件不同，地下水分为哪几种类型？

（2）岩溶的发育必须具备哪四个条件？

（3）简述岩溶水的特点。

学习任务三　含水层与隔水层

本学习任务是中级工和高级工均应掌握的知识和技能。

【学习目标】

（1）熟悉含水层的构成条件。

（2）了解常见的隔水层和含水层。

【建议课时】

1课时。

【工作情景描述】

自然界中的地下水，主要赋存在岩石的空隙中，由于岩石中的孔隙、裂隙、溶隙发育程度不同，其透水程度也不相同，有些空隙含水量大、有些空隙含水量小、有些空隙甚至不含水，所以，必须分析岩石的含水性。

【工作流程与活动】

学习活动1　明确工作任务。

学习活动2　工作前的准备。

学习活动3　现场施工。

学习活动4　总结与评价。

学习活动1　明确工作任务

【学习目标】

(1) 了解岩石的透水性和隔水性。

(2) 了解矿井常见岩石的透水性和隔水性。

(3) 了解含水层形成的条件。

【工作任务】

通过识读矿井地质说明书，明确矿井主要含水层，通过实操训练了解矿井常见岩石的透水性和隔水性的特征。

学习活动2　工作前的准备

【学习目标】

通过观察砂子、黏土的导水性，分析岩石的含水性和隔水性。

一、工具材料准备

序号	工具、材料名称	单位	数量	备注

二、人员分工

序号	姓名	任务分工	主要职责	备注

三、安全防护措施

学习活动3　现　场　施　工

【学习目标】

（1）通过实际操作，掌握岩石的含水性和隔水性。

（2）通过操作，掌握实训安全注意事项。

一、应知任务

（1）什么是含水层，含水层形成的条件有哪些？

（2）什么是隔水层？

（3）收集矿井资料，了解含煤地层中存在的含水层和隔水层。

二、应会任务

通过小组讨论写出实训步骤，进行操作训练。

操作步骤：

学习活动4　总　结　与　评　价

【学习目标】

（1）以小组形式，对学习过程和实训成果进行汇报总结。

（2）完成对学习过程的综合评价。

一、工作总结

(1) 以小组为单位，汇报学习成果、遇到问题及解决办法。

(2) 学生讨论，教师点评。

二、综合评价

学生姓名　　　　　教师　　　　　班级　　　　　学号

序号	考评项目	分值	考核办法	教师评价（权重60%）	组长评价（权重20%）	学生互评（权重20%）
1	学习态度	10	出勤率、听课态度、实训表现等			
2	学习能力	30	回答问题、完成工作页质量等			
3	操作能力	40	实训成果质量			
4	团结协作精神	20	以所在小组完成工作的质量、速度等进行综合评价			
合计		100				

学习任务四　矿井充水条件

本学习任务是中级工和高级工均应掌握的知识和技能。

【学习目标】

(1) 掌握矿井充水条件。

(2) 了解矿井充水水源。

(3) 了解充水通道的种类。

【建议课时】

2课时。

【工作情景描述】

矿井发生水灾事故，能从发生水灾事故的条件进行分析。

【工作流程与活动】

学习活动1　明确任务。

学习活动2　工作前的准备。

学习活动3　现场施工。

学习活动4　总结与评价。

学习活动1　明确工作任务

【学习目标】

(1) 明确工作任务、课时等。

（2）熟知矿井充水条件。

（3）了解矿井水源和充水通道。

【工作任务】

矿井发生水灾事故时，首先要弄清楚充水条件，明确水的来源和流过的通道，切忌盲目处理。

学习活动2　工作前的准备

【学习目标】

（1）准备实训所需设备及工具。

（2）熟悉岩石的隔水性和透水性。

一、工具材料准备

序号	工具、材料名称	单位	数量	备注

二、人员分工

序号	姓名	任务分工	主要职责	备注

三、安全防护措施

学习活动3　现场施工

【学习目标】

（1）掌握煤、砂子、黏土的透水性。

（2）能够操作设备。

一、应知任务

阅读教材、查阅资料并回答问题：

（1）矿井充水水源有哪些？

（2）矿井充水通道有哪些？

（3）采空区上“三带”是指哪三带？

（4）什么是断层，如何对其分类？

二、应会任务

通过小组讨论确定实操方案，写出实操步骤。

学习活动4　总 结 与 评 价

【学习目标】

（1）能以小组形式，对学习过程和实训成果进行汇报总结。

（2）完成对学习过程的综合评价。

一、工作总结

（1）以小组为单位，汇报学习成果、遇到问题及解决办法。

（2）学生讨论，教师点评。

二、综合评价

学生姓名　　　　　　教师　　　　　班级　　　　　学号

序号	考评项目	分值	考 核 办 法	教师评价（权重 60%）	组长评价（权重 20%）	学生互评（权重 20%）
1	学习态度	10	出勤率、听课态度、实训表现等			
2	学习能力	30	回答问题、完成工作页质量等			
3	操作能力	40	实训成果质量			
4	团结协作精神	20	以所在小组完成工作的质量、速度等进行综合评价			
合计		100				

学习任务五　矿井透水事故

【学习目标】

（1）熟悉矿井透水预兆。

（2）了解发生透水应采取的措施。

【建议课时】

1 课时。

【工作情景描述】

矿井发生透水事故，现场作业人员应能够识别透水的预兆，明确应采取的措施，能够进行自救与互救。

【工作流程与活动】

学习活动 1　明确工作任务。

学习活动 2　工作前的准备。

学习活动 3　现场施工（手指口述）。

学习活动 4　总结与评价。

学习活动 1　明确工作任务

【学习目标】

（1）明确学习任务、课时等。

（2）熟知矿井透水预兆。

（3）了解矿井发生透水事故时应采取的措施。

（4）能看懂避灾路线图。

【工作任务】

在矿井发生水灾事故时，能借助避灾路线图安全撤离事故现场。

学习活动2 工作前的准备

一、相关工具

（1）比例尺、直尺。
（2）图板、压图工具等。

二、相关资料

（1）矿井避灾路线图。
（2）采掘工程平面图。

学习活动3 现场施工（手指口述）

【学习目标】

当某掘进工作面有透水预兆时，能根据矿井避灾路线图选择正确的撤离路线。

一、应知任务

阅读教材、查阅资料并回答问题：
（1）矿井发生透水前，一般有哪些预兆？

（2）老窑水有什么特点？

（3）矿井透水的避灾措施有哪些？

（4）识读矿井避灾路线图的内容包括哪些？

(5) 发生透水事故时，如何选择正确的避灾路线?

二、应会任务

手指口述当某掘进工作面发现有透水预兆时，应采取哪些措施，以及行动路线。

学习活动4　总结与评价

【学习目标】

(1) 以小组形式，对学习过程和实训成果进行汇报总结。

(2) 完成对学习过程的综合评价。

一、工作总结

(1) 以小组为单位，汇报学习成果、遇到问题及解决办法。

(2) 学生讨论，教师点评。

二、综合评价

学生姓名　　　　教师　　　　班级　　　　学号

序号	考评项目	分值	考核办法	教师评价（权重60%）	组长评价（权重20%）	学生互评（权重20%）
1	学习态度	10	出勤率、听课态度、实训表现等			
2	学习能力	30	回答问题、完成工作页质量等			
3	操作能力	40	实训成果质量			
4	团结协作精神	20	以所在小组完成工作的质量、速度等进行综合评价			
合计		100				

学习任务六　矿井水害防治

【学习目标】

(1) 了解地面防治水和井下防治水措施。

(2) 了解七项综合防治水措施。

【建议课时】

2 课时。

【工作情景描述】

为防止水害事故的发生，必须加强事前预防，掌握防治水的综合措施。

【工作流程与活动】

学习活动 1　明确工作任务。

学习活动 2　工作前的准备。

学习活动 3　现场施工。

学习活动 4　总结与评价。

学习活动 1　明确工作任务

【学习目标】

(1) 明确工作任务、课时等要求。

(2) 能叙述矿井水的综合防治措施。

【工作任务】

在矿井周围发现有地面塌陷裂缝，进行填堵塌陷裂隙。

学习活动 2　工作前的准备

一、工具材料准备

序号	工具、材料名称	单位	数量	备注

二、人员分工

序号	姓名	任务分工	主要职责	备注

三、安全防护措施

学习活动3　现　场　施　工

【学习目标】

（1）掌握地表水的防治方法。

（2）能够操作填堵塌陷坑的工具。

一、应知任务

查阅资料，获取所需知识。

（1）矿井水害综合防治措施有哪些？

（2）简述探放水原则。

（3）探水钻孔布置形式有哪些？

二、应会任务

1. 勘察施工现场，描述现场特征，并绘出施工图，编制施工作业指导书。

（1）勘察现场时，按照本工作任务的内容和要求，记录要点信息。

（2）根据施工现场的勘察结果，编制施工作业指导书。

2. 根据施工作业指导书进行施工。

学习活动4 总结与评价

【学习目标】

（1）以小组形式，对学习过程和实训成果进行汇报总结。
（2）完成对学习过程的综合评价。

一、工作总结

（1）以小组为单位，汇报学习成果、遇到问题及解决办法。
（2）学生讨论，教师点评。

二、综合评价

学生姓名　　　　　教师　　　　　班级　　　　　学号

序号	考评项目	分值	考核办法	教师评价（权重60%）	组长评价（权重20%）	学生互评（权重20%）
1	学习态度	10	出勤率、听课态度、实训表现等			
2	学习能力	30	回答问题、完成工作页质量等			
3	操作能力	40	实训成果质量			
4	团结协作精神	20	以所在小组完成工作的质量、速度等进行综合评价			
合计		100				

模块五　顶板灾害防治技术

学习任务一　采煤工作面顶板事故防治

本学习任务是中级工和高级工均应掌握的知识和技能。

【学习目标】

（1）了解采煤工作面顶板事故的类别。

（2）熟知顶板事故的危害。

（3）熟知采煤工作面冒顶事故的原因。

（4）掌握采煤工作面顶板事故的防治措施。

【建议课时】

4课时。

【工作情景描述】

采煤工作面出现响声、掉渣、掉矸、支架插底等现象，分析原因并采取措施控制顶板。

【工作流程与活动】

学习活动1　明确工作任务。

学习活动2　工作前的准备。

学习活动3　现场施工。

学习活动4　总结与评价。

学习活动1　明确工作任务

【学习目标】

（1）了解顶板的分类和采煤工作面顶板事故的类别。

（2）了解工作面冒顶事故的基本规律和矿井顶板事故的危害。

（3）熟知采煤工作面冒顶事故原因及防治措施。

【工作任务】

了解各类采煤工作面顶板事故的特点，能够分析事故原因并采取相应的防治措施。

学习活动2　工作前的准备

【学习目标】

（1）掌握地质破坏带附近的局部冒顶事故的处理方法。

(2) 根据所选择的戗棚的架设方法准备所需工具材料。

一、工具材料准备

序号	工具或材料名称	单位	数量	备注

二、人员分工

序号	姓名	任务分工	主要职责	备注

三、安全防护措施

学习活动3 现 场 施 工

【学习目标】

(1) 掌握地质破坏带附近的局部冒顶事故的处理方法。
(2) 掌握戗棚的架设方法。

一、应知任务

(1) 顶板可分成哪几类，各有什么特点？

(2) 简述采煤工作面顶板事故的分类。

(3) 工作面冒顶事故有哪些规律？

（4）矿井顶板事故有哪些危害？

（5）简述采煤工作面局部冒顶事故常发的地点、原因及防治措施。

（6）简述采煤工作面大面积冒顶事故常发地点、原因及防治措施。

二、应会任务

戗棚的架设步骤。

学习活动4　总结与评价

【学习目标】

（1）以小组形式，对学习过程和实训成果进行汇报总结。

（2）完成对学习过程的综合评价。

一、工作总结

（1）以小组为单位，汇报学习成果、遇到问题及解决办法。

（2）学生讨论，教师点评。

二、综合评价

学生姓名　　　　　教师　　　　　班级　　　　　学号

序号	考评项目	分值	考核办法	教师评价（权重60%）	组长评价（权重20%）	学生互评（权重20%）
1	学习态度	10	出勤率、听课态度、实训表现等			
2	学习能力	30	回答问题、完成工作页质量等			

（续）

序号	考评项目	分值	考 核 办 法	教师评价（权重 60%）	组长评价（权重 20%）	学生互评（权重 20%）
3	操作能力	40	实训成果质量			
4	团结协作精神	20	以所在小组完成工作的质量、速度等进行综合评价			
合计		100				

学习任务二　巷道顶板事故防治

本学习任务是中级工和高级工均应掌握的知识和技能。

【学习目标】

（1）熟知巷道顶板事故常发的地点及原因。

（2）掌握巷道顶板事故的预防措施。

（3）掌握巷道冒顶事故的处理方法。

【建议课时】

2 课时。

【工作情景描述】

某掘进巷道发生冒顶事故，须尽快分析原因，采取措施控制顶板和处理事故。

【工作流程与活动】

学习活动 1　明确工作任务与施工现场勘察。

学习活动 2　工作前的准备。

学习活动 3　现场施工。

学习活动 4　总结与评价。

学习活动 1　明确工作任务与施工现场勘察

【学习目标】

（1）了解巷道顶板事故常发的地点及原因。

（2）了解冒顶的探测方法。

（3）熟知巷道顶板事故的预防措施。

（4）熟知巷道冒顶事故处理方法。

【工作任务】

了解各类巷道顶板事故的特点，能够分析事故原因并采取措施防治和处理。

学习活动2　工作前的准备

【学习目标】

（1）熟知巷道冒顶的处理方法。

（2）熟知木垛处理巷道冒顶的方法。

（3）准备好维修巷道的工具材料。

一、工具材料准备

序号	工具或材料名称	单位	数量	备注

二、人员分工

序号	姓名	任务分工	主要职责	备注

三、安全防护措施

学习活动3　现　场　施　工

【学习目标】

（1）能正确选择木垛设置的最佳位置。

（2）掌握木垛处理巷道冒顶的方法。

（3）学会观察巷道冒顶附近顶板的变化情况。

一、应知任务

（1）简述巷道顶板事故常发的地点及原因。

（2）冒顶的探测方法有哪些？

（3）如何用敲帮问顶法探测冒顶情况？

（4）掘进工作面冒顶事故的预防措施有哪些？

（5）巷道开叉处冒顶的预防措施有哪些？

（6）冒落巷道的处理方法有哪些？

二、应会任务

（1）观察巷道冒顶附近顶板的变化情况。

（2）使用木垛处理巷道冒顶的步骤。

学习活动4　总 结 与 评 价

【学习目标】

(1) 以小组形式，对学习过程和实训成果进行汇报总结。

(2) 完成对学习过程的综合评价。

一、工作总结

(1) 以小组为单位，汇报学习成果、遇到问题及解决办法。

(2) 学生讨论，教师点评。

二、综合评价

学生姓名　　　　　　教师　　　　　　班级　　　　　　学号

序号	考评项目	分值	考 核 办 法	教师评价（权重60%）	组长评价（权重20%）	学生互评（权重20%）
1	学习态度	10	出勤率、听课态度、实训表现等			
2	学习能力	30	回答问题、完成工作页质量等			
3	操作能力	40	实训成果质量			
4	团结协作精神	20	以所在小组完成工作的质量、速度等进行综合评价			
合计		100				

学习任务三　冒顶的预兆、处理方法及避灾自救

本学习任务是中级工和高级工均应掌握的知识和技能。

【学习目标】

(1) 熟知工作面冒顶预兆和处理方法。

(2) 熟知冒顶处理的一般原则。

(3) 熟知顶板事故的应急处置。

(4) 掌握冒顶后被困人员的自救措施。

【建议课时】

2 课时。

【工作情景描述】

某工作面顶板裂隙张开、裂隙增多，敲帮问顶时声音不正常，顶板裂隙内卡有活矸，并有掉渣、掉矸现象，之后发生局部冒顶事故，现场工作人员应能进行应急处置，被困人员应能进行避灾自救。

【工作流程与活动】

学习活动1　明确工作任务。

学习活动2　工作前的准备。
学习活动3　现场施工。
学习活动4　总结与评价。

学习活动1　明确工作任务

【学习目标】

(1) 了解工作面冒顶预兆。
(2) 了解冒顶处理的一般原则。
(3) 熟知顶板事故的应急处置。
(4) 熟知冒顶后被困人员的自救措施。

【工作任务】

了解工作面冒顶的预兆，并能依据处理冒顶的一般原则进行冒顶后的应急处置，冒顶后掌握避灾自救措施。

学习活动2　工作前的准备

【学习目标】

(1) 熟知顶板安全检查方法。
(2) 熟知敲帮问顶方法。
(3) 熟知顶板事故的避灾自救措施。
(4) 准备实训所需工具材料。

一、工具材料准备

序号	工具或材料名称	单位	数量	备注

二、人员分工

序号	姓名	任务分工	主要职责	备注

三、安全防护措施

学习活动3　现　场　施　工

【学习目标】

(1) 掌握顶板安全检查方法。

(2) 掌握敲帮问顶方法。

(3) 掌握顶板事故的避灾自救措施。

一、应知任务

(1) 工作面局部冒顶的预兆有哪些，工作面局部冒顶的处理方法有哪些？

(2) 工作面大面积冒顶的预兆有哪些，工作面大型冒顶的处理方法有哪些？

(3) 简述冒顶处理的一般原则。

(4) 简述顶板事故的应急处置方法。

(5) 冒顶后被困人员应采取哪些自救措施？

二、应会任务

（1）勘察现场，按照本工作任务的内容和要求，记录要点信息。

（2）顶板安全检查（敲帮问顶）的步骤。

学习活动4　总结与评价

【学习目标】

（1）以小组形式，对学习过程和实训成果进行汇报总结。

（2）完成对学习过程的综合评价。

一、工作总结

（1）以小组为单位，汇报学习成果、遇到问题及解决办法。

（2）学生讨论，教师点评。

二、综合评价

学生姓名　　　　教师　　　　班级　　　　学号

序号	考评项目	分值	考核办法	教师评价（权重60%）	组长评价（权重20%）	学生互评（权重20%）
1	学习态度	10	出勤率、听课态度、实训表现等			
2	学习能力	30	回答问题、完成工作页质量等			
3	操作能力	40	实训成果质量			
4	团结协作精神	20	以所在小组完成工作的质量、速度等进行综合评价			
合计		100				

学习任务四　冲击地压及其防治

本学习任务是中级工和高级工均应掌握的知识和技能。

【学习目标】

（1）了解冲击地压及其危害。

（2）了解冲击地压的特征和破坏形式。

（3）熟知冲击地压发生的条件与影响因素。

（4）了解冲击地压危险性的预测预报。

（5）熟知在掘进和回采工作中冲击地压的防治措施。

【建议课时】

2课时。

【工作情景描述】

在采煤活动中煤岩体突然破裂，伴随着各种声响从中飞出大小岩石碎片的现象，造成支架折损、片帮冒顶、巷道堵塞。

【工作流程与活动】

学习活动1　明确工作任务。

学习活动2　工作前的准备。

学习活动3　现场施工。

学习活动4　总结与评价。

学习活动1　明确工作任务

【学习目标】

（1）了解冲击地压及其危害。

（2）了解冲击地压的特征和破坏形式。

（3）熟知冲击地压发生的条件与影响因素。

【工作任务】

了解冲击地压及其危害，熟知冲击地压的防治措施。

学习活动2　工作前的准备

【学习目标】

（1）了解冲击地压危险性的预测预报。

（2）熟知在掘进和回采工作中冲击地压的防治措施。

（3）确定冲击地压的防治方法，根据所选择的方法准备所需工具材料。

一、工具材料准备

序号	工具或材料名称	单位	数量	备注

二、人员分工

序号	姓名	任务分工	主要职责	备注

三、安全防护措施

学习活动3　现　场　施　工

【学习目标】

（1）掌握冲击地压防治措施的基本原理。

（2）掌握冲击地压的防治措施。

一、应知任务

（1）合理的开拓布置和开采方式是防治冲击地压的根本性措施，说明其主要原因。

（2）什么是冲击地压，冲击地压对煤矿生产有哪些危害？

（3）冲击地压有何特征？

（4）简述冲击地压的破坏形式。

（5）简述冲击地压发生的条件、影响因素及发生规律。

（6）冲击地压防治措施的基本原理有哪两方面？

（7）冲击地压的防治措施有哪些？

二、应会任务

冲击地压的防治措施（手指口述）。

学习活动4　总 结 与 评 价

【学习目标】

（1）以小组形式，对学习过程和实训成果进行汇报总结。
（2）完成对学习过程的综合评价。

一、工作总结

（1）以小组为单位，汇报学习成果、遇到问题及解决办法。
（2）学生讨论，教师点评。

二、综合评价

学生姓名　　　　教师　　　　班级　　　　学号

序号	考评项目	分值	考 核 办 法	教师评价（权重60%）	组长评价（权重20%）	学生互评（权重20%）
1	学习态度	10	出勤率、听课态度、实训表现等			
2	学习能力	30	回答问题、完成工作页质量等			
3	操作能力	40	实训成果质量			
4	团结协作精神	20	以所在小组完成工作的质量、速度等进行综合评价			
合计		100				

模块六　矿山救护与应急救援技术

学习任务一　事故应急处置

本学习任务是中级工和高级工均应掌握的知识和技能。

【学习目标】

（1）根据事故发生发展情况，能正确观察和分析事故性质、发生地点、灾害程度。

（2）煤矿井下发生事故时，现场人员能按照事故应急处置办法、避灾行动准则对灾害事故进行应急处置。

【建议课时】

（1）中级工：3课时。

（2）高级工：4课时。

【工作情景描述】

某煤矿井下由于电缆材料老化，短路后引发附近的材料燃烧，引起矿井大面积火灾。附近工作人员发现后，按照井下避灾要求展开相关工作。

【工作流程与活动】

学习活动1　明确工作任务。

学习活动2　工作前的准备。

学习活动3　现场施工。

学习活动4　总结与评价。

学习活动1　明确工作任务

【学习目标】

（1）能初步判断灾害事故（火灾）的性质、发生地点以及危害程度。

（2）能按照事故应急处置办法、避灾行动准则对灾害事故进行应急处置。

【工作任务】

在发现矿井发生火灾事故后，现场人员根据事故发生发展情况，正确观察和分析事故性质、发生地点、灾害程度，能遵循行动原则，根据不同灾害事故情况、灾害事故级别，按照避灾原则脱离火区。

学习活动2　工作前的准备

【学习目标】

（1）根据事故性质、特点，掌握科学的避灾原则和方法。

(2) 熟知矿井布局与巷道布置情况以及井下避灾路线。
(3) 熟知遇险撤退注意事项。

一、资料准备

矿井避灾路线图等。

二、工具材料准备

序号	设备、工具名称	单位	数量	备注

三、人员分工

序号	姓名	任务分工	主要职责	备注

四、安全防护措施

学习活动3　现　场　施　工

【学习目标】

(1) 能根据不同灾害事故情况、灾害事故级别，按照避灾原则妥善处理。
(2) 通过进行事故演练，提高发生事故后的应急能力和心理素质。

一、应知任务

仔细阅读教材，查阅相关资料并回答下列问题：
(1) 井下发生事故时，现场人员的行动原则是什么？

(2) 简述发生火灾事故时的自救方法。

(3) 简述发生透水事故时的自救方法。

(4) 撤离灾区时应遵守哪些行动准则?

二、应会任务

勘察施工现场，描述现场特征，并绘出施工图。

(1) 绘制井下巷道布置图。

(2) 绘制发生火灾事故，矿井避灾路线图。

(3) 勘察现场时，按照本工作任务的内容和要求，记录要点信息。

学习活动4 总结与评价

【学习目标】

(1) 以小组形式，对学习过程和实训成果进行汇报总结。

(2) 完成对学习过程的综合评价。

一、工作总结

(1) 小组为单位，汇报学习成果、遇到问题及解决办法。

(2) 学生讨论，教师点评。

二、综合评价

学生姓名　　　　　教师　　　　　班级　　　　　学号

序号	考评项目	分值	考 核 办 法	教师评价（权重60%）	组长评价（权重20%）	学生互评（权重20%）
1	学习态度	10	出勤率、听课态度、实训表现等			
2	学习能力	30	回答问题、完成工作页质量等			
3	操作能力	40	实训成果质量			
4	团结协作精神	20	以所在小组完成工作的质量、速度等进行综合评价			
合计		100				

学习任务二　自救设施与设备的使用

本学习任务是中级工和高级工均应掌握的知识和技能。

【学习目标】

（1）通过阅读井下自救设备的说明，掌握自救设备的种类、特征、作用。

（2）能正确认识自救设备的各种组成部分及其功能。

（3）熟练操作自救设备。

【建议课时】

（1）中级工：3课时。

（2）高级工：4课时。

【工作情景描述】

某煤矿井下发生煤与瓦斯突出，附近工作人员在管理人员的带领下，佩戴好自救设备后按照井下避灾路线进行撤离；仍有部分人员由于无法安全撤退，在避难硐室内等待救援。

【工作流程与活动】

学习活动1　明确工作任务。

学习活动2　工作前的准备。

学习活动3　现场施工。

学习活动4　总结与评价。

学习活动1　明确工作任务

【学习目标】

（1）能正确使用或操作自救器、压风自救装置以及井下避难硐室等救护设备、设施。

（2）佩戴好自救器后，能按照避灾路线安全有序撤离。

【工作任务】

在发现矿井发生煤与瓦斯突出后，现场人员应在保证自身安全的情况下，观察和分析事故性质、地点、灾害程度，尽快向矿调度室汇报。现场人员应佩戴好自救器组织撤离灾区，若撤退中遇到通道堵塞或其他情况无法继续撤退时，应能正确使用压风自救设备，撤至永久避难硐室或临时避难硐室待救。

学习活动2 工作前的准备

【学习目标】

(1) 能正确使用井下的自救器。

(2) 了解自救器的结构。

一、设备工具准备

序号	设备、工具名称	单位	数量	备注

二、人员分工

序号	姓名	任务分工	主要职责	备注

三、安全防护措施

学习活动3 现场施工

【学习目标】

(1) 能正确使用自救工具和设备。

(2) 进行事故演练，提高现场人员的防灾抗灾能力。

一、应知任务

(1) 自救器的种类。

（2）自救器的组成。

（3）小组讨论，井下有哪些自救与互救设施。

二、应会任务

压缩氧自救器的使用步骤。

学习活动4　总 结 与 评 价

【学习目标】

（1）以小组形式，对学习过程和实训成果进行汇报总结。

（2）完成对学习过程的综合评价。

一、工作总结

（1）以小组为单位，汇报学习成果、遇到问题及解决办法。

（2）学生讨论，教师点评。

二、综合评价

学生姓名　　　　　教师　　　　班级　　　　　学号

序号	考评项目	分值	考 核 办 法	教师评价（权重60%）	组长评价（权重20%）	学生互评（权重20%）
1	学习态度	10	出勤率、听课态度、实训表现等			
2	学习能力	30	回答问题、完成工作页质量等			
3	操作能力	40	实训成果质量			
4	团结协作精神	20	以所在小组完成工作的质量、速度等进行综合评价			
合计		100				

学习任务三　现　场　急　救

本学习任务是中级工和高级工均应掌握的知识和技能。

【学习目标】

(1) 事故发生后，能够迅速到达事故现场，在保证自身安全的情况下积极抢险，同时对受伤的工友进行科学施救。

(2) 掌握现场急救的原则、方法与急救的关键技术。

(3) 能根据伤员伤情采取不同的急救方法，进行现场急救。

【建议课时】

(1) 中级工：3课时。

(2) 高级工：4课时。

【工作情景描述】

某煤矿井下工作面由于支护不当，引起矿井局部冒顶。冒顶对当班人员造成不同程度的损伤，附近工作人员发现后按井下避灾要求与急救原则、方法展开相关工作。

【工作流程与活动】

学习活动1　明确工作任务。

学习活动2　工作前的准备。

学习活动3　现场施工。

学习活动4　总结与评价。

学习活动1　明确工作任务

【学习目标】

(1) 能迅速判断灾害事故（顶板）的性质、地点以及危害程度。

(2) 能按照急救原则对受伤人员进行处理。

【工作任务】

井下工作面由于支护不当发生冒顶事故后，有3人不同程度受伤，其中1人骨折、2人腿部出血。现场人员应在保证自身安全的情况下，观察和分析事故性质、地点、灾害程度，尽快向调度汇报；及时利用现场设备全力抢险；同时对受伤人员进行现场急救，尽可能地减轻伤员痛苦，防止病情恶化，防止和减少并发症的发生，挽救伤员生命。

学习活动2　工作前的准备

【学习目标】

(1) 掌握基本的急救技术。

(2) 熟知急救设备的操作方法。

一、工具材料准备

序号	设备、工具名称	单位	数量	备注

二、人员分工

序号	姓名	任务分工	主要职责	备注

三、安全防护措施

学习活动3　现　场　施　工

【学习目标】

(1) 能正确使用急救工具和设备。

(2) 能正确对伤员进行现场急救，挽救伤员的生命。

一、应知任务

识读采煤工作面巷道布置图，查阅相关资料，回答问题。

(1) 顶板事故发生的类型及支护形式。

(2) 如何快速对伤员情况进行鉴别同时实施救援。

（3）小组讨论，现场救援过程中可能出现哪些问题，对伤员出血、骨折进行处理以及搬运时应该注意哪些事项。

二、应会任务

（1）心肺复苏和胸外按压的操作步骤。

（2）止血带止血的操作步骤。

（3）毛巾包扎的操作步骤。

（4）伤员搬运的操作步骤。

学习活动4　总 结 与 评 价

【学习目标】

（1）以小组形式，对学习过程和实训成果进行汇报总结。

（2）完成对学习过程的综合评价。

一、工作总结

（1）以小组为单位，汇报学习成果、遇到问题及解决办法。

（2）学生讨论，教师点评。

二、综合评价

学生姓名　　　　　　教师　　　　　　班级　　　　　　学号

序号	考评项目	分值	考核办法	教师评价（权重60%）	组长评价（权重20%）	学生互评（权重20%）
1	学习态度	10	出勤率、听课态度、实训表现等			
2	学习能力	30	回答问题、完成工作页质量等			
3	操作能力	40	实训成果质量			
4	团结协作精神	20	以所在小组完成工作的质量、速度等进行综合评价			
合计		100				

学习任务四　矿井灾害应急救援

本学习任务是中级工和高级工均应掌握的知识和技能。

【学习目标】

（1）提升学生的灾害分析能力和应急处理能力。

（2）引导学生牢固树立“安全第一”的工作理念。

（3）掌握扎实的灾害处理和自救互救技能。

【建议课时】

（1）中级工：3课时。

（2）高级工：4课时。

【工作情景描述】

某矿井回风大巷1100 m处发生透水事故，目前有2名工作人员未能及时升井，情况不明。作为闻警出动的救护队员，在队长的带领下，和其他救护队员一起进行煤矿井下救援。

【工作流程与活动】

学习活动1　明确工作任务。

学习活动2　工作前的准备。

学习活动3　现场施工。

学习活动4　总结与评价。

学习活动1　明确工作任务

【学习目标】

（1）能根据煤矿安全类专业人才培养方案实施要求，掌握关于通风、瓦斯、煤尘、防火等相关知识。

(2) 能根据国家相关安全规程和技术规范，制定救援行动计划。

(3) 能根据自救互救知识与技能开展及时的、正确的、迅速的矿井灾害应急救援。

【工作任务】

接到矿井灾害事故报警电话后，根据事故概述，编写救援行动计划，明确任务分工并侦查路线，完成闻警出动、救援准备、灾区侦查、事故技术处理与伤员抢救，最后安全撤离灾区。

学习活动2　工作前的准备

【学习目标】

(1) 正压氧呼吸器的佩戴、自检、互检。

(2) 灾区气体浓度测定、风量测算以及矿图标记。

(3) 遇险人员的正确抢救。

一、相关资料

《煤矿安全规程》(2016版)、《矿山救护队质量标准化考核规范》(AQ 1009—2007)、《矿山救护规程》(AQ 1008—2007) 等技术规范。

二、设备工具准备

序号	设备、工具名称	单位	数量	备注

三、人员分工

序号	姓名	任务分工	主要职责	备注

四、安全防护措施

学习活动3　现　场　施　工

【学习目标】

(1) 能及时、正确、迅速地进行矿井灾害应急救援。

(2) 熟知相关救援装备、仪器的检查、佩戴与使用。
(3) 熟知矿图标记图例。
(4) 掌握各类伤员抢救方法。

一、应知任务

根据报警事故概述了解事故基本情况，回答下列问题：
(1) 进行此次矿井灾害事故应急救援需要携带哪些仪器、设备？

(2) 灾区侦查时需要注意哪些问题，需要做哪些矿图标记？

(3) 如何快速对伤员情况进行鉴别同时实施救援，抢救时有哪些注意事项？

(4) 气体浓度检测和风量测算地点应选在哪里，操作时需要注意哪些事项？

(5) 小组讨论，现场救援过程中可能出现的问题。

二、应会任务

(1) 正压氧呼吸器佩戴及自检、互检步骤。

（2）如何进行矿图标记。

（3）心肺复苏和胸外按压操作步骤。

（4）止血包扎和骨折固定步骤。

（5）三人平托搬运方法。

（6）一氧化碳气体浓度检测方法。

（7）瓦斯及二氧化碳气体浓度检测方法。

（8）矿井风量测算操作步骤。

学习活动4　总结与评价

【学习目标】

(1) 以小组形式，对学习过程和实训成果进行汇报总结。

(2) 完成对学习过程的综合评价。

一、工作总结

(1) 以小组为单位，汇报学习成果、遇到问题及解决办法。

(2) 学生讨论，教师点评。

二、综合评价

学生姓名　　　　　　教师　　　　　　班级　　　　　　学号

序号	考评项目	分值	考核办法	教师评价（权重60%）	组长评价（权重20%）	学生互评（权重20%）
1	学习态度	10	出勤率、听课态度、实训表现等			
2	学习能力	30	回答问题、完成工作页质量等			
3	操作能力	40	实训成果质量			
4	团结协作精神	20	以所在小组完成工作的质量、速度等进行综合评价			
合计		100